轻松搞定
家装水电暗装

QINGSONG GAODING
JIAZHUANG SHUIDIAN ANZHUANG

阳鸿钧 等 编著

中国电力出版社
CHINA ELECTRIC POWER PRESS

内 容 提 要

如何能快速地学习和掌握一门技能？有重点地、身临其境地学习实践性知识是最有效的。本书以全彩图文精讲方式介绍了家装水电暗装的基础知识、必备技能、施工技巧和实战心得，帮助读者打下扎实的理论基础，掌握现场施工的细节和技巧，培养灵活应用的变通能力。

全书共分5章，分别从暗装基础一点通、强电暗装全掌握、弱电与智能化暗装全掌握、给水暗装速精通、排水暗装速精通等几方面进行了讲述，让读者轻轻松松搞定实用家装水电暗装技能。

本书适合装饰装修水电工、建筑水电工、物业水电工、家装工程监理人员及广大业主等阅读参考，还可作为职业院校或培训学校的教材和参考读物。

图书在版编目（CIP）数据

轻松搞定家装水电暗装 / 阳鸿钧等编著. — 北京：中国电力出版社，2017.1

ISBN 978-7-5123-9646-3

Ⅰ.①轻… Ⅱ.①阳… Ⅲ.①房屋建筑设备–给排水系统–建筑安装②房屋建筑设备–电气设备–建筑安装 Ⅳ.①TU821②TU85

中国版本图书馆CIP数据核字（2016）第187576号

中国电力出版社出版、发行

（北京市东城区北京站西街19号 100005 http://www.cepp.sgcc.com.cn）

北京九天众诚印刷有限公司印刷

各地新华书店经售

*

2017年1月第一版 2017年1月北京第一次印刷

850毫米×1168毫米 32开本 8.375印张 305千字

印数0001-3000册 定价**49.00**元

PREFACE

家是人们生活的港湾，安全、健康的家离不开好的家装。为此，本书以全彩图文精讲方式介绍了家装水电暗装的基础知识、必备技能、施工技巧、实战心得，帮助读者打下扎实的理论基础，掌握现场施工细节和技巧，培养灵活应用的变通能力。

本书对城镇单元式住宅水电暗装技能介绍的同时，还介绍了新农村独栋带庭院别墅的水电暗装技能，为读者全面展现当前这门技术的图景。

本书编写过程中，得到了许多同志的支持和帮助，参考了相关技术资料、技术白皮书和一些厂家的产品资料，在此向提供帮助的朋友们、资料文献的作者和公司表示由衷的感谢和敬意！

由于编者的经验和水平有限，书中存在不足之处，敬请读者不吝批评指正。

编者

2016 年 11 月

CONTENTS

第1章

暗装基础一点通

1.1 暗装与明装的区别

水电暗装就是将水电管道在墙壁里、地下、天花板下、吊顶中，或者管井、管槽、管沟中隐蔽敷设。水电暗装的缺点为造价高，施工维护不便。水电暗装的必要性主要是两点：安全、美观。暗装的要求主要是三点：规范、合理、经济。

水电明装也就是将水电管道在室内沿墙、梁、柱、天花板、地板、地面表面暴露敷设。

水电明装造价低、施工安装维护方便，但管道表面易积灰，易产生凝水，有碍美观（见图 1-1 ~ 图 1-3）。

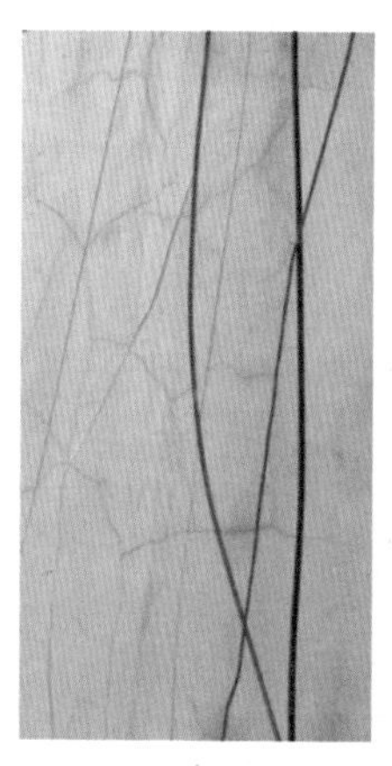

图 1-1 明装线外露

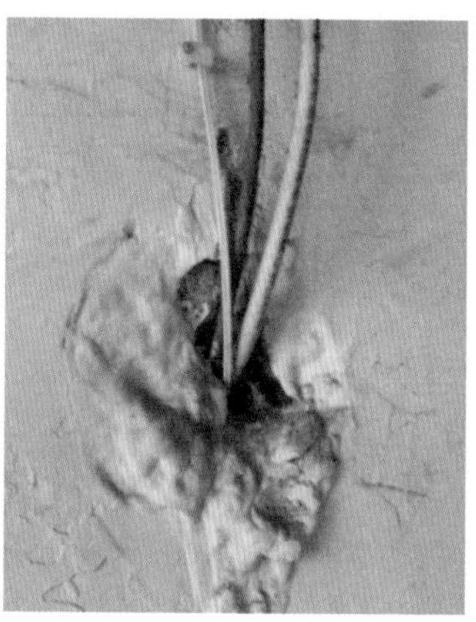

图 1-2 不美观

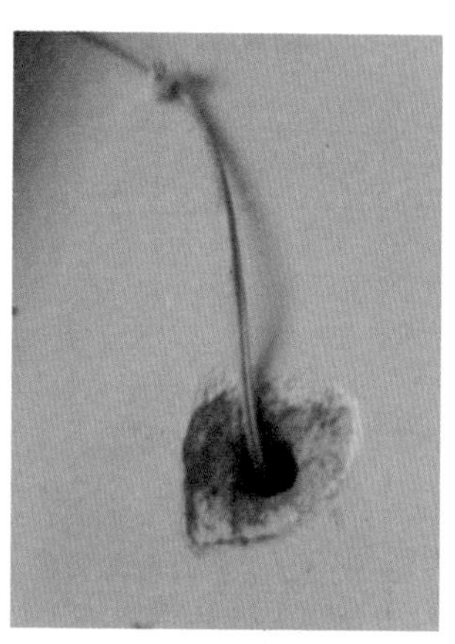

图 1-3 不美观

许多电器、设备、附件的安装也分为暗装与明装两种，有的还可以适应两种安装方式。例如面板、灯具安装、线路安装、电能表箱安装、阀等均有暗装与明装之分，选材、安装时，需要注意（见图 1-4 ~ 图 1-6）。

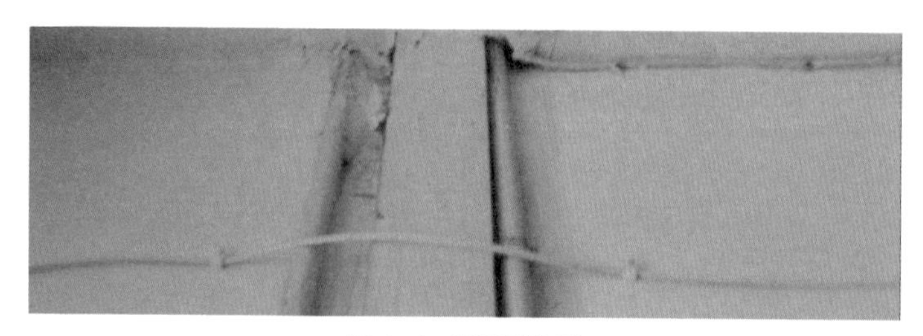

图 1-4 明装不美观

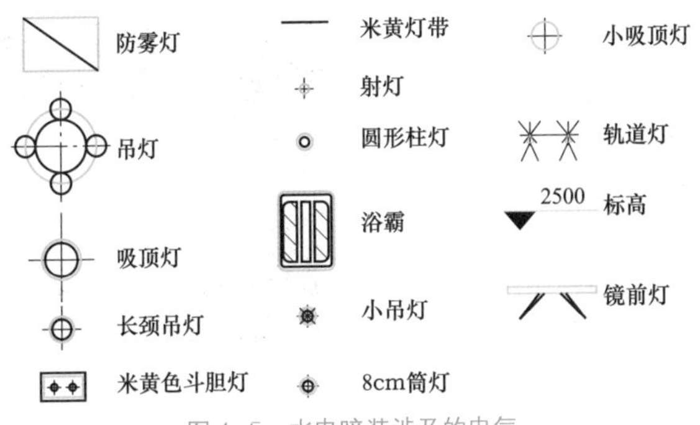

图 1–5　水电暗装涉及的电气

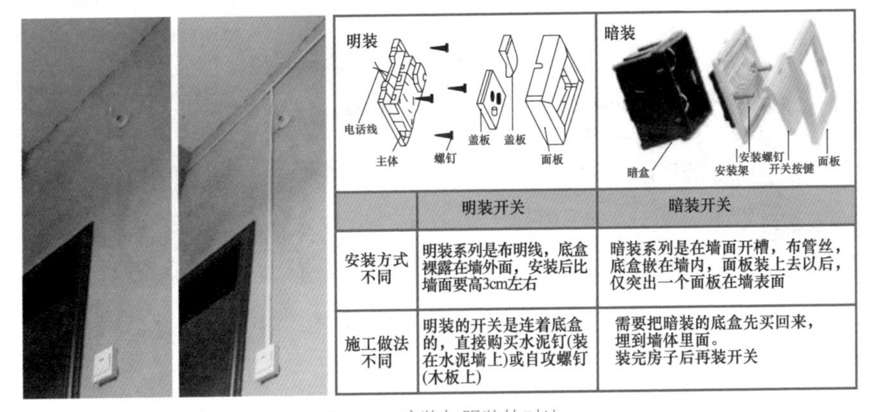

	明装开关	暗装开关
安装方式不同	明装系列是布明线，底盒裸露在墙外面，安装后比墙面要高3cm左右	暗装系列是在墙面开槽，布管丝，底盒嵌在墙内，面板装上去以后，仅突出一个面板在墙表面
施工做法不同	明装的开关是连着底盒的，直接购买水泥钉(装在水泥墙上)或自攻螺钉(木板上)	需要把暗装的底盒先买回来，埋到墙体里面。装完房子后再装开关

图 1–6　暗装与明装的对比

明装花洒与暗装花洒：明装花洒指的是卫生间装修好后花洒直接安装在墙壁上，明装花洒的花洒供水软管露在外面。

暗装花洒是将花洒供水管道预先进埋进墙壁里面，只有花洒头与开关露在外面。

1.2　管道暗装

家装暗装管道包括电管道、水管道、燃气管道、暖气管道等。本书主要讲述电管道与水管道（见图 1–7 ~ 图 1–8）。

电管道：家装暗装电管道中放置的是电线电缆。电线电缆中“流动”的是电流。由于电流的特殊性——电流需要在特殊的“跑道”（电线）上进行，也就是在导体上进行，电流一般在铜导体上进行。为了限制“跑道”的合理性、安全性，需要在“跑道”周边设有合理的“隔离带”，也就是绝缘层，塑料、橡胶、聚氯乙烯等是绝缘层普遍应用的材料（见图 1–9、图 1–10）。因此，家装暗装强电管道中敷设最常见的电线就是铜芯聚氯乙烯绝缘的电线。

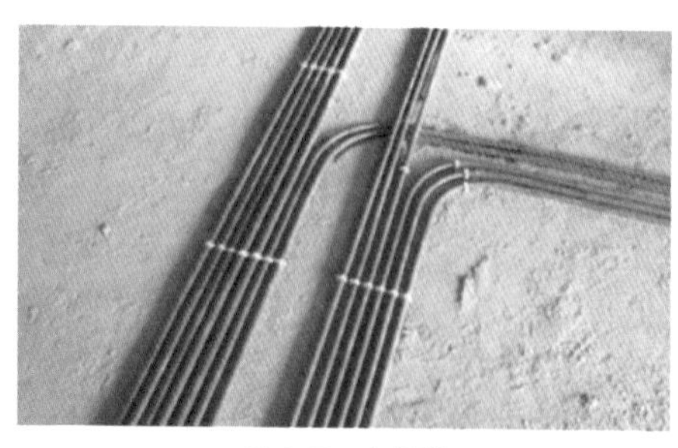

图 1–7 电管道

图 1–8 水管道

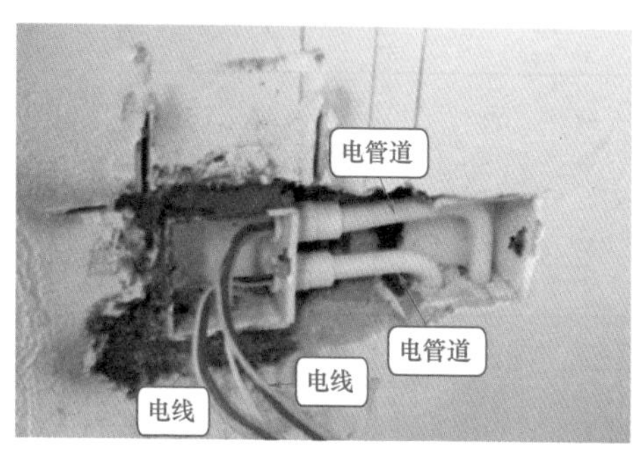

图 1–9 电管道里面放置的是电线

图 1–10 电线带电——电线中电子移动（看不见也存在）

也就是说，家装暗装电管道的目的就是为了在电管道中敷设合理、规范、达标、适应功能的电线。家装暗装电管道只是个保护套管，而不是电流的直接“跑道”。

家装暗装电管道也就是要把电流直接的“跑道”电线与其“跑道”的保护管道要隐蔽起来的一种安装方式。

如果把电线放在管道里再安装在家装装饰面的上面，也就是电线保护管没有隐蔽的安装也属于管道明装。

电线带电，电线中电子大规模定向移动。电线无电，电线中电子不大规模定向移。电子定向移动与否，人眼不能够直接观察到，可以借助仪表、工具来判断。

水管道：水管道中直接流动的是水，这与电管道不能够直接流动电有所不同。由于水可以直接在水管道这样的“跑道”里流动，因此，水管道就是水的直接“跑道”，而不是“跑道”的保护管道（见图 1–11）。

家装暗装水管道也就是要把水的直接“跑道”水管隐蔽起来的一种安装方式。

电管道的安全：如果人体接触电，对人有很大的伤害，并且往往有生命危险。因此，选择电流直接流动的“跑道”——电线，一定要选择外面合格的绝缘包裹层、里面合格的导体层的电线。另外，把电线与其保护套管安全、合理隐蔽起来

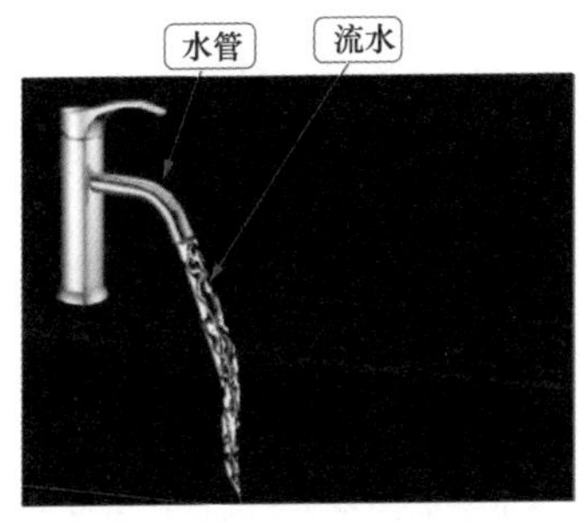

图 1-11　水管道是水的直接“跑道”

比直接安装在家装装饰面的上面更能够保护电线与家居的安全。也就是说，安全、合理的电管道暗装比明装更安全一些（见图 1-12 ~ 图 1-14）。

对于城镇面积小的家居，或者为了更进一步保护电线与家居安全，把电线放在管道里，再把管道放在人平时不能够接触或者不可能接触到的墙壁里、地下、

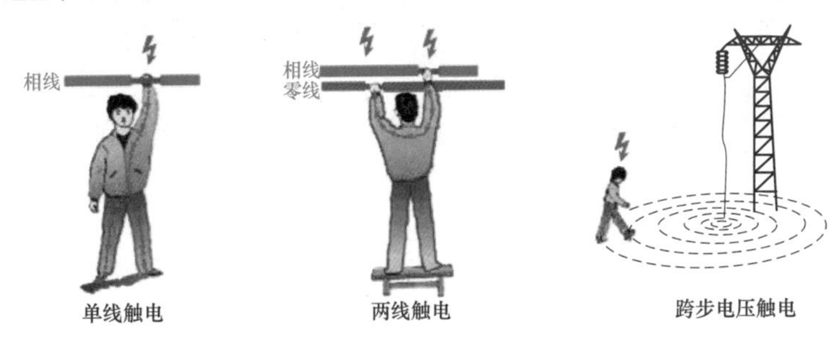

图 1-12　触电的基本形式

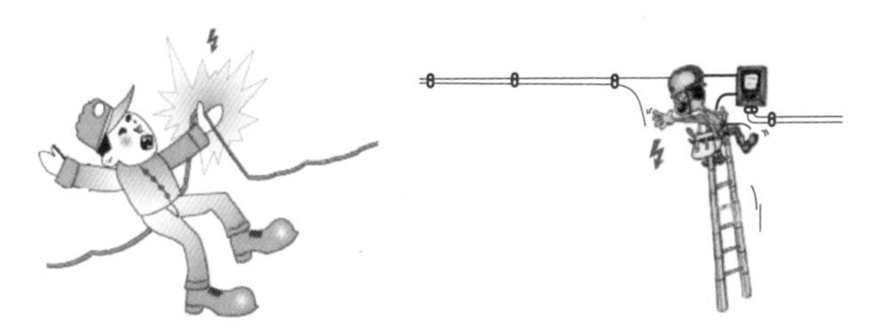

图 1-13　触电的情况

图 1-14　触电的情况

地板里、吊顶里、管井、管槽、管沟中隐蔽敷设，这就是电管道的暗装。

暗装的优点是美观、安全，缺点是造价相对高些，施工维护不便。因此具体采用哪一种安装方式需要具体综合考虑。不过，家装暗装工艺在城镇与一些新农村家装中成为当仁不让的主流已被普遍认可。

水管道的安全：水管道的安全主要是要保证水管不漏水、不裂管。水管道可以放在人平时不能够接触或者不可能接触到的墙壁里、地下、地板里、吊顶里，或者管井、管槽、管沟中隐蔽敷设，也就是水管道的暗装。水管道的明装就是水管安装好后，平时可以看到水管。从这里可以看出，如果水管明装，水管是否漏水，一看就知道。如果水管暗装，只有漏的水渗透隐蔽物，才能发觉。因此，对于水管能够明装就明装，可以暗装则暗装。

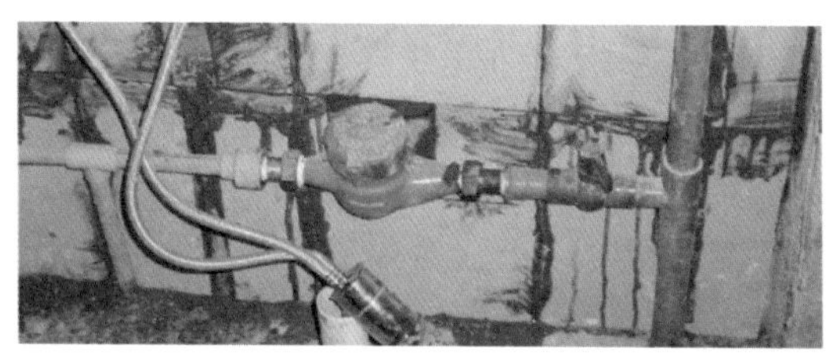

图 1–15 管道明装——可以在已经完成的装饰面上看到管道

图 1–16 暗装水管

家装水电工暗装管道四大系统：家装水电工暗装管道四大系统就是强电管道系统、弱电管道系统、给水管道系统、排水管道系统。这四大系统是独立的系统，不得互相串接、共管共通等敷设。当然，也可以根据实际情况采用某几种系统，但是，不同的系统管道也是不得互相串接、共管共通等敷设。

暗装管道敷设不但考虑本身工艺要求，更要考虑整体需要，能够结合其他设计、工艺、图样来考虑是最好的（见图 1–17）。

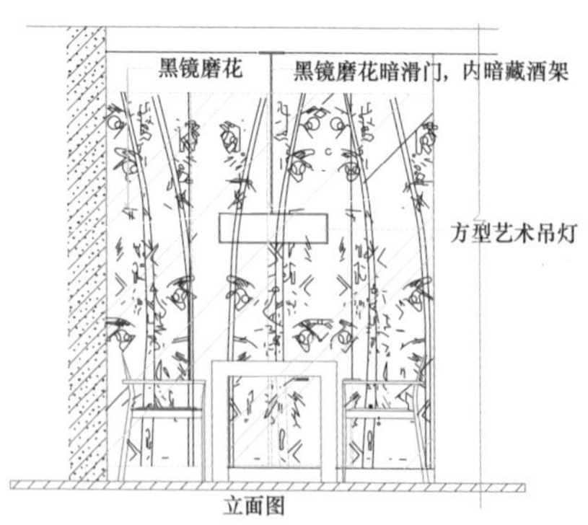

图 1–17 结合图样暗装管道

1.3 暗装的方式

暗装的方式可以分为完全暗装和分项暗装。也可以分为直埋和间接埋（见图1-18、图1-19）。其中，间接埋就是带套管或者用物体遮住的方式。装饰中，电线严禁直埋。

暗装包括管道暗装、设备暗装、连接暗装等类型。

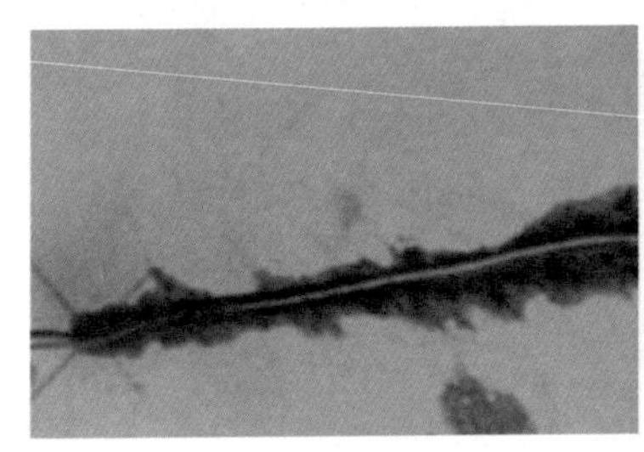

图1-18　直埋

图1-19　间接埋——电线带套管

1.4 管道暗装的方式

管道暗装的方式就是怎样隐蔽敷设的管道。根据隐蔽的地方，可以分为墙壁里、地里、吊顶里等。其中，吊顶里暗装的方式也称为走顶。墙壁里暗装的方式也称为走墙。地里暗装的方式也称为走地（见图1-20～图1-25）。

图1-20　走沟暗装

图1-21　电管道暗装在吊顶里

图1-22　走浇筑

图 1-23　走顶

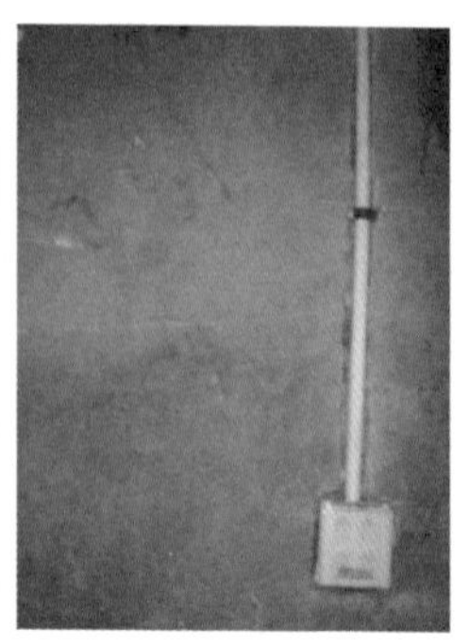

图 1-24　走墙

图 1-25　走墙与走地

走顶维修管道方便，涉及维修工作量小。走墙与走地维修管道不方便，涉及维修工作量大，并且还需要其他工种配合。

实际工作中，这几种管道暗装方式是混合使用的。

1.5 管道暗装的开槽

一般情况下，管道暗装需要开槽，否则管道敷设会高出敷设面，这样会给敷设面后续装修作业带来不便，增加作业难度。但是，并不是所有的管道暗装，均需要开槽。例如，在吊顶里走顶的管道暗装，可以利用吊顶隐蔽敷设管道，也就不需要开槽。有的墙壁、地面，如果后续作业允许暗装的管道直接放在原装修面上，则就不需要开槽。

总之，管道暗装是否需要开槽，涉及后续作业的要求。即使需要开槽，开槽的深度也需要符合后续作业的要求，不能只是根据管道本身的大小来考虑。

目前，家装水电，墙壁一般需要开槽，地面一般直接放在地面上（直敷）。

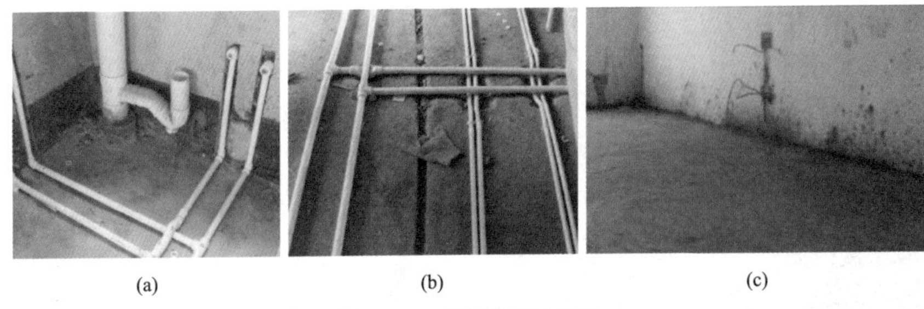
(a)　(b)　(c)

图 1–26　管道暗装的开槽

本身要求与整体装饰要求：家装管道暗装主要涉及墙壁、地面、顶上。因此，需要了解墙壁、地面、顶上的最后装饰效果，以及管道暗装后的作业要求。家装管道暗装是否需要开槽，怎样走管布管不仅要符合水电作业要求，同时也要符合整体装饰要求（见图 1–27、图 1–28）。

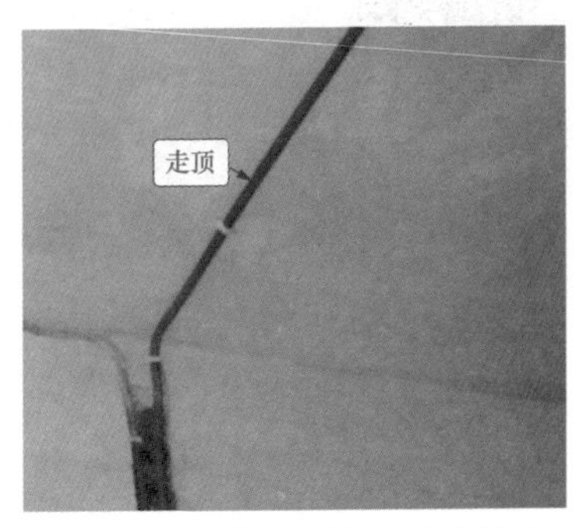

图 1–27　走顶管道尽量不开槽

开槽总要求：开槽时，一定要注意是刚好保留划的线，还是刚好切割划的线，尽量操作统一。开槽时一定要以最宽最深的附件为基准。槽的宽度、弯度均要大于基准附件的尺寸。管路平行走线的管路有的控制在比管深 1 ~ 2cm 即可。有水龙头的管路必须垂直，有的深度控制在 4cm（具体装修有差异）。线槽开好后，需要记好开槽管路尺寸、位置，以方便以后洁具安装时知道管路的位置。墙身、地面开线槽前，需要用墨盒弹线，以便定位。墙面开埋管线槽需要横平竖直，不许弯曲，特殊情况须经有关部门同意才可以进行作业。

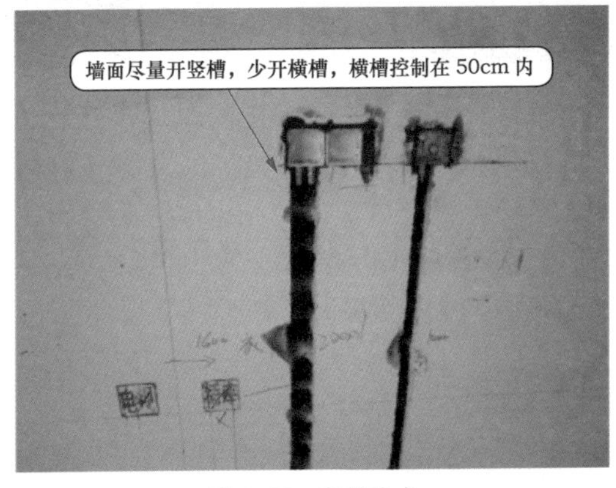

图 1–28　开槽要求

墙上开槽一般保持大于 33mm，管面与墙面一般应留 15mm 左右粉灰层，以防止墙面开裂。未经允许不许随意破坏、更改公共电气设施，如避雷地线、保护接地等。天花板开槽困难时，导线穿入仿蜡管后可直埋，但必须保留过路盒，以便换线。有时，需要考虑开槽路途最短。如果选用 16mm 的 PVC 电线套管，则开槽深度为 20mm；如果选用 20mm 的 PVC 电线套管，则开槽深度为 25mm（见图 1–29）。

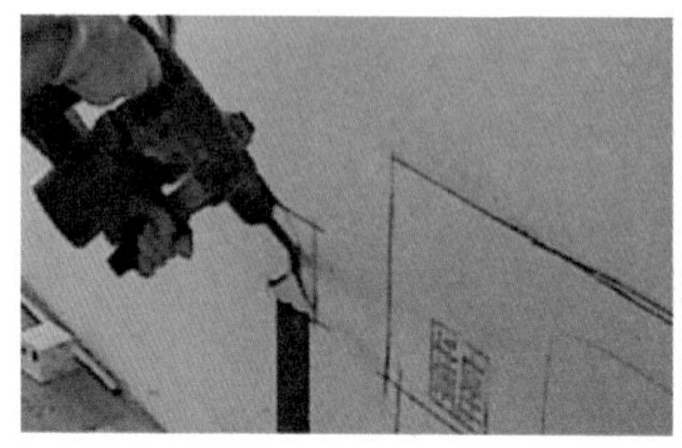

图 1–29　开槽

另外，槽的宽度深度还需要配合后续工序的要求，以及服务最终的效果要求。

1.6 管道暗装槽的封槽

封槽就是用水泥沙子混合糨糊填平槽。封槽之前需要把槽用水浇湿，以充分使槽与其他建筑面连接成整体。另外，封槽之前，需要把管材固定好，试验好（见图 1–30）。

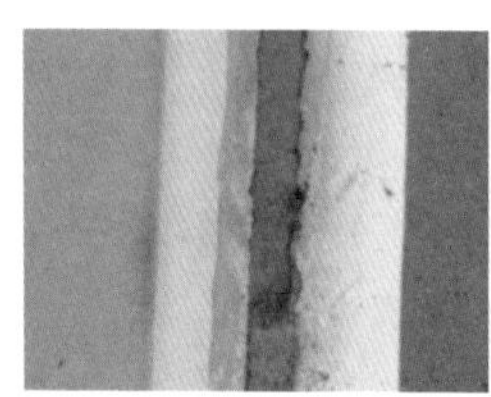
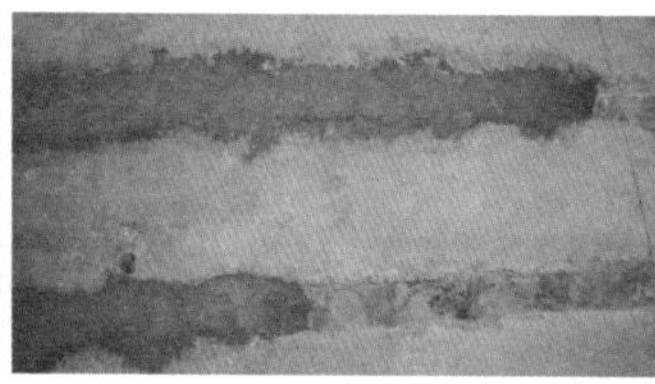
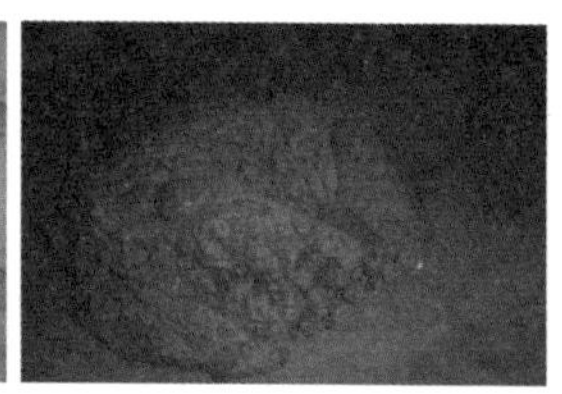

图 1–30　封槽

说明：封槽砂浆水泥含量稍微比平时沙浆高点，以及在抹砂浆前，墙面一定要泼水渗透。

暗盒的封槽：一般除了厨房、卫生间暗盒要凸出墙面 20mm 外，其他暗盒与墙面一般是齐平。另外，几个暗盒并排时，需要在同一水平线上。

1.7 墙壁的装修

管道暗装与墙壁装修的关联：不同的墙壁的装修对于管道暗装的开槽要求不同，也就是宽度、深度不同。

墙壁按照所处位置分，可分为外墙和内墙（图 1–31、图 1–32），按装修材质可分为红砖砌墙、玻璃砖砌墙、木质隔墙等（图 1–33、图 1–34）。墙壁翻新的方式有刷涂漆、贴壁纸、刷 888、贴瓷砖（墙砖）、刷乳胶漆、木板饰面、贴壁布等。其中，现在家装中，使用最多最普通的自然是乳胶漆。现在墙纸成为次于乳胶漆的墙面装饰材料。常见的壁纸材料有纸质、木纤维、聚氯乙烯（PVC）等。

图 1–31　外墙

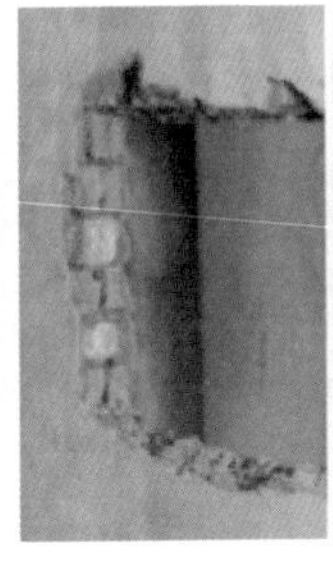

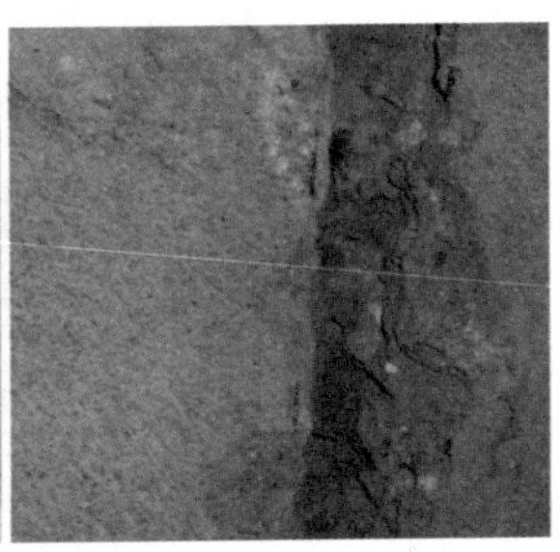

图 1–32　内墙

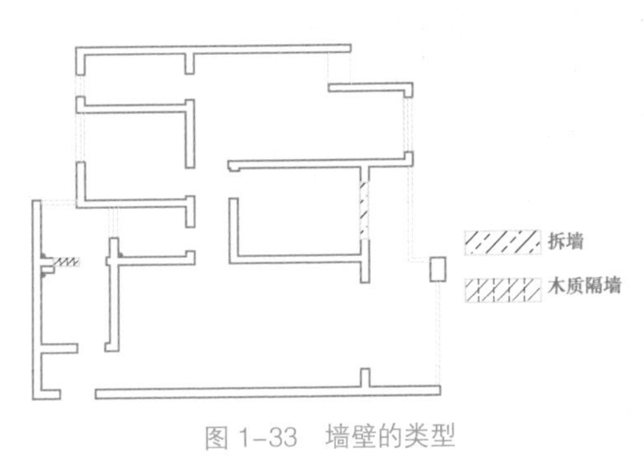

图 1–33　墙壁的类型

图 1–34　红砖砌墙

暗装管材的要求：墙壁和地面中暗装的管材一般需要有一定硬度的管材，软管材暗装一旦封槽，则可以把管材压扁压坏，结构达不到所要的需要（见图 1–35）。

图 1–35　软管材

贴壁纸工艺的特点：贴壁纸需要墙面平整光滑。如果墙面不平，可以先用刮板、砂纸将其杂质、浮土去除，凹洞裂缝处用石膏粉补好磨平。如果墙面质地松软或有粉层，则需要先涂刷一层壁纸胶液使墙面牢固。等胶液完全透入纸底后即可张贴。

贴壁纸比刷墙漆效果要好。墙漆刷好后，需要在需要贴壁纸的地方刷硝基漆，等漆隔几天干透，然后就可以贴壁纸了。

注意：壁纸贴完 48h 内不要开窗通风，让其慢慢阴干。如果个别地方起翘，需要修补一下。

不同的墙纸厚度不同，纯纸不足 1mm，PVC 不小于 3mm（见图 1–36、图 1–37）。

说明：墙纸厚度一般在 2mm 内，对于管道暗装的开槽的影响一般可以在允许的范围内。但是，如果大于 2mm，则就需要考虑后续工艺对于管道暗装的开槽的要求。

壁纸的规格见表 1–1 和表 1–2。

图 1–36 贴壁纸

图 1–37 壁纸的应用

表 1–1 常见壁纸的规格

名称	规 格
花色线壁纸	幅宽：914mm；长：7.3m/ 卷；50m/ 卷
纺织纤维壁纸	幅宽：500mm、1000mm
天然麻草壁纸	厚 0.3 ~ 0.6mm
草编壁纸	厚 0.8 ~ 1.3mm、宽 914mm、长 7.135mm

表 1–2 玻纤印花壁纸规格

长（m）	宽（m）	厚（m）	单位质量（g/m^3）	日晒等级
50	840	0.2	200	5
50	850	0.17	200	
50	880	0.2	200	6
50	880	0.17	180	5
50	900	0.17	200	
50	880	0.17	200	

墙砖工艺的特点：厨房、卫生间中一般使用的是墙砖，主要为了更好地防水、防污。墙砖跟地砖其实没什么两样，只是在尺寸上存在差别（见图 1–38 ~ 图 1–40）。

常用的釉面砖厚度为 5mm 及 6mm，马赛克常用的规格为 20mm × 20mm、25mm × 25mm、30mm × 30mm，厚度依次为 4 ~ 4.3mm。

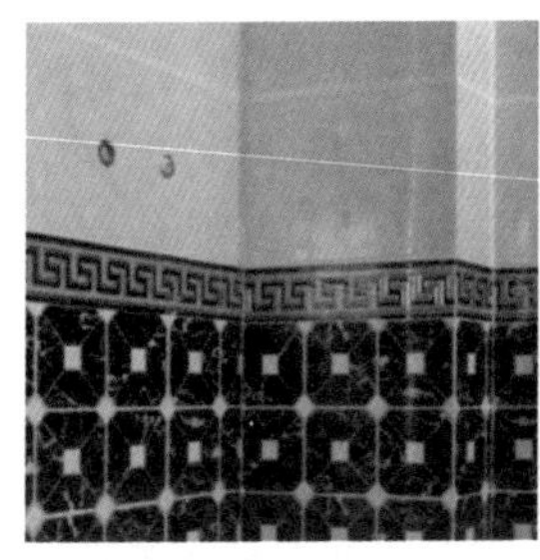

图 1–38　墙砖

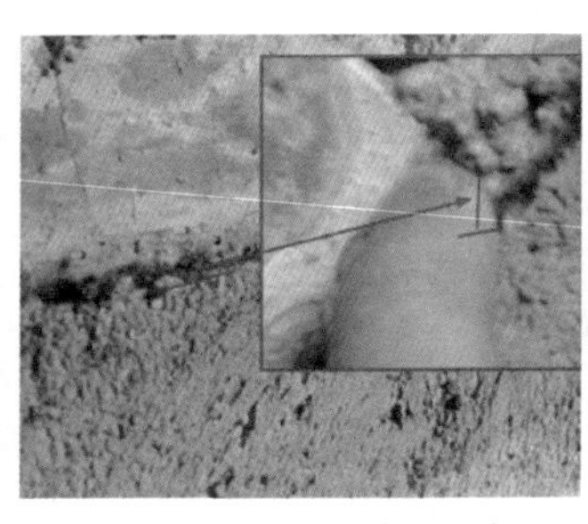

图 1–39　墙砖打底的厚度

图 1–40　砖墙

说明：墙砖厚度对于管道暗装的开槽以及管道引出接口的高度有要求与影响。

清漆施工工艺：清理木器表面→磨砂纸打光→上润泊粉→打磨砂纸→满刮第一遍腻子，砂纸磨光→满刮第二遍腻子，细砂纸磨光→涂刷油色→刷第一遍清漆→拼找颜色，复补腻子，细砂纸磨光→刷第二遍清漆，细砂纸磨光→刷第三遍清漆、磨光→水砂纸打磨退光，打蜡，擦亮。

混色油漆施工工艺：首先清扫基层表面的灰尘，修补基层→用磨砂纸打平→节疤处打漆片→打底刮腻子→涂干性油→第一遍满刮腻子→磨光→涂刷底层涂料→底层涂料干硬→涂刷面层→复补腻子进行修补→磨光擦净第三遍面漆涂刷第二遍涂料→磨光→第三遍面漆→抛光打蜡。

涂刷乳胶漆工艺流程：清扫基层→填补腻子，局部刮腻子，磨平→第一遍满刮腻子，磨平→第二遍满刮腻子，磨平→涂刷封固底漆→涂刷第一遍涂料→复补腻子，磨平→涂刷第二遍涂料→磨光交活。

裱贴墙纸、墙布主要工艺流程：清扫基层、填补缝隙→石膏板面接缝处贴接缝带、补腻子、磨砂纸→满刮腻子、磨平→涂刷防潮剂→涂刷底胶→墙面弹线→壁纸浸水→壁纸、基层涂刷粘结剂→墙纸裁纸、刷胶→上墙裱贴、拼缝、搭接、对花→赶压粘结剂气泡→擦净胶水→修整。

木护墙板、木墙裙施工工艺流程：处理墙面→弹线→制作木骨架→固定木骨架→安装木饰面板→安装收口线条。

天然花岗岩、大理石板材墙面施工工艺：基层处理→安装基层钢筋网→板材钻孔→绑扎板材→灌浆→嵌缝→抛光。

粘贴釉面砖墙施工工艺流程：基层清扫处理→抹底子灰→选砖→浸泡→排砖→弹线→粘贴标准点→粘贴瓷砖→勾缝→擦缝→清理。

粘贴陶瓷锦砖施工工艺流程：清理基层→抹底子灰→排砖弹线→粘贴→揭纸→擦缝。

木龙骨隔断墙的施工程序：清理基层地面→弹线、找规矩→在地面用砖、水泥砂浆做地枕带（又称踢脚座）→弹线，返线至顶棚及主体结构墙上→立边框墙筋→安装沿地、沿顶木楞→立隔断立龙骨→钉横龙骨→封罩面板，预留插座位置并设加强垫木→罩面板处理。

镜面玻璃墙安装工艺程序：清理基层→钉木龙骨架→钉衬板→固定玻璃。

1.8 毛坯房与自建房

墙面、地面的装修需求包括了装修与装饰两部分，基层处理可算作装修范畴（基础性强，一次施工长期受益）。刷漆、贴壁纸等可算作装饰范畴（装饰性强，可定期更换）。不同的房子，房屋的装修装饰要求不同。对于，城镇新房来讲，太多是毛坯房。毛坯房又称为初装修房。毛坯房的房子大多屋内只有门框没有门，墙面地面仅做基础处理而未做表面处理。屋外全部外饰面，包括阳台、雨罩的外饰面一般已经按设计文件完成装修工程（见图 1–41）。对于，新农村自建新房来讲，太多是没有进行基础处理的砖墙房（见图 1–42）。

图 1–41 毛坯房

图 1–42 农村自建新房

毛坯房刷乳胶漆：毛坯房刷漆，需要刷漆的水泥墙面坚实、平整。如果墙面的抹灰层不够结实或者存在大的裂缝和孔洞，需要重做。个别孔洞可以修补，即使用石膏填补。

毛坯房一般建筑开发商已经作了水泥墙面，装修时需要抹灰刮腻子（见图 1–43）。

毛坯房刷乳胶漆的工序：刮腻子准备→刮腻子→打磨腻子→刷底漆→刷面漆。

图 1–43　毛坯房刮腻子

一次刮涂腻子不要过厚，根据不同腻子的特点，厚度以 0.5 ~ 1mm 为宜。总的腻子层为 3 ~ 5mm 厚。刷涂油漆一般国内涂料一道为 37 ~ 45μm 厚。

因此，在毛坯房上开槽开孔安装电线管、暗盒的深度考虑水泥基础上的深度时，主要还要考虑腻子层的厚度。如果腻子层的厚度厚，则开孔暗盒的边槽面需要高于墙面腻子层的厚度。如果腻子层的厚度不厚，则开槽埋管的封槽面、开孔暗盒的边槽面跟毛坯墙面平即可。如果墙面已经找平，管子开槽的深度最好跟原毛坯墙面平，或者比墙面凹进 0.5 ~ 1cm。

说明：最后的开关、插座面板安装在乳胶漆面时，保证暗盒边框比墙面凹进 0.5 ~ 1cm 即可。如果暗盒边框凹墙面比较多，则墙面装修需要盖住暗盒边框，这样可以采用加长螺钉固定开关、插座面板，也能够保证开关、插座面板安装紧贴墙面，并且没有缝隙（见图 1–44）。

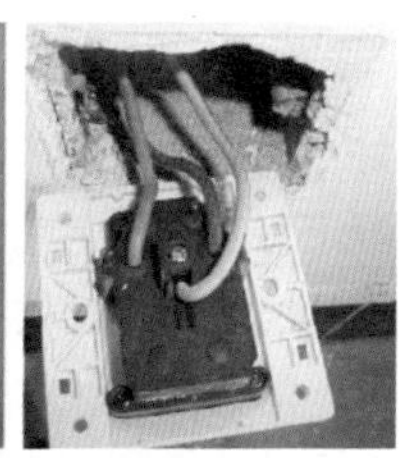

图 1–44　乳胶漆面安装开关、插座效果

厨卫一般不建议采用刮腻子刷涂料装饰，最好采用贴瓷砖装饰。贴瓷砖工艺流程如下：基层处理→吊垂直、套方、找规矩→贴灰饼→抹底层砂浆→弹线分格→排砖→浸砖→镶贴面砖→面砖勾缝与擦缝。贴瓷砖基层为混凝土墙面时的操作方法：

（1）基层处理。先将凸出墙面的混凝土剔平，对大钢模施工的混凝土墙面凿毛，以及用钢丝刷满刷一遍，再浇水湿润。如果基层混凝土表面很光滑时，也可采取先将表面尘土、污垢清扫干净，再用 10% 火碱水将板面的油污刷掉，随之用净水将碱液冲净、晾干，再用 1 ∶ 1 水泥细砂浆内掺水重 20% 的 107 胶，喷或用笤帚将砂浆甩到墙上。注意甩点均匀，终凝后浇水养护，直到水泥砂浆疙瘩全部粘到混凝土光面上，以及有较高的强度为止（用手掰不动）。

（2）吊垂直、套方、找规矩、贴灰饼。

（3）抹底层砂浆。先刷一道掺水重 10% 的 107 胶水泥素浆，紧跟着分层分遍抹底层砂浆（一般常温时采用配合比为 1 ∶ 3 水泥砂浆），每一遍厚度宜为 5mm，抹后用木抹子搓平，隔天浇水养护。等第一遍六至七成干时，即可抹第二遍，厚度为 8 ~ 12mm，随即用木杠刮平、木抹子搓毛，隔天浇水养护。如果需要抹第三遍时，其操作方法同第二遍，直到把底层砂浆抹平为止。

（4）弹线分格。等基层灰六至七成干时，即可按图样要求进行分段分格弹线，同时也可进行面层贴标准点的工作，以控制出墙尺寸及垂直、平整。

（5）然后排砖、浸砖、镶贴面砖。在面砖背面宜采用 1 : 2 水泥砂浆镶贴，砂浆厚度为 6 ~ 10mm，贴上后用灰铲柄轻轻敲打，使之附线，再用钢片开刀调整竖缝，以及用小杠通过标准点调整平面和垂直度。

（6）面砖勾缝与擦缝。面砖铺贴拉缝时，用 1 : 1 水泥砂浆勾缝，先勾水平缝再勾竖缝，勾好后要求凹进面砖外表面 2 ~ 3mm。如果横竖缝为干挤缝，或小于 3mm 者，需要用白水泥配颜料进行擦缝处理。面砖缝子勾完后，用布或绵丝蘸稀盐酸擦洗干净。

因此，毛坯房贴瓷砖管道暗装需要注意基层处理厚度、抹底层砂浆厚度、砂浆厚度、瓷砖厚度等要求。

水泥墙面就是用水泥沙浆抹的墙面，一般呈灰色状（见图 1-45）。腻子墙面就是用石膏和腻子做的墙面，一般呈白色状。

现在的城镇新房一般都是在厨卫留出水泥墙面，有的城镇新房开发商已经拉好毛，有的没有拉好，而其他部位为腻子墙面。水泥墙面，可以在检查合格的情况下可直接拉毛贴瓷砖，也可批腻子刷涂料或者贴壁纸。腻子墙面，可以在合格的情况下直接批腻子找平后刷涂料或者贴壁纸。

需要注意，腻子墙面上不可以直接拉毛后贴瓷砖。该种情况不常见，主要出现有的业主将厨房扩大后在本是室内墙体的腻子墙面上直接拉毛后贴瓷砖。这样做，会出现不牢固，瓷砖日后容易脱落等异常情况。正确做法是铲除墙面腻子露出水泥墙体后再拉毛后贴瓷砖，这样贴瓷砖才牢固（见图 1-46）。

图 1-45 水泥墙面

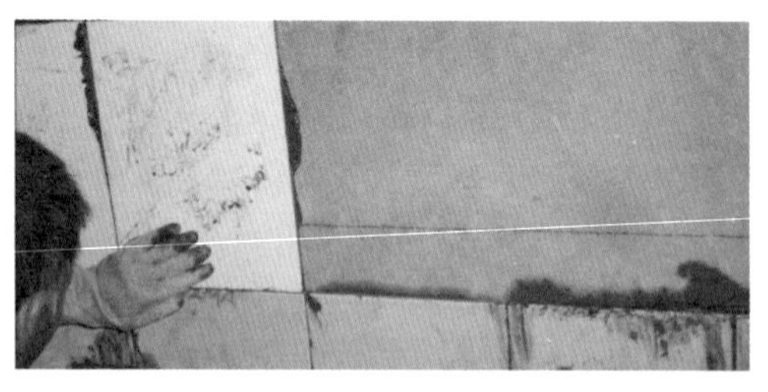

图 1-46 贴瓷砖

踢脚又叫做踢脚板、踢脚线。其是外墙内侧与内墙两侧与室内地坪交接处的构造。踢脚的一方面作用是防止扫地时污染墙面，主要作用是防潮、保护墙角。踢脚材料一般与地面相同（见图 1-47）。踢脚的高度一般在 120 ~ 150mm。

踢脚的种类很多，其中有一种可以供暗敷线路用的踢脚。

暗管走踢脚，一般也需要开槽，如图 1–48 所示。踢脚的安装工艺与水泥糨糊厚度只有 3mm 左右。有的踢脚最终装饰面与墙壁面平齐，则整个地脚工艺厚度大约 10mm。

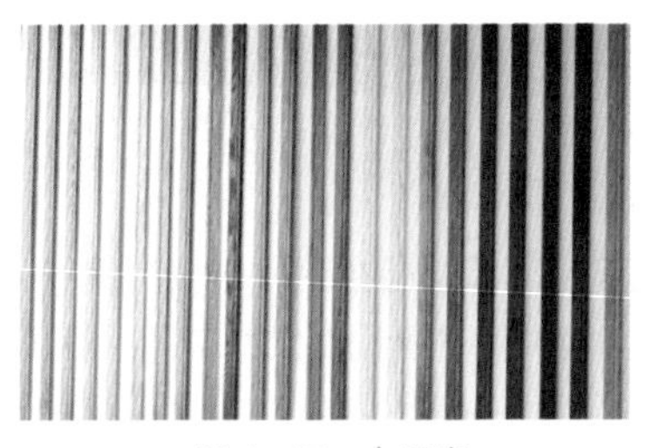

图 1–47　木踢脚

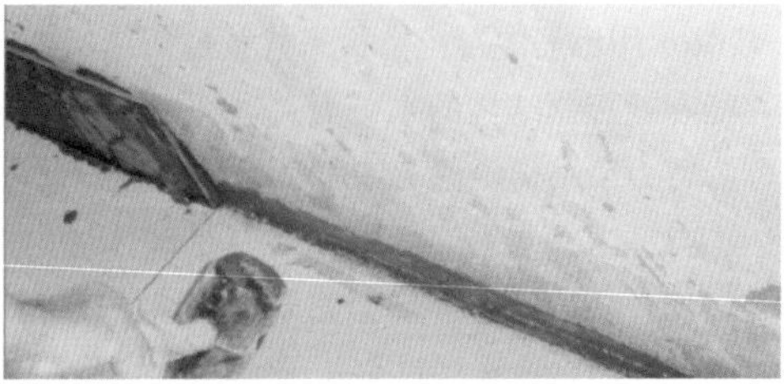

图 1–48　踢脚的安装工艺

1.9 轻体墙、内保温墙、承重墙

（1）轻体墙与承重墙的判断：

1）如果用拳头砸墙，能够听到空空的声音，一般说明该墙是轻体墙（见图 1–49）。如果用拳头砸墙，几乎没有响声，则说明该墙是承重墙。轻体墙（非承重墙）在装修中一般是可以随意拆改的。承重墙在装修中一般是不允许拆改的（见图 1–50、图 1–51）。

图 1–49　轻体墙

2）从墙砖的材质上来判断。一般标准砖的墙是承重墙，加气砖的是轻体墙。

图 1–50　承重墙不允许拆改

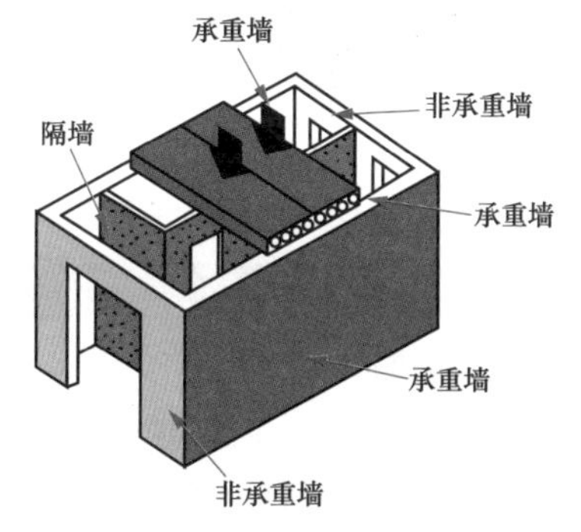

图 1–51　承重墙与轻体墙

3）从墙的厚度来判断。150mm 厚的隔墙是轻体墙，例如卫生间、厨房等场所出现较多。

4）室内的墙角或墙体半中有柱子凸出的十有八九是框架结构的房屋。

5）根据梁与墙的结合处来判断。采用的斜排砖的方法的一定是轻体墙。墙与梁间紧密结合的可能是承重墙。

6）用钢筋混凝土墙板来代替框架结构中的梁柱，能承担各类荷载引起的内力，并能有效控制结构的水平力，这种用钢筋混凝土墙板来承受竖向和水平力的结构称为剪力墙结构。剪力墙属于承重墙。

（2）内保温墙。内保温墙就是墙体加内保温层，保温层在北方的楼房就有，一般加在楼房墙体外部。如果加在墙体内部就叫做内保温墙。内保温墙，一般偶尔出现在阳台或楼梯过道相邻墙面。

内保温墙的判断：敲该墙应有空空的响声，如果用锥子（或钉子）一扎能扎进去。一般保温墙里面的保温材料都是苯板，看起来像白色颗粒状泡沫板。

（3）一般而言，砖混结构的房屋所有墙体都是承重墙。框架结构的房屋内部的墙体一般都不是承重墙。具体到房屋结构本身，才能够判断墙是否是承重墙（见图 1–52）。

承重墙是经过科学计算的，如果在承重墙上打孔、开槽装修，会影响地基的稳定性。

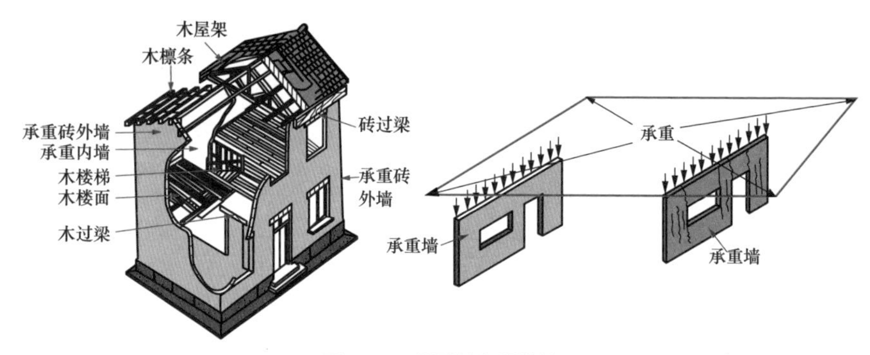

图 1–52　承重墙与轻体墙

1.10 吊顶里的管道暗装

吊顶里的管道暗装要求：

（1）吊顶的钉眼一定要刷防锈漆。

（2）大于 3kg 的重型灯具、电扇及其他重型设备严禁安装在吊顶工程的龙骨上。

（3）吊顶灯具、风口及检修口等应设附加吊杆（见图 1–55）。

图 1-53　吊顶

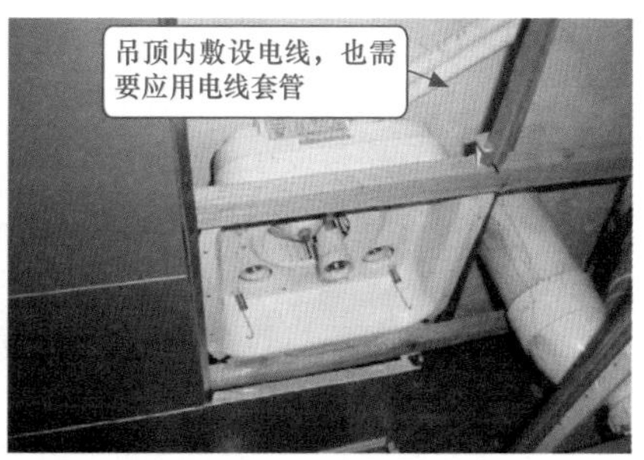

图 1-54　吊顶内敷设电线

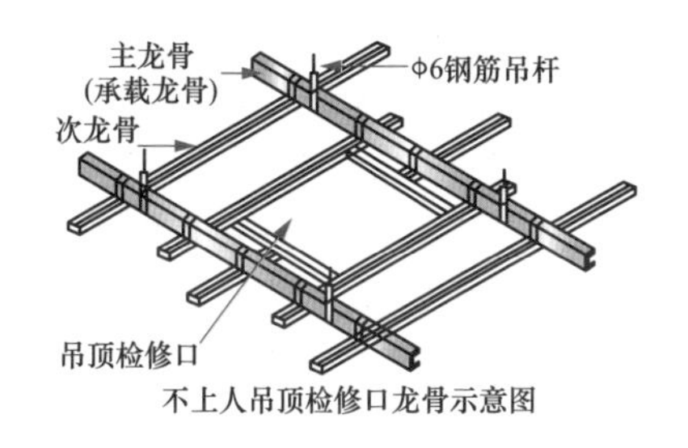

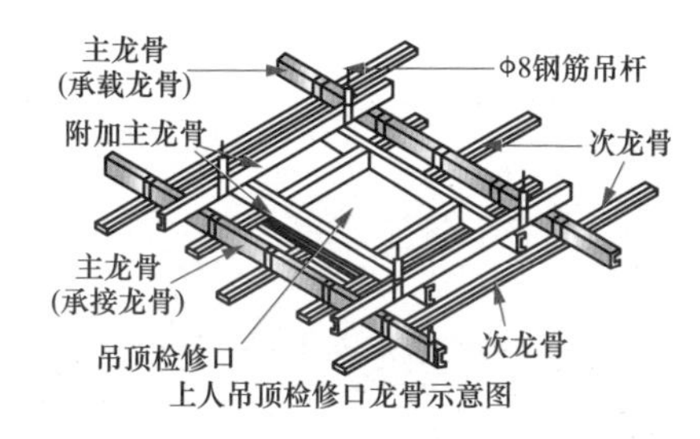

图 1-55　吊顶检修口

（4）保持与其他管路的安全距离，确定盒（箱）的正确位置与管路的敷设部位、走向，以及在不同方向进出盒（箱）位置。

（5）有相互交叉、打架、距离不符合要求或接线不方便等情况，需要提前制定技术措施与解决方案。

（6）管路、盒的测量放线：根据管路横平竖直的原则，沿管路的垂直与水平方向进行顶板、墙壁的弹线定位，注意与其他管路相互间的最小距离。

（7）用线坠找正，拉线确定管路距顶板的距离及接线盒的位置，以及做好标识。

（8）可上人的吊顶内的配管其管路、走向、支架固定，可以根据明配管要求施工。

（9）在吊顶内不得使用半硬质塑料管与塑料波纹管。如果设计为硬质塑料电线管，则要求氧指数必须不小于 27%。

（10）在吊顶内由接线盒引向灯具的灯头线管材质，需要根据管路敷设的材质选用相同材质的保护软管，其保护软管长度在动力工程中不超过 0.8m，在照明工程中不超过 1.2m。

（11）吊顶内敷设的管路，一般需要有单独的吊杆或支撑装置。

（12）吊顶内管路敷设对其周围的易燃物做好防火隔热处理，中间接线盒需要加盖板封闭，盖板涂刷与墙壁面或顶棚相同颜色的油漆两遍。

（13）吊顶内敷设的管路在进入接线盒时，其内外需要装有锁母固定。

（14）当管路敷设在热水管下面时，间距为 0.2m。上面时，间距为 0.3m。

（15）当管路敷设在蒸汽管下面时，间距为 0.5m。上面时，间距为 1m。当不能符合上述要求时，需要采取隔热措施。对有保温措施的蒸汽管，上、下净距均可减少到 0.2m。

（16）电线管路与其他管路的平行净距不应小于 0.1m。当与水管同侧敷设时，宜敷设在水管的上面。

（17）当吊顶有分格块线条时，灯位需要根据吊顶块分布均匀。

（18）根据图样灯具的质量选择吊杆的直径。如果设计没有要求，一般吊杆的直径不小于 ϕ8mm。另外，吊杆需要进行防腐处理。

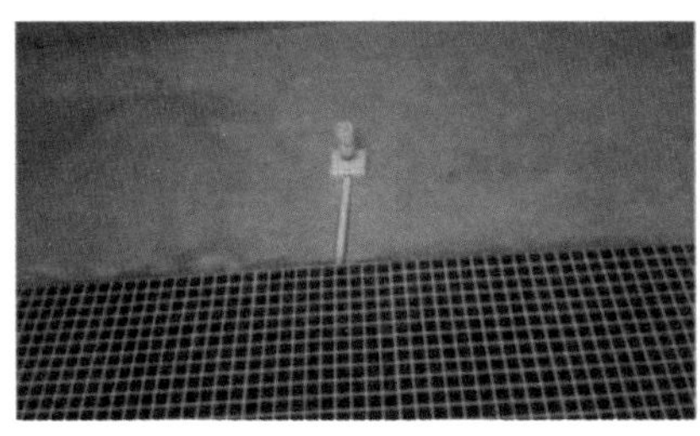

图 1–56　吊顶内可以敷明线

（19）不能上人的固定封闭吊顶根据暗配管敷设。这些部位除灯具自身的接线盒外，不应装设接线盒。由于线路分支等必须加盒时，需要留检查孔。吊顶内装设的接线盒必须单独固定，其朝向需要便于检修与接线（见图 1–56）。

（20）管路敷设需要尽量减少接线盒，只有在管路较长或有弯曲时（管入盒处弯曲除外）才允许加装接线盒或放大管径。

（21）吊顶内电线管在进入接线盒时，在进线方向的电线管上距按线盒约 30mm 的电线管处焊接长扁铁，以及在扁铁上打 ϕ4 的小螺栓孔，为与灯具接头的金属软管做保护跨接地线而准备（见图 1–57）。

（22）吊顶内灯具接头的金属保护软管的加工长度不超过 1.2m，跨接地线采用绿黄相间的双色线。地线其一端与金属保护软管的两端卡接或锡焊连接，另一端焊接接线鼻子准备与电线管或灯具外壳做按地连接。

（23）嵌入式灯具可以用支架或吊顶将灯位盒固定在吊顶内，盒距离灯具边缘不宜大于 10cm。如果为活动板吊顶，则可以适当远一些，但也不宜大于 30cm。

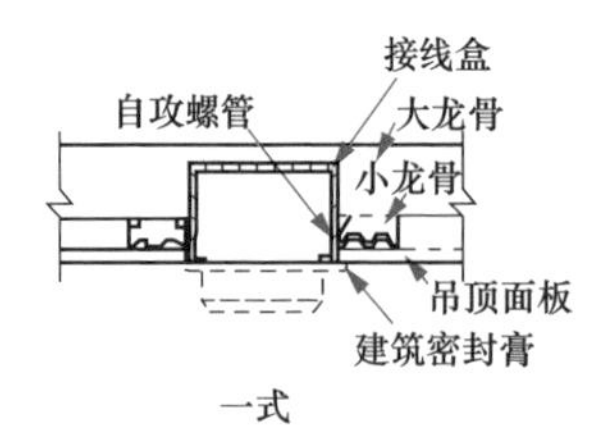

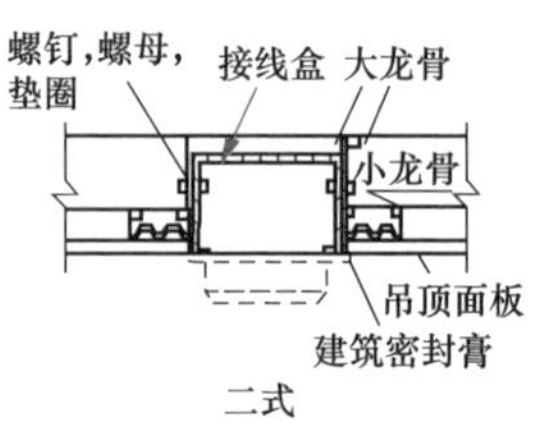

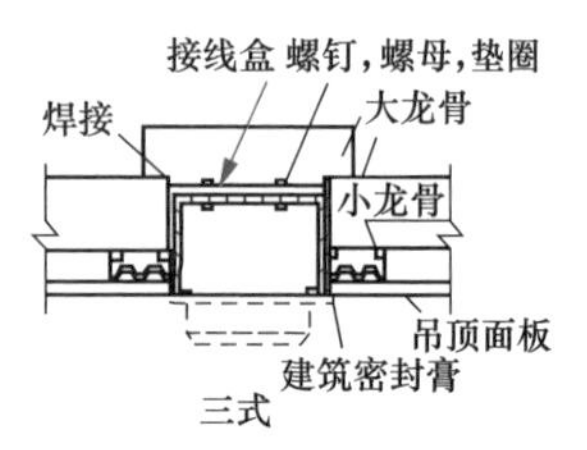

图 1–57　接线盒在吊顶上的安装

灯位盒口，需要朝侧面，以及加盖板，便于安装接线与观察维修。

轻钢龙骨、铝合金龙骨吊顶工艺：弹线→安装吊杆→安装龙骨架→安装面板。

PVC 塑料板吊顶工艺：弹线→安装主梁→安装木龙骨架→安装塑料板。

木格栅吊顶的施工工艺：准确测量→龙骨精加工→表面刨光→开半槽搭接→阻燃剂涂刷→清油涂刷→安装磨砂玻璃。

1.11 地面里的管道暗装

地面装饰的类型：整体类地面、块料类地面、塑料板地面、地毯地面、涂料地面、木地面、活动地面、水泥地面、瓷砖地面等（见图 1–58、图 1–59）。

图 1–58　地面贴瓷砖

石质类地面贴面装饰施工工艺流程：准备工作→试拼→弹线→试排→刷水泥浆及铺砂浆结合层→铺砌大理石板块（或花岗石板块）→灌缝、擦缝→打蜡。

瓷砖地面施工工艺施工工艺流程：基层处理→找标高、弹线→抹找平层砂浆→弹铺砖控制线→铺砖、拔缝、修整→勾缝、擦缝→养护→踢脚板安装。

木地板装饰粘贴法施工工艺：基层清理→涂刷底胶→弹线、找平→钻孔、安装预埋件→安装毛地板、找平、刨平→钉地板、找平、刨好（见图 1–60）。

图 1–59　地面的类型

铺贴彩色釉面砖类施工工艺流程：处理基层→弹线→瓷砖浸水湿润→摊铺水泥砂浆→安装标准块→铺贴地面砖→勾缝→清洁→养护。

铺贴陶瓷锦砖（马赛克）类施工工艺流程：处理基层→弹线、标筋→摊铺水泥砂浆→铺贴→拍实→洒水、揭纸→拨缝、灌缝→清洁→养护。

强化复合地板施工工艺：清理基层→铺设塑料薄膜地垫→粘贴复合地板→安装踢脚板。

实铺法地板施工工艺为：基层清理→弹线→钻孔安装预埋件→地面防潮、防水处理→安装木龙骨→垫保温层→弹线、钉装毛地板→找平、刨平→钉木地板、找平、刨平→装踢脚板→刨光、打磨→油漆→上蜡。

半硬质塑料地板块施工工艺：基层处理→弹线→塑料地板脱脂除蜡→预铺→刮胶→粘巾→滚压→养护。

软质塑料地板块施工工艺：基层处理→弹线→塑料地板脱脂除蜡→预铺→坡口下料→刮胶→粘贴→焊接→滚压→养护。

卷材塑料地板施工工艺：裁切→基层处理→弹线→刮胶→粘贴→滚压→养护。

地毯地面装饰卡条式固定方式工艺：基层清扫处理→地毯裁割→钉倒刺板→铺垫层→接缝→张平→固定地毯→收边→修理地毯面→清扫（见图 1–61）。

图 1–60　木地板装饰工艺

图 1–61　地毯地面

地毯地面装饰粘贴法固定方式工艺：基层地面处理→实量放线→裁割地毯→刮胶晾置→铺设银压→清理、保护。

水泥砂浆抹灰的基本工艺：找规矩→对墙体四角进行规方→横线找平，竖线吊直→制作标准灰饼、冲筋→阴阳角找方→内墙抹灰→底层低于冲筋→中层垫平冲筋→面层装修。

工艺要求：

（1）铺贴陶瓷地砖的施工需要混凝土地面要求：应将基层凿毛，凿毛深度一般为 5 ~ 10mm，凿毛痕的间距为 30mm 左右。再清净浮灰，后砂浆地面。地面贴瓷砖的厚度一般可以覆盖走地的 PVC 管，但是，由于地面不平整，贴瓷砖的厚度不均匀，则可能会影响 PVC 管的覆盖。

（2）粘贴式木地板要求：在混凝土结构层上一般用15mm厚1 ：3水泥砂浆找平。目前，大多采用不着高分子粘结剂，将木地板直接粘贴在地面上。

（3）实铺式木地板要求：实铺式木地板基层采用梯形截面木搁栅（即木楞），木搁栅的间距一般为400mm，中间可填一些轻质材料，以减低人行走时的空鼓声，以及改善保温隔热效果。为了增强整体性，木搁栅上铺钉毛地板，最后在毛地板能上能下打接或粘结木地板。在木地板一墙的交接处，要用踢脚板压盖。为了散发潮气，可在踢脚板上开孔通风。

（4）架空式木地板要求：架空式木地板是在地面先砌地垄墙，再安装木搁栅、毛地板、面层地板。

（5）实铺地板要求：要先安装地龙骨，再进行木地板的铺装。龙骨的安装方法是先在地面做预埋件，以固定木龙骨。预埋件一般为螺栓及铅丝，预埋件间距一般为800mm，并且从地面钻孔下入。

1.12 暗装要求

（1）水电改造，尽量做到不后悔，以免砖上了墙、吊顶一封上，再想加插座、开关就难了。

（2）暗装前，一定要确定好开关、灯具、台盆、浴缸、洗衣机等确切的位置（见图1–62、图1–63）。

（3）强弱电不得同管铺设。

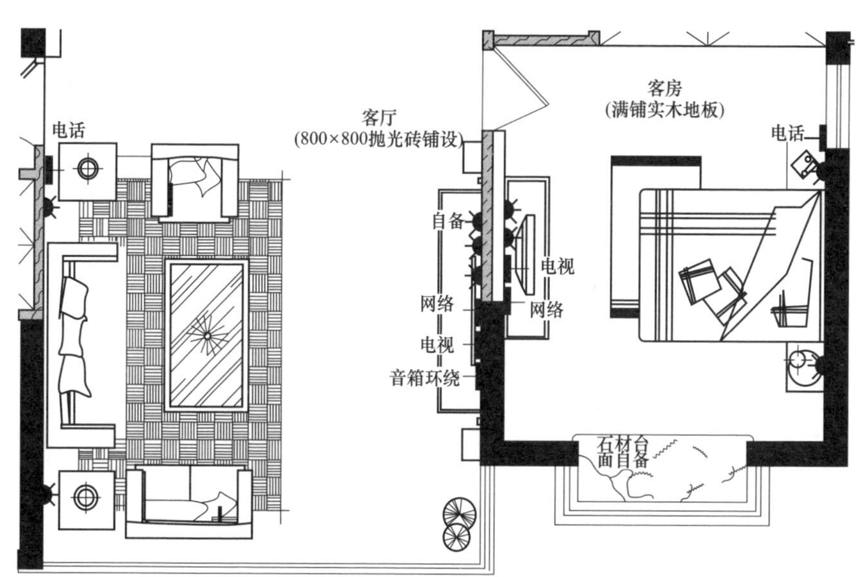

图1–62　设备安装位置

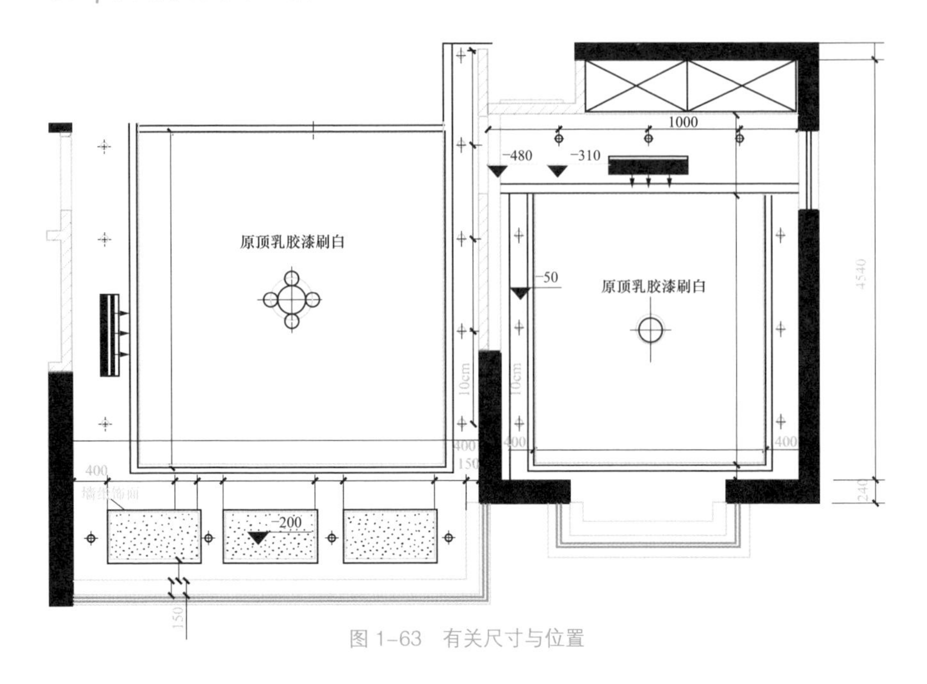

图 1-63　有关尺寸与位置

（4）电线接头不能够直接埋入水泥中。

（5）水电改造前，橱柜需要确定好电源、水路的改造方案。

（6）水电改造前，热水器最好先确定型号，设计好电源、接口的位置。

（7）要优化管道外观，加强装饰效果。

（8）地面贴砖前，需要买好地漏。

（9）等做完防水、拉毛后，才可以准备贴砖。

（10）地漏与泛水坡度需要符合设计要求，达到不倒泛水，结合处严密平顺，无渗漏。

（11）水电改造时，公共设施不得随意改动。

（12）各种管道、电气设备完成全部装修后，需要按规定完成各种测试项目。

暗装也要考虑水平与垂直：装修后的效果一般需要考虑水平与垂直。因此，暗装工艺也要考虑水平与垂直，这样暗装工序后的工序才可以配合好。暗装也要考虑水平与垂直的地方首先就是导线的敷设需要横平竖直，以及一般设备的安装也需要横平竖直。为了导线、设备的安装横平竖直，则需要首先需要划出横平竖直的基准线（见图 1-64）。

暗装与设施：管道暗装，有的需要避开设施，有的需要利用设施。

管道暗装的起点：家居管道暗装的起点是进行室内布局的关键接点，是室内与室外连接的桥梁。室内的水管无论怎么布局安排，其来源均是水管的起点而来

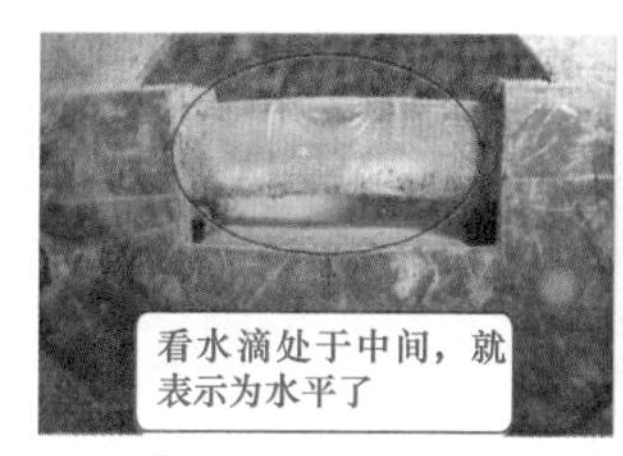

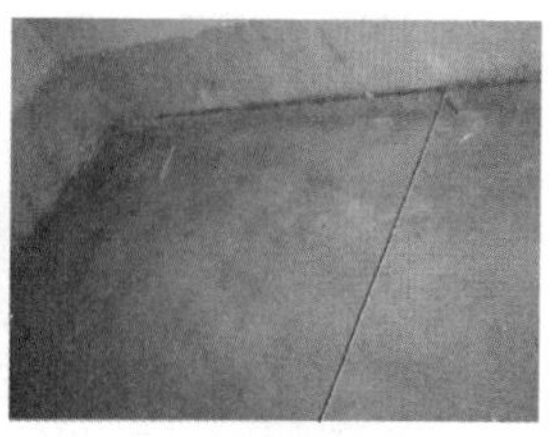

图 1–64 水平仪

的。室内水管的起点一般就是水表的引出管。室内强电的起点一般就是电表的引出线，城镇楼房一般是强电配电箱。室内弱电的起点一般就是弱电配电箱（见图 1–65、图 1–66）。

图 1–65 管道暗装需要“照顾”设施

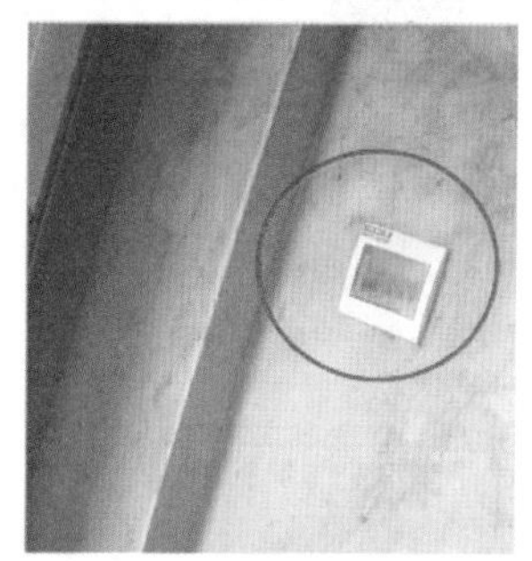

图 1–66 起点

1.13 混装（暗装与明装）

混装也就是既有暗装，也有明装。许多工程中，采用了混装。这样即可利用暗装的优势，也可以利用明装的优势，避免了两者的不足或者不适应。

(a) (b) (c) (d) (e) (f) (g)

图 1-67 混装

第2章

强电暗装全掌握

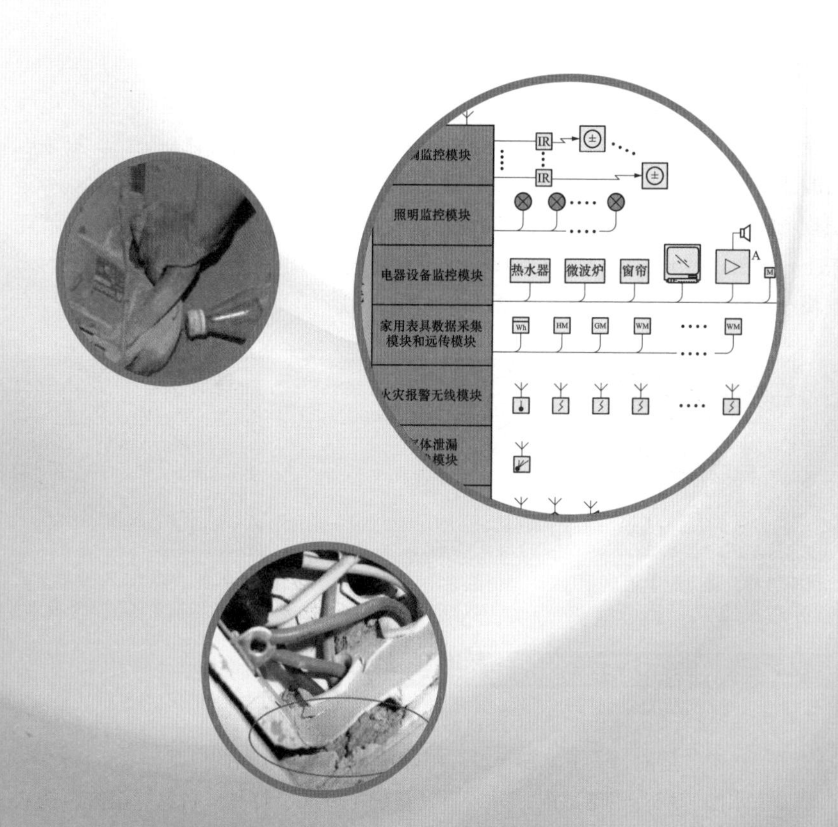

IR
照明监控模块
电器设备监控模块
热水器
微波炉
窗帘
A
家用表具数据采集
模块和远传模块
Wh
HM
GM
WM
WM
火灾报警无线模块

2.1 强电暗装概述

强电与弱电是相对的概念，其主要区别是用途的不同。强电与弱电是不能单纯以电压大小来分的。一般区分原则为：强电的处理对象是能源（电力），具有电压高、电流大、功率大、频率低等特点，主要考虑的问题是减少损耗、提高效率。弱电的处理对象主要是信息，也就是信息的传送、控制，其具有电压低、电流小、功率小、频率高等特点，主要考虑的是信息传送的效果问题。家装强电一般是指市电系统\照明系统等供配电系统，包括空调线、照明线、插座线、动力线等。弱电主要包括国家规定的安全电压等级及控制电压等低电压电能，以及载有语音、图像、数据等信息的信息源，包括音频线路、视频线路、网络线路、电话线路等。家居中的音响设备（输出端线路）、广播系统、楼宇自动控制等用电器多属于弱电电气设备。

说明：高压一定包括强电，强电不一定属于高压。

低压一定包括弱电，弱电一定属于低压。

低压不一定是强电，强电不一定是低压。

家装电路改造施工程序：家装强电暗装就是空调电线、照明电线、插座电线以及其保护管均隐蔽的安装方式。强电暗装一般要在敲墙打孔之后完成。家装电路改造施工程序一般为：施工人员对照设计图样与业主、设计师确定定位点→施工现场成品保护→确定线路走向与弹好线→根据弹线开线管槽→开线盒孔→清理渣土→电管、线盒固定→穿好钢丝拉线→连接各种强电线线头与包好线头→封闭电槽→对强电进行验收测试（见图 2-1 ~ 图 2-3）。

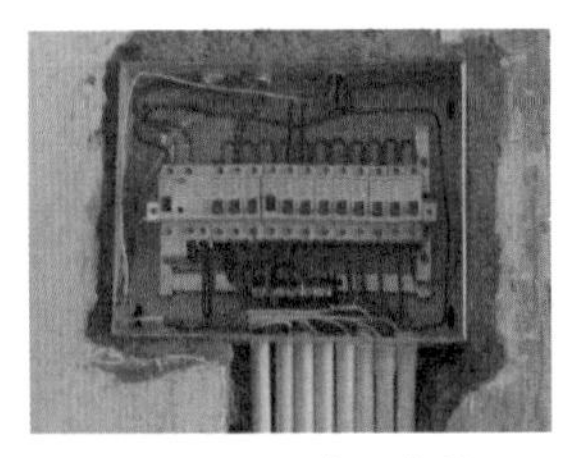
图 2-1 强电配电箱

图 2-2 打孔

图 2-3 庭院强电暗装需要注意防水防冰等室外要求

2.2 家装电路改造的技能要求

水电改造前需要注意的事项：

（1）水电改造前，应了解橱柜设计师确定好电源、水路的方案。

（2）水电工程正式施工前，一定要完整确定开关、灯具、台盆、浴缸、洗衣机等的位置，并且注重安全、实用、将来需要，最好不要轻易改动。

（3）暗盒与暗盒间的导线间应用过桥管连接。

（4）地上穿线管连接时，管头连接处需要上胶或缠防水胶布。

（5）86 暗盒间距离要在 0.8 ~ 1cm 间，厨、卫墙面要留贴砖厚度。

（6）PVC 管道在地面如不开槽，则需要先在地面弹墨直线，再沿墨线固定管道。

（7）安装复杂电路前，需要拟定线路图，以及标明线路的走向。工程结束后，应把简明线路图交用户，以便今后检修。

（8）暗盒内导线接头必须用防水胶布先进行包扎，外部用绝缘胶布包。

（9）暗线敷设必须穿线管，电线保护管宜沿最近的路线敷设。

（10）暗装开关需要采用专用盒，线头需要留足 150mm，专用盒的四周不应有空隙。盖板需要端正，紧贴墙面。

（11）单跟管线长度大于 15m 或有两个直角弯时应增设拉线盒。

（12）导线不得选用铝质绝缘护套线。

（13）导线在开关盒、插座盒内留线不应小于 15cm，卷成圈放在盒底，线头包好，用保护膜盖好。

（14）地线与公共导线通过盒内不可剪断直接通过，需要留有一定余地。

（15）电路铺完后，需要用绝缘电阻表进行检测。

（16）电气系统图需要标明布线走向，验收时逐路检验，中途变更需要做好记录。

（17）电线保护管宜采用电线钢管或塑料管，塑料管及配件必须为阻燃型产品。

（18）吊顶内的导线需要穿金属软管或 PVC 管，所有导线不得有裸露现象。

（19）吊平顶内的电器配管，需要按明管设置，不得将配管固定在平顶的吊架或龙骨上，一般不使用软管。金属软管本身应做接地保护。

（20）各个双控开关（卧室、过道、大厅等）需要布置到位，并且使用方便。

（21）各卫生间浴霸需要预留管与控制线。

（22）各种电工材料需要符合设计的要求。

（23）各种强弱线的导线均不得在吊平顶内出现裸露。

（24）管线交差敷设时，需要符合水管在下，线管在上的原则。

（25）管与线安装牢固，顺直平整，包扎严密，绝缘良好，不伤芯线。

（26）相线需要经开关控制。

（27）接地保护需要可靠，导线间与导线对地间的绝缘电阻值应大于 0.5MΩ。

（28）尽量多考虑一些插座的布局，以及预测可能的设施变动位置。

（29）进门开关盒底距地面 1.2 ~ 1.4m，同一水平线不允许相差≤ 1mm。

（30）开关安装的位置应便于操作，边缘距门框的距离宜为 0.15 ~ 0.2m；距地面高度约为 1.3m。

（31）开关安装后应方便使用，同一室内开关必须上同一水平面，以及按最常用的顺序布置。

（32）开关宜安装在门外开启侧的墙体上。

（33）空调、热水器、厨房、浴霸等大功率电器，需敷设专线。

（34）漏电开关、电器、设备的合格证、保修卡应保存好。

（35）漏电开关安装要正确，动作正常，灵敏度试验符合规定。

（36）没有特殊要求情况下，普通开关面板底边距地 1400mm ，距门套侧边 150mm。

（37）配电箱里新接的电路不得直接接上电源，避免后续施工时有安全隐患。

（38）配电箱内导线保留长度不小于配电箱的半周长。

（39）其他装修工序完工后，才能够进行灯具、开关、面板的安装。在这之前，应该检测好电路。

（40）强电导线与煤气管间的距离应大于 300mm，交叉距离大于 100mm。

（41）热水器最好先确定型号，并且设计好电源、上下水接口的位置。

（42）塑料护套线可以直接敷设在空心楼板孔内，护套层不得损伤。

（43）所有电线在墙内不允许有接头，以及穿管埋入墙内。

（44）所有与开关、插座、漏电保护装置、配电箱及其他用电器连接的电线接头，需要留有一定余量，一般为 15cm。

（45）同一位置并排的暗盒应成水平，间隙需要一致，水平偏差不大于 2mm，间隙偏差不大于 1mm。

（46）卫生间浴霸排风口需预留，不得在梁底边上 5cm 以下取孔。

（47）线管每隔 1.5m 需要用卡扣固定，以及转角处需要再加固定件固定（见图 2-4）。

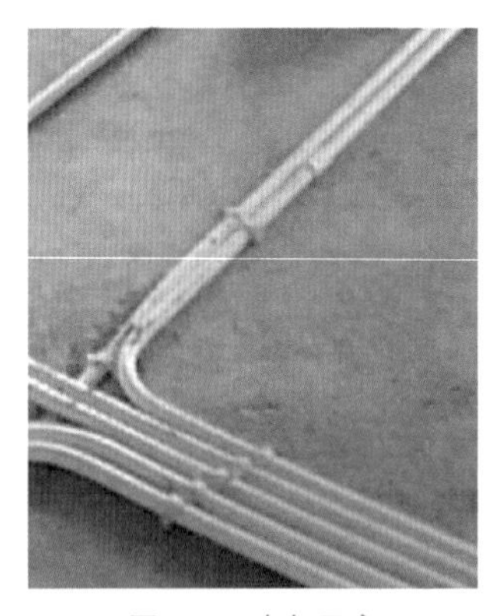

图 2-4　卡扣固定

（48）线在墙中走，不得损坏线的绝缘体。

（49）预埋硬质管线开槽深度不小于 2cm，以及直槽边需打毛处理。

（50）照明开关控制线单管穿线最多不能超过 8 根。

（51）水盆下面的墙上，最好留个电源插座，以便装厨宝。

（52）空调洞与其电源插座，尽量放在床头的这面墙上，避免以后空调直接对着人吹。

（53）严禁强弱电走一根管，强电和弱电需要保持 20cm 的间距（见图 2-5）。

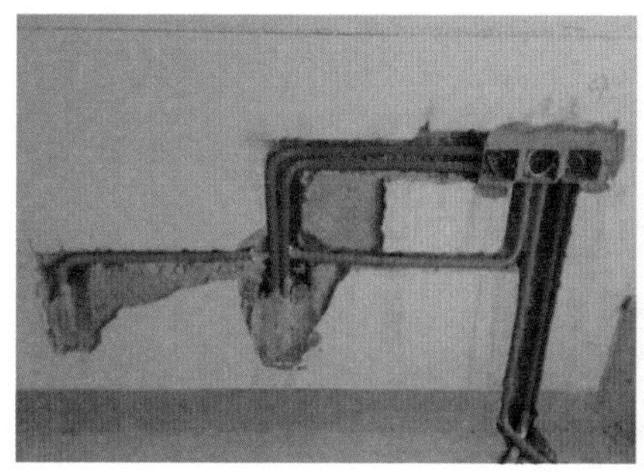
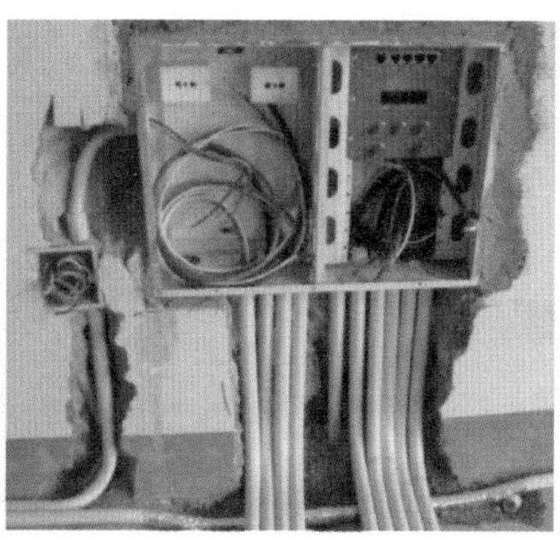

图 2-5　强弱电分开走

2.3 电线管的预埋工艺流程

电线管预埋工艺流程如图 2-6 所示。

剪力墙预埋工艺流程

楼板预埋工艺流程

图 2-6　电线管的预埋工艺流程

2.4 定位

照明电气施工工艺流程：定位（见图 2-7）→剔槽（开槽）→电线敷设→绝缘电阻测试→配电箱安装→灯具安装→系统调试。

开关、插座、设施、接线盒、灯具、电器等定位非常重要，因为，这些定好位置后，后面的开槽、布管、穿线等就是在这基础上进行的。如果是自己设计线路，则还必须掌握其他设施的安装要求与尺寸、工艺特点等。

另外，现场布管与布线的方案不同，则布管的具体定位不同。布管的定位实际上就是以开关、插座、设施、接线盒、灯具、电器等的定位为点，然后实现点与点之间的电气连接。根据点、线之间的关系：

（1）点到直线的垂直距离最短。所以，布管尽量不要拐弯抹角，尽量垂直布管减少材料与工作量。

（2）两条布管相交成直角时，则这两条布管叫做互相垂直。尽量避免互相垂直的布管。

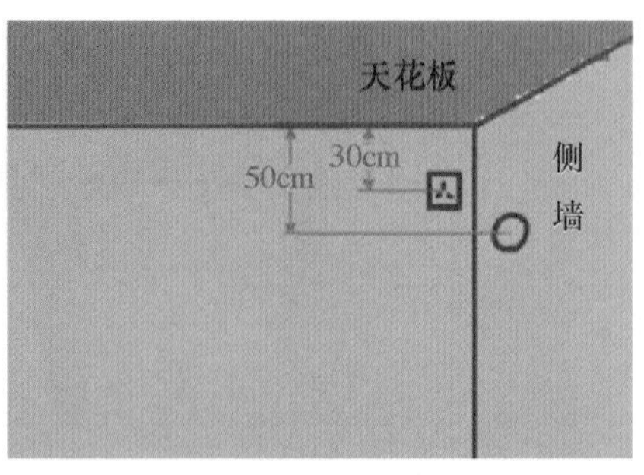

图 2-7 定位

（3）不相交的两布管线叫做平行线，它们的关系叫互相平行。强电与弱电布管互相平行时，尽量间距大一些。

（4）根据两点决定一条直线，两点间可以有无数的连接线。因此，布管时应选择管路径最优的一条。

插座安装高度的参考尺寸：

电源插座底边距地标准高度为 300mm 左右。

平开关板底边距地标准高度为 1300mm 左右。

挂壁空调插座的高度为 1900mm 左右（见图 2-8）。

脱排插座高为 2100mm 左右。

厨房插座高为 950mm 左右。

挂式消毒柜插座 1900mm 左右。

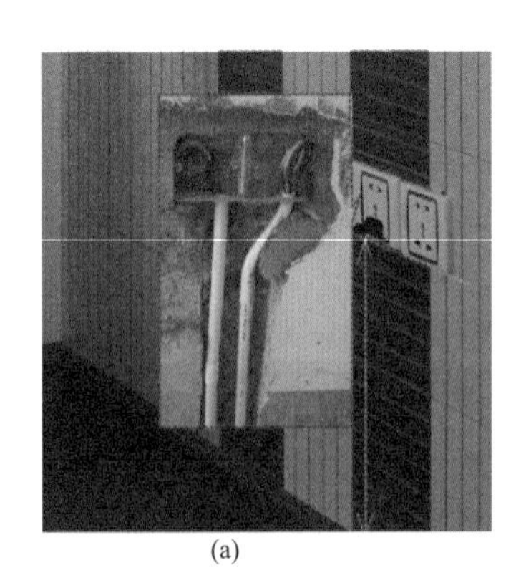

(a)

(b)

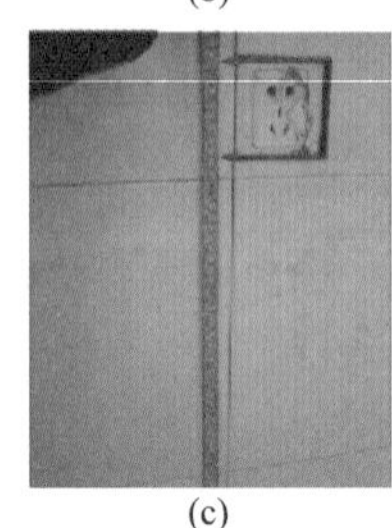

(c)

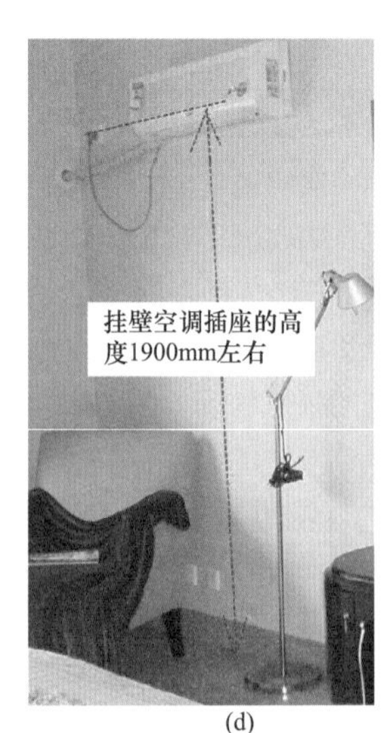

(d)

图 2-8 插座安装高度

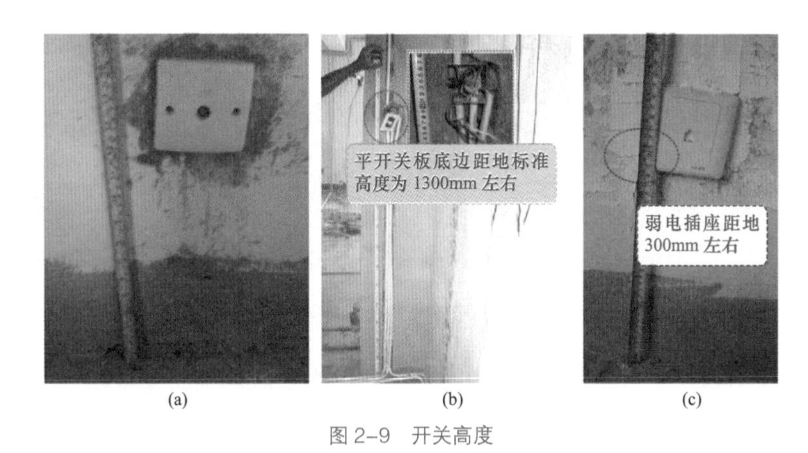

图 2-9　开关高度

洗衣机插座为 1000mm 左右。

卧室里床头开关高度一般是 70cm 左右。

房间、客厅、书房里的插座高度（除床头插座外）一般是 30cm 左右。

挂壁式空调插座高一般是 1.8m 左右。

电视插座高度一般是 50 ~ 70cm。

厨房里的插座高度一般是 100cm 以上。

暗藏式消毒碗柜专用插座高度一般为 30 ~ 40cm。

弱电插座距地高度一般为 300mm 左右。

卫生间插座高度一般为 1.4m 左右。

卫生间热水器插座安装水平线高度：外露式一般为 2.0m、隐蔽式为 2.5m。

电冰箱插座安装水平线高度为 0.30m 左右。

油烟机插座安装水平线高度为 2.0m 左右。

需要注意开关的高度是地面装修后的尺寸，还是地面没有装修时的尺寸（见图 2-9）。

例如，从鞋柜立面图可以看出，鞋柜上需要安装 2 盏艺术吊灯，则水电施工前该处就要考虑好吊灯的电线根数、布管走向、开关的位置、电源线的引入（见图 2-10）。

定位的相关标准与要求：

（1）明确电器的电源插座位置,从而根据实际现场考虑电源插座引线布管的走向。

（2）明确楼上、楼下、卧室、过道等灯具是否为单控、双控，还是三控。

（3）顶面、墙面、柜内的灯具的位置、控制方式有什么要求。

（4）有无特殊电施工要求。

（5）电路定位总的要求是精准、全面、一次到位。

（6）用彩色粉笔做标注时，字迹要清晰、醒目。

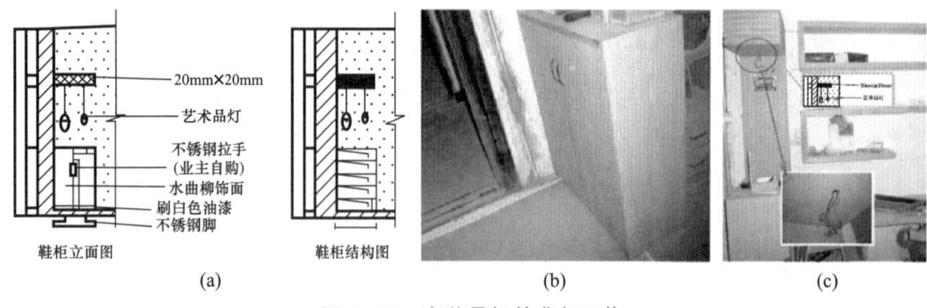

(a) (b) (c)

图 2-10 安装吊灯前准备工作

（7）标注的文字需要写在不开槽的地方，并且标注的颜色要一致。

（8）电视机插座及相关定位，需要考虑电视机柜的高度，以及所用电视机的类型。

（9）客厅灯泡个数较多，明确是否采取分组控制。

（10）明确床头开关插座是装在床头柜上，还是柜边、柜后。

（11）空调定位时，需要考虑是采用单相的，还是三相的。

（12）热水器定位时，一定要明确所采用的热水器具体类型。

（13）厨房的定位，需要参照橱柜图样，因为，一些水电设施是被橱柜遮住了或者在橱柜里面。

（14）整体浴室的定位需要结合厂家有关的协商完成。

（15）明确是否有音响，如果有，需要明确音响的类型、安装方位，以及前置、中置、后置、壁挂、落地，还是厂家布线。

（16）电话定位需要明确是否用子母机。

2.5 划线开槽

划线开槽的基础就是设备点间需要多少根电线、什么样的电线，然后把电线放在一根线管里面，如果放入的电线超过线管 1/4 横截面，则需要用 2 根或者两根以上线管来放电线。各线管放入的电线尽量是同组、同回路的。线管里面的电线数量、种类、去向与来源确定后，就是要确定线管本身怎样安放才合理合情。

线管安放的方案有：横平竖直、最短路径、大弧度、走地等。如果是明敷，线管确定好的路径只需要确定几个点即可，当然也可以划线，以便使线管安放符合要求。如果是暗敷，则线管确定好的路径，往往需要划线开槽（见图 2-11）。

除了考虑线管的开槽外，还要考虑电气设备是否需要开槽开孔。

划线的特点与方法：

（1）划线（弹线）就是确定线路、线路终端插座、开关面板的位置，在墙面、地面标划出准确的位置和尺寸的控制线（见图 2-12）。

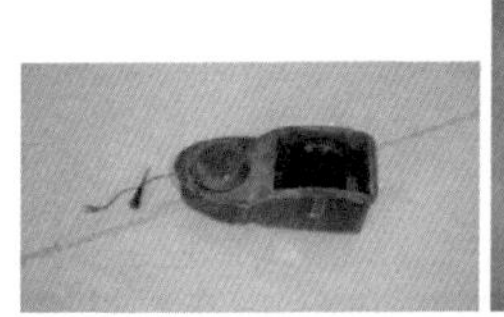

(a) 弹线工具——墨斗

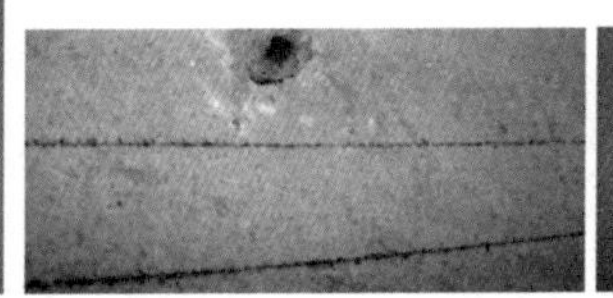

(b) 划线

图 2-11　划线及墨斗

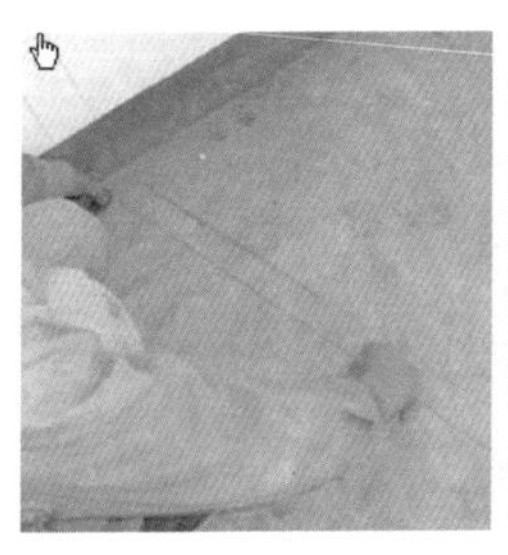

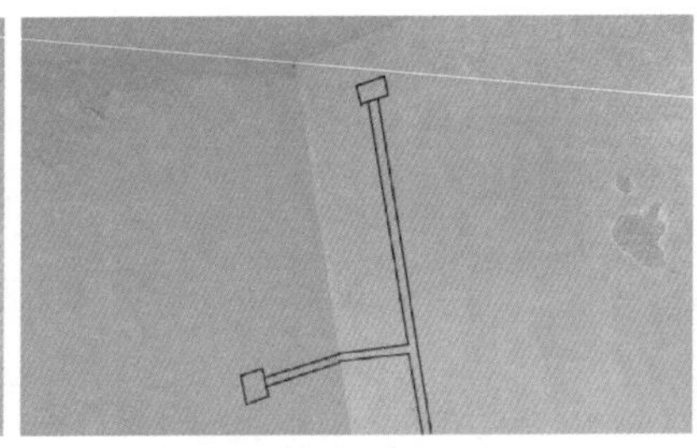

图 2-12　地面、墙面划线

（2）盒、箱位置的划线（弹线）的水平线可以用小线、水平尺测出盒、箱的准确位置并标出尺寸。

（3）灯的位置主要是标注出灯头盒的准确位置尺寸。

（4）电线管与水电槽路划线（弹线）方法基本一样。

开槽的要求：

（1）开槽前，需要根据施工图样、业主、设计师的意愿、现场的特点与要求对墙面、地面进行测量，然后划线，确定走线的具体位置。

（2）常用划线的工具有卷尺、直木条、铅笔。

（3）开槽的工具有电锤、切割机、水电开槽机等（见图 2-13）。

（4）开槽与预埋管线时，要横平竖直，这样方便以后生活中往墙上钉挂东西或维修。

（5）开槽时要注意防尘。装修时灰尘避免不了，特别是切割开槽时灰尘更多。过多的粉尘会

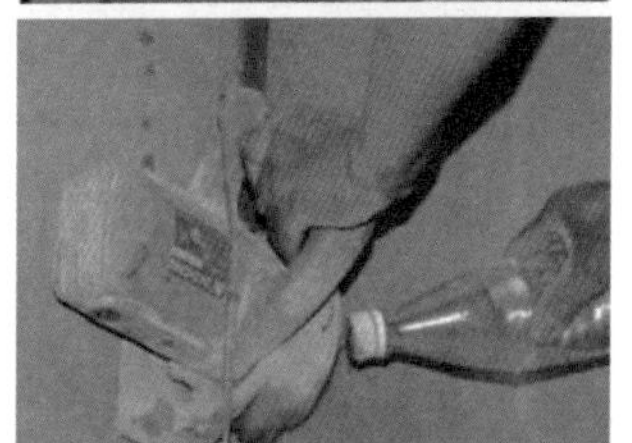

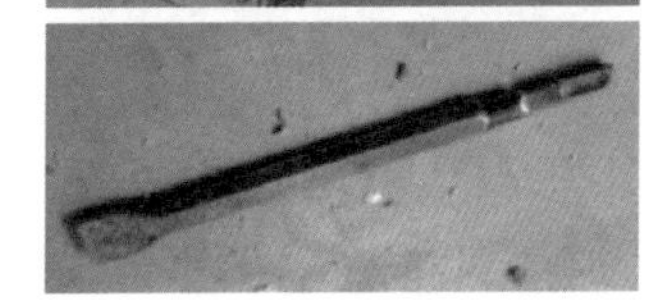

图 2-13　开槽的工具

对水电工造成损害。因此，开线槽时，需要做好降尘工作。降低粉尘污染最简单的做法是用水浇灌，也就是一边切割，一边注水（见图 2-14）。

（6）开槽方法有多种。其中，可以在切割机勾勒出需要切除的部分后，再用冲击钻或者凿子进行细凿，达到容纳线管与线盒需要的深度。

（7）墙壁上尽量不要开横槽，如必须开，横槽长度尽量小于 1.5m。因为开横槽会影响墙体承重，同时以后也容易开裂。

（8）电线开槽时，特别注意转弯处、连接处要宽一些、深一些，或者槽子整体均以转弯处、连接处为标准进行施工（见图 2-15、图 2-16）。

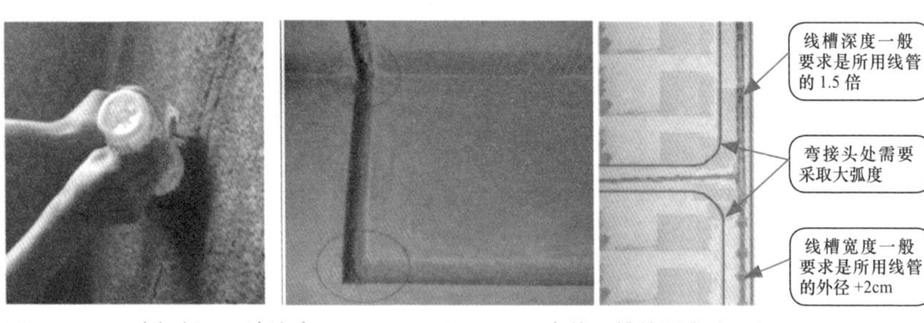

图 2-14　一边切割，一边注水　　图 2-15　电线开槽的要求（一）

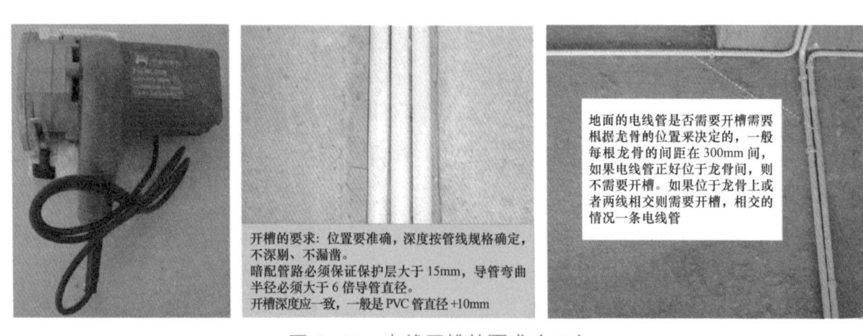

图 2-16　电线开槽的要求（二）

（9）PVC 管道开槽深度为管下去要 1 ~ 1.5cm 砂浆保护层。

防空鼓处理：改造电路时，要避免凿槽的时候因为敲松墙表面结构而引起空鼓，因此，在凿槽的时候需要用切割机开槽，并且在敷设 PVC 管时用水泥砂浆抹面保护，其厚度也不应薄于 15mm。如果在施工之前墙面就已经有了空鼓和开裂，就应该让泥工把这些铲除，进行湿水处理，然后再用水泥砂浆抹平阴干（见图 2-17）。

(a)

(b)

图 2–17 防空鼓处理

2.6 强电暗管的选择

目前，强电暗管一般是选择 PVC 电线管，而且是红色 PVC 电线管。当然也可以选择白色 PVC 电线管。选择 PVC 电线管时，根据实际情况选择 ϕ16mm 的或者 ϕ20mm 的 PVC 电线管。其中，ϕ16mm 管厚为 1.00mm，ϕ20mm 管厚为 1.25mm（见图 2–18）。

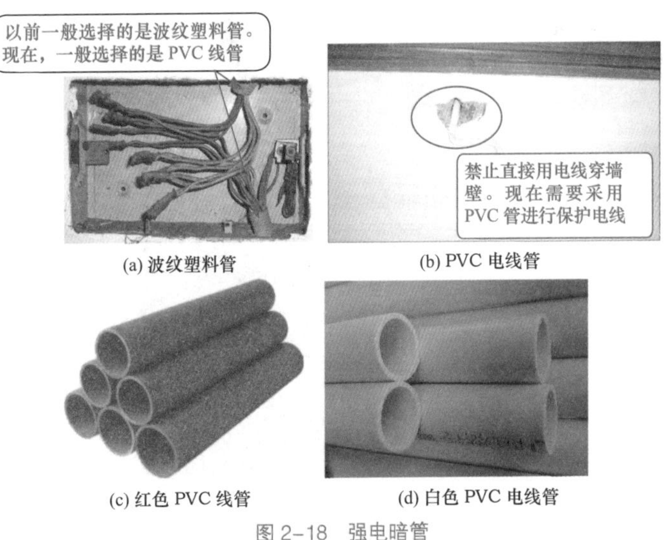

(a) 波纹塑料管　(b) PVC 电线管

(c) 红色 PVC 线管　(d) 白色 PVC 电线管

图 2–18 强电暗管

2.7 布管

进行阻燃塑料管敷射与煨弯时，管材对环境温度的要求：在原材料规定的允许环境温度下进行，其外界环境温度不宜低于 -15℃。

PVC 电线管管路的连接（见图 2-19）：

（1）管路连接应使用套箍连接，包括端接头接管。

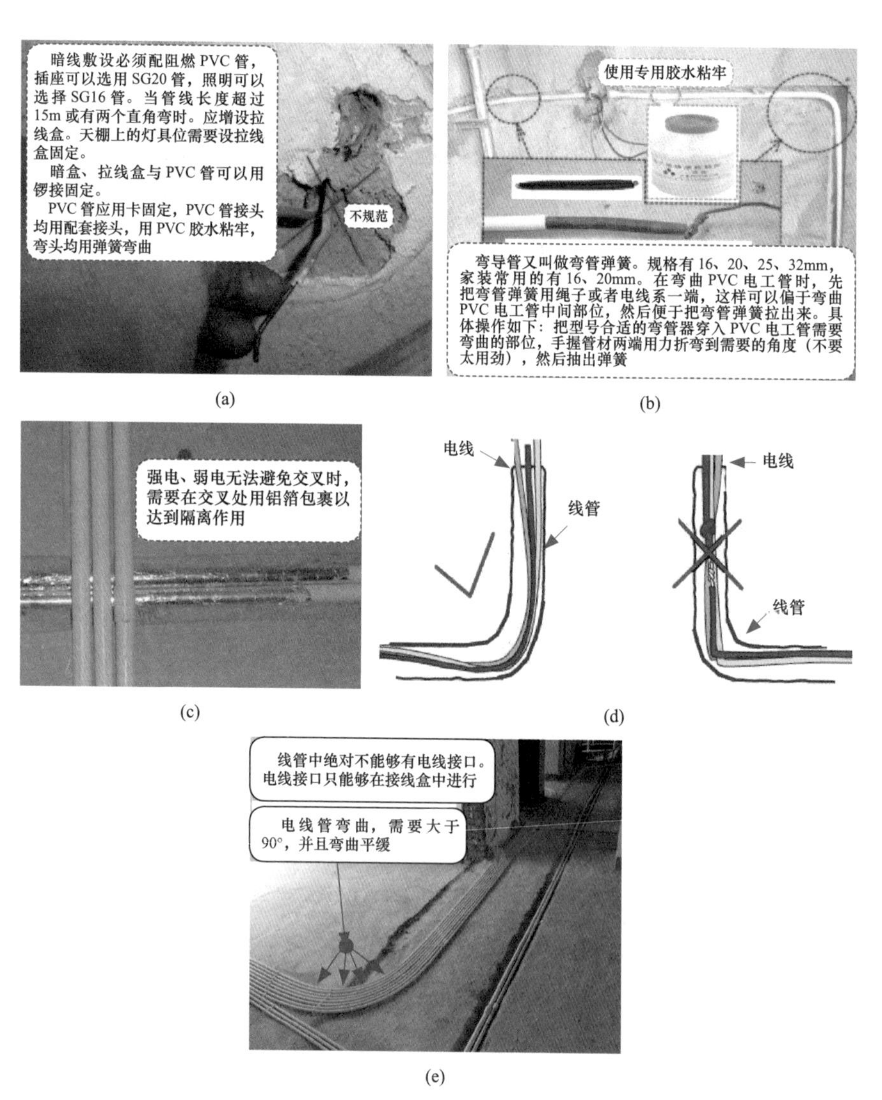

图 2-19　PVC 电线管管路的连接

（2）连接可以采用小刷子粘上配套的塑料管胶粘剂，并且均匀涂抹在管的外壁上，然后将管子插入套箍，直到管口到位。操作时，需要注意胶粘剂粘接后 1min 内不要移动，等粘牢后才能够移动。

（3）管路垂直或水平敷设时，每隔 1m 间距应有一个固定点。

（4）管路弯曲部位应在圆弧的两端 300 ~ 500mm 处加一个固定点。

（5）电线 PVC 管进盒、进箱，需要做到一管穿一孔。

（6）电线 PVC 管进盒、进箱先要接端接头，然后用内锁母固定在盒、箱上，再在管孔上用顶帽型护口堵好管口，最后用泡沫塑料块堵好盒口即可。

布管的要求：

（1）分色的线管可以使强弱电相互分离、永久标识强弱电走线布局、强弱电分布一目了然，无须再在墙面上写满线路标识，避免强电对弱点造成磁场干扰，提高网络及视频音频线路的品质。另外，强电以鲜艳的线管区分，也可警示施工人员注意用电安全。

（2）优质的彩色 PVC 线管如果严格按照国家标准进行生产制造，用料足，有足够厚的管壁，从而保障了其良好的抗压抗冲击性能，浇筑在墙面内不会被压碎压瘪，避免导致挤压线路造成电路短路，影响到线路安全造成火灾的隐患。劣质的 PVC 穿线管一捏就瘪、一踩就碎，一旦在墙内碎裂导致电路出现故障，即便没有引发火灾，其维修需要凿开墙面，维修成本高，破坏原有装修效果。

（3）活线工艺，一般来说，从强电箱出来的线管有几根就代表有几个回路。每个回路至少有一根单独的线管布管。

（4）电路布管要横平竖直（见图 2-20）。

（5）电线需要穿线管，进行布管处理（见图 2-21）。

（6）强弱电线管交叉的地方，需要包锡箔纸隔开。锡箔纸具有隔热、屏蔽等作用。在实际工作，发现一些工程没有在强弱电交叉的地

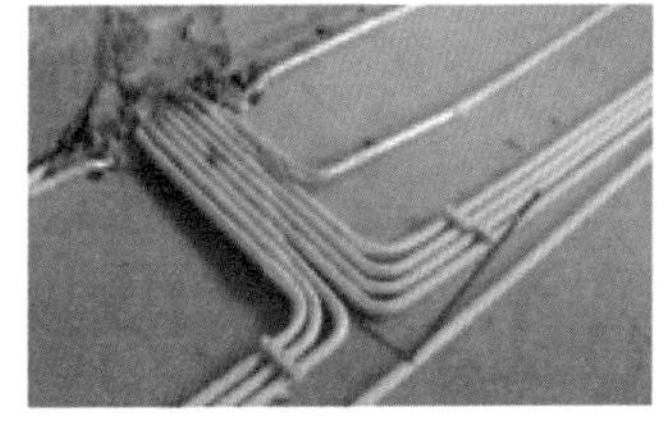

图 2-20　电路布管要横平竖直

(a) 需要穿线管

(b) 穿线管

(c) 吊顶线路需加金属软管

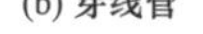
图 2-21　布管处理

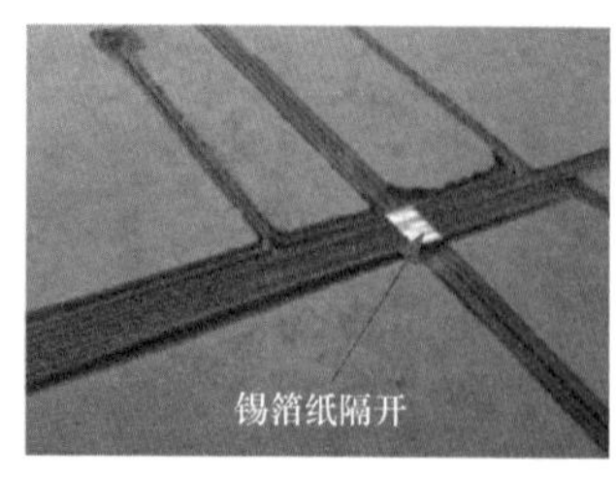

(a) 强弱电线管交叉的地方锡箔纸隔开

(b) 分色线管

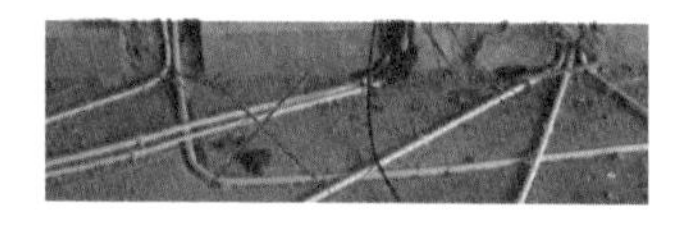
(c) 不得交叉

图 2-22　强弱电线管交叉

方包锡箔纸隔开，结果也没有影响干扰。当然，如果不采取锡箔纸隔开，最好用仪器检测一下，如果没有达到干扰程度，不隔开也属于正常。如果，没有仪器检测，又不能够确定是否会出现干扰情况，则还是建议采取锡箔纸隔开，尤其是交叉处比较多，距离比较长的情况下，强弱电交叉的地方包锡箔纸隔开也比较放心，以免出现干扰，补救多困难（见图 2-22）。

（7）线管中不得有接头。

（8）管子的弯曲一定要规范。

（9）电线管配件只用直接、锁扣、圆三通。以前常用的 90° 弯头不要采用，基本被冷弯代替即可。另外,正（直）三通基本被圆三通代替。

（10）先布管，后穿线的活线工艺电线管里还应穿好钢丝，或钢丝绳，以便拉线需要。

（11）PVC 管长度太长，则需要在中间开检查口。

（12）灰土层内暗敷 PVC 管路。灰土层夯实后，再进行管槽的开挖、剔凿，然后敷设管路，管路敷设后在管路的上面填上混凝土砂浆，厚度应不小于 15mm。

（13）预制薄型混凝土楼板暗敷 PVC 管路。确定好灯头盒尺寸位置，用电锤在楼板上面打孔，再在板下面扩孔，孔大小应比盒子外口稍大，然后利用高桩盒上安装好的卡钦将端接头、内锁母把管子固定在盒子孔处，然后用高强度水泥砂浆稳固好，然后敷设管路。注意：水泥砂浆厚度应不小于 15mm。

（14）预制圆孔板内暗敷 PVC 管路。尽量在土建吊装圆孔板时，业主或者电工及时配合敷设管路。

（15）现浇混凝土墙内暗敷 PVC 管路。管路应敷设在两层钢筋中间，管进盒箱时应煨成灯叉弯，管路每隔 1m 处用镀锌铁丝绑扎牢固，弯曲部位按要求固定，向上引管不宜过长，以能煨弯为准，向墙外引管可使用“管帽”预留管口，待拆模后取出“管帽”，再接管。

（16）现浇混凝土楼板内暗敷 PVC 管路。根据房间四周墙的厚度，弹十字线确定灯头盒的位置，然后将端接头、内锁母固定在盒子的管孔上，再使用顶帽护口堵好管口以及堵好盒口，再将固定好的盒子用机螺钉或短钢筋固定在底筋上，然后敷管。管路需要敷设在弓筋的下面、底筋的上面，管路每隔 1m 用镀锌铁丝绑扎牢固。引向隔断墙的管子，可使用“管帽”预留管口，拆模后取出“管帽”再接管。

辨别彩色 PVC 线管优劣的方法见表 2-1。

表 2-1　　辨别彩色 PVC 线管优劣的方法

项目	解　说
壁厚	管壁厚是由 PVC 管每百米投入原料的用量决定的，原料用量决定 PVC 管材料成本，过于低廉的 PVC 穿线管会通过减少原料用量来压缩产品成本，导致管壁过薄，不能起到保护线路的功能。 PVC 穿线管根据国家标准规定分为轻型、中型、重型三种规格，其中家装常用轻型、中型管，常用管径为外径 16、20、25mm。外径为 16mm 的轻型管壁厚一般为 1.0 ~ 1.15mm、中型管壁厚一般为 1.2 ~ 1.5mm。外径为 20mm 的中型管壁厚一般为 1.25 ~ 1.55mm。外径为 25mm 的中型管壁厚一般为 1.5 ~ 1.8mm。 判断彩色 PVC 穿线管优劣时，可以用尺测量管壁厚度，如果管壁厚度符合国家标准规定的，则说明为优管。如果管壁厚度不符合国家标准规定的，则说明为劣管
可弯性	用一根合适直径的弯管弹簧塞入 PVC 线管内，弯折 90°，优质的 PVC 线管只见弯折处有轻微泛白现象，管体应没有开裂，没有裂纹。劣管则会出现大量泛白现象，甚至出现开裂或者裂纹现象
抗冲击	可以用单脚用力踩踏 PVC 线管的端口，优质的 PVC 线管即使变形也不会有裂纹，不会有碎片掉落。劣管则会出现裂纹、碎片掉落等异常现象
阻燃	可以用打火机点燃 PVC 穿线管的端口，优质的 PVC 线管不会助燃。如果移开打火机，管口火焰一般在 30s 内自行熄灭。劣管则阻燃性差

2.8 PVC 电线管的切断

配管前，需要根据管子每段所需的长度进行切断。切断 PVC 电线管可以使用钢锯条锯断，也可以采用专用剪管刀剪断。在预制时，还可以使用砂轮切割机成捆切断。无论是用哪种方法，都需要一切到底，并且切口需要垂直，不得有毛刺。另外，禁止用手来回折断 PVC 电线管（见图 2-23）。

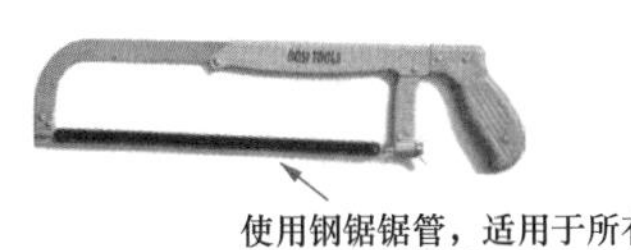

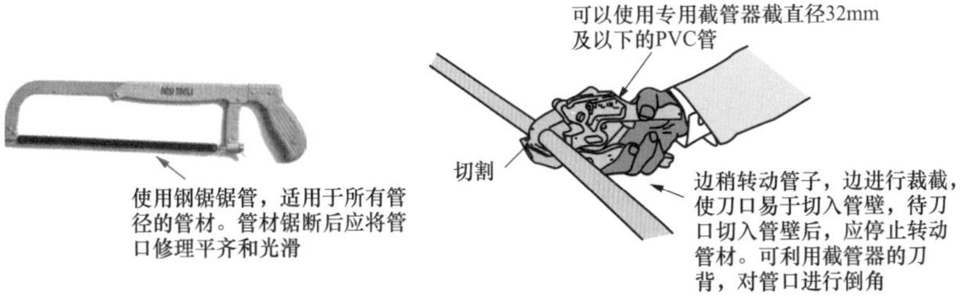

使用钢锯锯管，适用于所有管径的管材。管材锯断后应将管口修理平齐和光滑
可以使用专用截管器截直径32mm及以下的PVC管
切割
边稍转动管子，边进行裁截，使刀口易于切入管壁，待刀口切入管壁后，应停止转动管材。可利用截管器的刀背，对管口进行倒角

(a) PVC 电线管的钢锯切断　　(b) PVC 电线管的专用剪切断

图 2-23　PVC 电线管的切断

2.9 PVC 管端头的处理

PVC 管的端头要平整，如果不平整可以用锉刀修整，或者用美工刀、弓锯、砂轮机等加工使之平整（见图 2-24）。

图 2-24 PVC 管端头的处理

锯条修整 PVC 管的端头时，为了保证端头的平整，则可以套上一个平整的基准物（见图 2-25）。

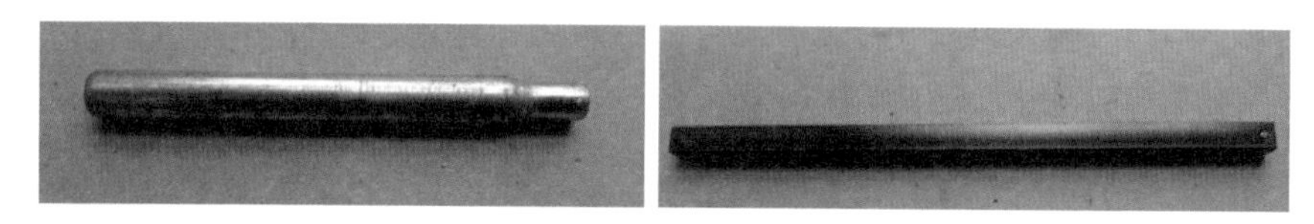

图 2-25 其他基准物

2.10 PVC 管的弯曲

PVC 管的弯曲可以分热弯与冷弯。冷弯就是在平时环境温度下就可以“拿来即弯”，因此，大多数 PVC 管的弯曲施工方案均采用冷弯。

PVC 管冷弯不能够用手直接弯曲，这样容易弯扁 PVC 管（见图 2-26）。PVC 管冷弯需要借助电线管专用弯管弹簧来弯曲。电线管专用弯管弹簧又称为 PVC 电线管弯管器（见图 2-27）。PVC 管弯管器有 4 分[①]弹簧（直径 16mm）、6 分弹簧（直径 20mm）、1 寸[②]弹簧（直径 25mm）、1.2 寸（直径 32mm）、1.5 寸（直径 40mm）、普通型、加长型等。

① 1 分 =0.003m

② 1寸=0.033m

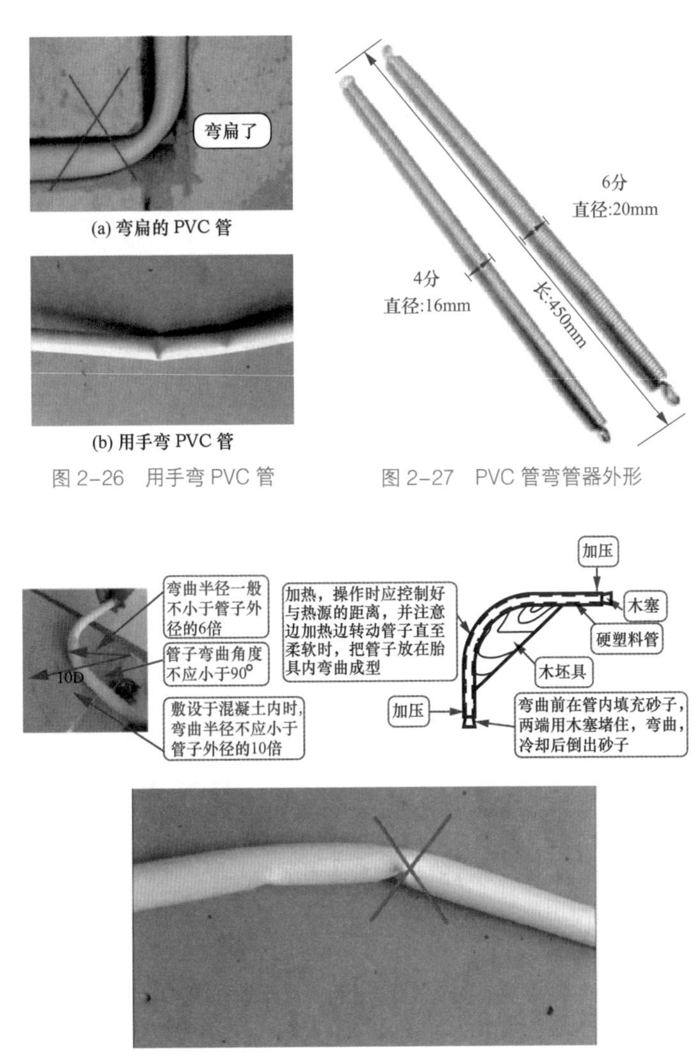

图 2-26 用手弯 PVC 管

图 2-27 PVC 管弯管器外形

图 2-28 PVC 电线管弯制的要求与特点

PVC 管可以用专门的 PVC 弯管弹簧来弯制。实际应用中，PVC 电线管弯管弹簧往往用一根相应大小的绳子拴住，然后插入 PVC 管内部需要弯曲的地方，两手分别握住弯曲处弹簧两端，膝盖顶住被弯曲处略微移动，双手均匀用力，煨到比所需角度略小，待松手后弹簧回弹，即可获得所需角度。弯制后，即可把 PVC 管弹簧拉出来。当弯制较长的 PVC 管时，弹簧不易取出，则在弯管完成后，逆时针转动弹簧，使之外径收缩，同时往外拉即可取出弹簧（见图 2-28）。

PVC 电线管专用弯管弹簧的应用见表 2-2。

表 2–2　　PVC 电线管专用弯管弹簧的应用

英制（米制）	型号	PVC 电线管壁厚度（mm）	PVC 电线管弹簧外径（mm）	PVC 电线管代号
管外径 4 分（ϕ16mm）	超轻型	0.8 ～ 0.9	ϕ14.1 ～ 14.2	105#
	轻型	1.1 ～ 1.15	ϕ13.6 ～ 13.7	205#/215#
	中型	1.3 ～ 1.45	ϕ12.6 ～ 12.8	305#/315#
	重型	1.6 ～ 1.8	ϕ12.1 ～ 12.2	405#/415#
管外径 6 分（ϕ20mm）	超轻型	0.8 ～ 1	ϕ17.8 ～ 17.9	105#
	轻型	1.1 ～ 1.15	ϕ17.4 ～ 17.6	205#/215#
	中型	1.35 ～ 1.45	ϕ16.5 ～ 16.8	305#/315#
	重型	1.5 ～ 2	ϕ15.4 ～ 15.6	405#/415#
管外径 1 寸（ϕ25mm）	超轻型	1.25 ～ 1.3	ϕ22.3 ～ 22.4	105#
	轻型	1.4 ～ 1.5	ϕ21.6 ～ 21.8	205#/215#
	中型	1.6 ～ 1.7	ϕ20.8 ～ 21.1	305#/315#
	重型	1.8 ～ 2.2	ϕ20.2 ～ 20.5	405#/415#
管外径 1.2 寸（ϕ32mm）	超轻型	1.7	ϕ28.8 ～ 28.9	105#
	轻型	1.7 ～ 1.8	ϕ28.2 ～ 28.3	215#
	中型	2.2 ～ 2.3	ϕ27.1 ～ 27.2	315#
	重型	2.8	ϕ26.4 ～ 26.6	415#
管外径 1.5 寸（ϕ40mm）	中型	2.3	ϕ35.5 ～ 35.6	315#

用电线管专用弯管弹簧弯曲 PVC 管的要求与方法：

（1）电线管专用弯管弹簧使用前，需要安装好结实的拉线。通常的拉线采用一段电线即可（见图 2–29）。

（2）选择适合的电线管专用弯管弹簧：首先根据电线管的内径的大小，然后根据大小来选择弹簧（见图 2–30）。

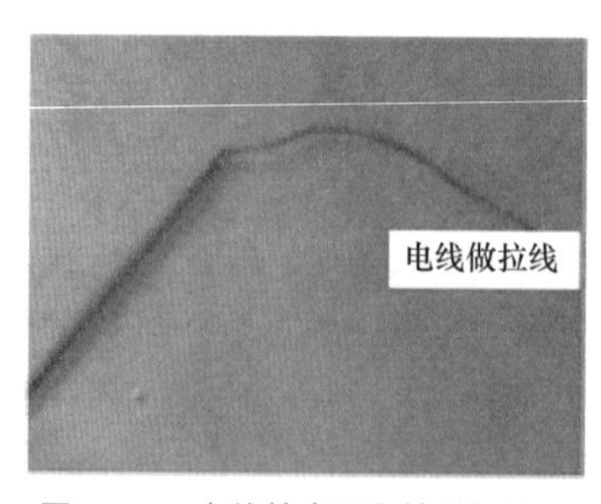

图 2–29　电线管专用弯管弹簧拉线

图 2–30　选择适合的电线管专用弯管弹簧

（3）电线管弯曲的常规操作步骤为：先用一根略小于 PVC 管内径的电线管专用弯管弹簧插到管里面，当该弹簧插到需要弯曲的位置时，再慢慢将管折弯想要折成的角度，然后取出弹簧。

（4）如果是冬天还要稍稍将 PVC 管加热。以及线管弯度幅度不能太大，以免会直接弯折线管。

（5）电线管一些弯曲的不规范，对于穿电线可能影响不大。主要是影响后面把电线管放入电线槽中时，需要矫正电线管弯曲度才能够顺利放入。这样在矫正过程中会折坏电线管，以及锁扣安装不顺利等情况。

（6）当线路明配时，弯曲半径不应小于管外径的 6 倍。当两个接线盒间只有一个弯曲时，其弯曲半径不应小于管外径的 4 倍（见图 2–31）。

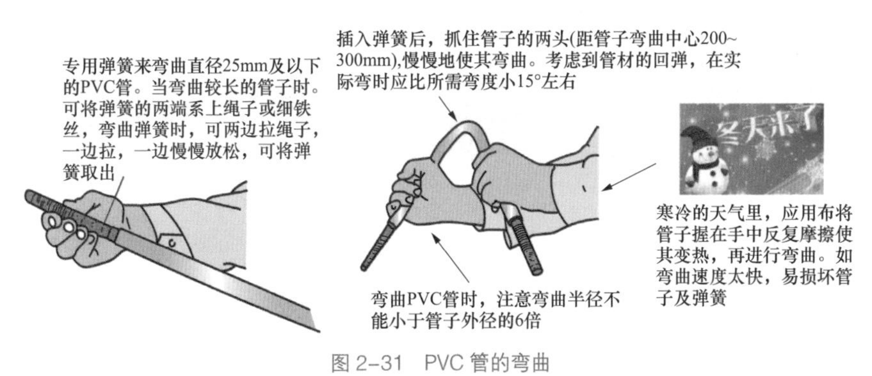

图 2–31 PVC 管的弯曲

（7）电线管转弯处不采用 90° 的接头连接。因此，电线管用弹簧弯曲时，应避免没有弧度或者弧度过小的 90° 弯曲（见图 2–32）。

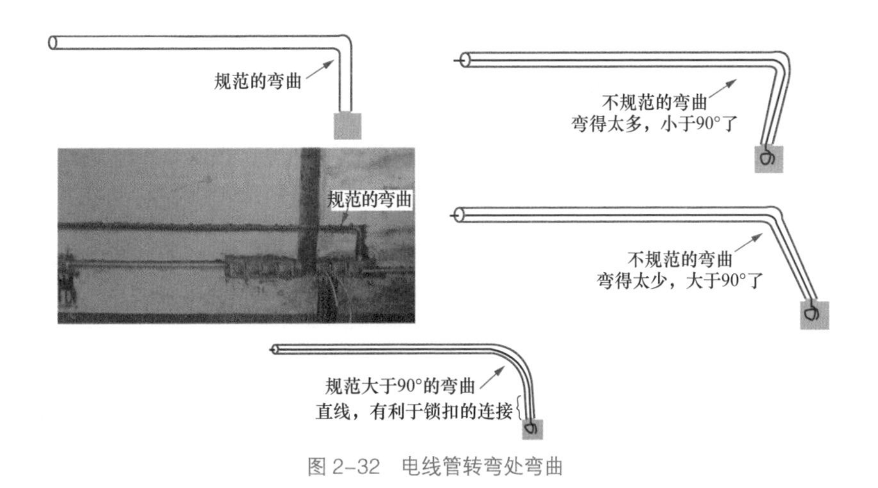

图 2–32 电线管转弯处弯曲

（8）如果采用先布管，后穿线的活线工艺，则电线管弯曲应采取大弧度大弯为好，这样有利于穿线，特别是长距离的电线管穿线更应采用大弧度大弯弯曲电线管。

（9）采用大弧度大弯布管一般是可以在地面直接敷设、顶上直接敷设，而不需要开槽的情况下应用居多。如果开槽敷设，则需要把握好弧度大弯的范围与要求（见图 2–33）。

图 2–33 弧度要求

（10）弯曲电线管时，可以先划好弧度或者借助房间墙壁角来进行。

（11）线路暗配时，弯曲半径不应小于管外径的 6 倍。当埋设于地下或混凝土时，其弯曲半径不应小于管外径的 10 倍。

（12）PVC 管需要小距离弯曲。如果直接一次弯成，则难度大。具体操作技巧：可以首先弯曲一个相对大距离的弯曲，然后把弯曲的一段剪掉一段，即成为了小距离弯曲（见图 2–34）。

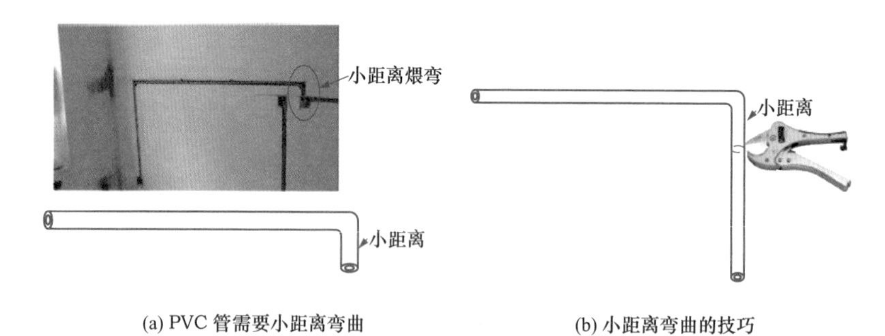

(a) PVC 管需要小距离弯曲　　(b) 小距离弯曲的技巧

图 2–34 小距离弯曲

（13）PVC 管的 U 形弯。大多数 PVC 管是一个弯，有的有 2 个弯，或者 U 形弯。如果 U 形弯弯底边直线段太短，电线可能弯（穿）不过来，则需要增加一个接线盒，实现连接（见图 2–35）。

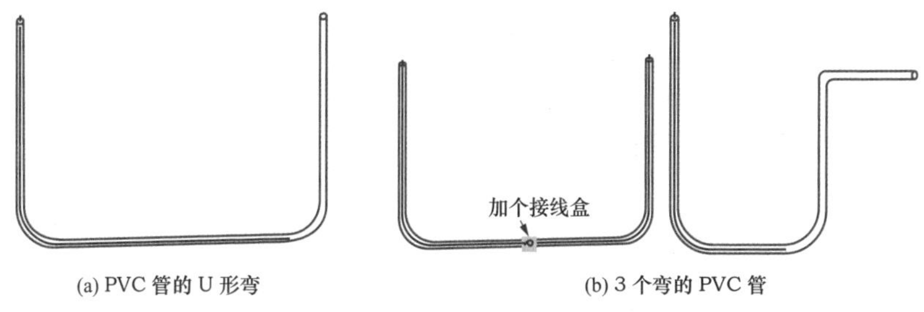

图 2-35　PVC 管的 U 形弯

（14）一般一根 PVC 管超过 3 个或者 3 个以上的弯，则一般不允许。如果线路长，弯处弧度大，则可能会比较顺利穿线。如果线路短，又没有拉线，则穿线比较困难。

2.11 PVC 管的连接

PVC 管一般采用套管连接，连接管管端 1 ~ 2 倍外径长的地方需要清理干净，然后涂上 PVC 胶水，再插入套管内到套管中心处，然后两根管对口紧密，以及保持一定时间使粘结牢固（见图 2-36）。

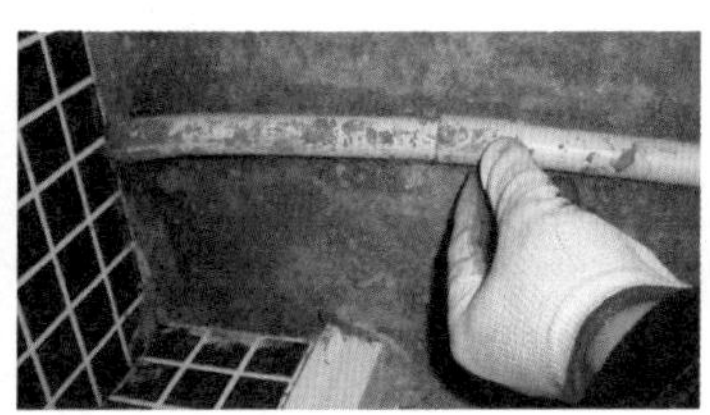

图 2-36　PVC 管涂上 PVC 胶水与连接

PVC 管连接的套管可以采用成品套管接头，也可以采用大一号的 PVC 管来加工。自制套管的要点如下：将规格大一号的 PVC 管根据被连接管的 3 ~ 4 倍外径长来切断。用来做套管的 PVC 管其内径需要与被连接管的外径配合紧密无缝隙。

PVC 管胶水黏结连接后应根据需要成形，例如图例所示就需要 PVC 管连接后成直线，但是由于连接时，发生错角，使得连接后的 PVC 管不能够稳妥安放在 PVC 管槽里（见图 2-37）。

PVC 管粘连时，连接的管子需要平稳插入，尤其对于长一些的 PVC 管粘连。如果粘连时，只看连接处，而不看整体，则往往粘连时不成直线。为避免该情况的发生，可以找直线管、划的直线、直墙壁、直木板等做参考物（见图 2-38）。

PVC 管粘连时，还需要考虑 PVC 管的连接效果与实际连接的需要。暗装 PVC 管一般不要采用 PVC 90° 弯头，以免换线、抽线难（见图 2-39、图 2-40）。

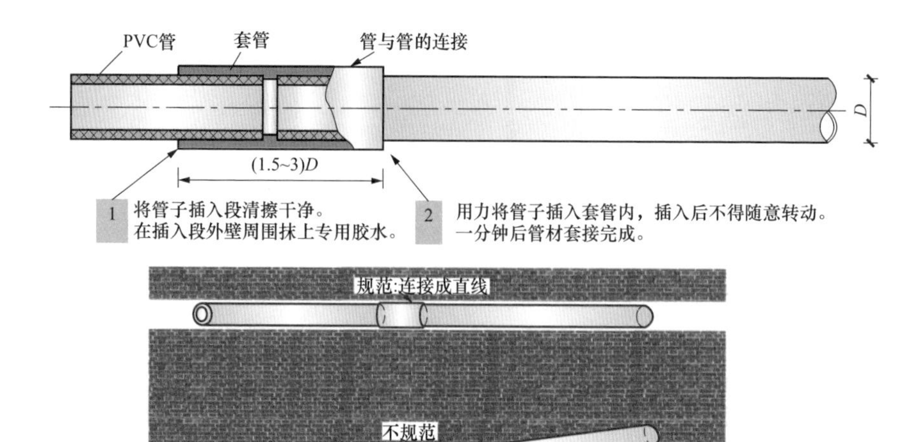

图 2-37 PVC 管的连接

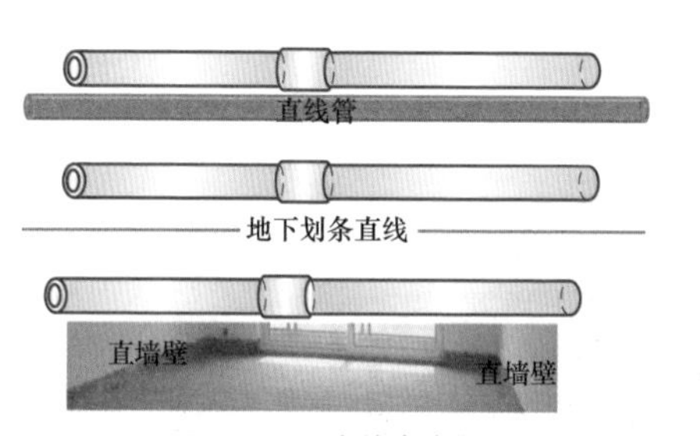

图 2-38 直线参考物

图 2-39 不要采用 PVC90° 弯头

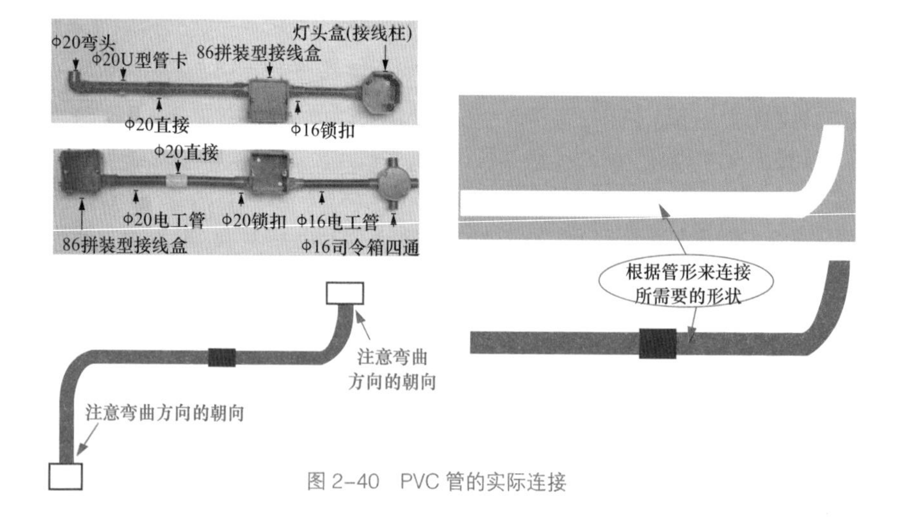

图 2-40 PVC 管的实际连接

2.12 PVC 电线管的补偿

PVC 电线管的补偿方法与要点如图 2-41 所示。

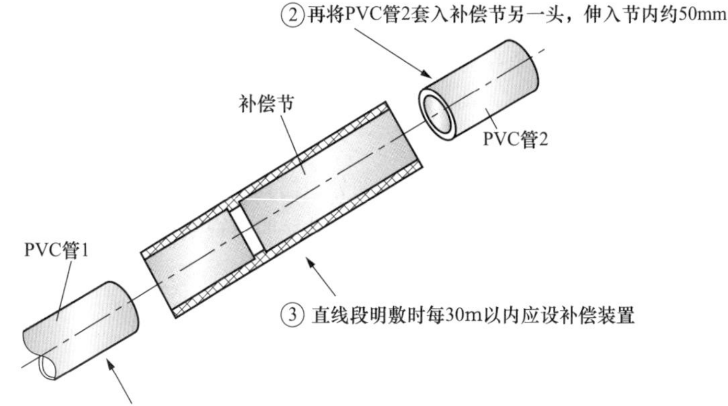

图 2-41　PVC 电线管的补偿方法与要点

2.13 线管的敷设

线槽管路敷设的要求（见图 2-42）：

（1）一般管路需要严格根据设计布管，沿最近的方向敷设，并且走向顺直少弯曲。

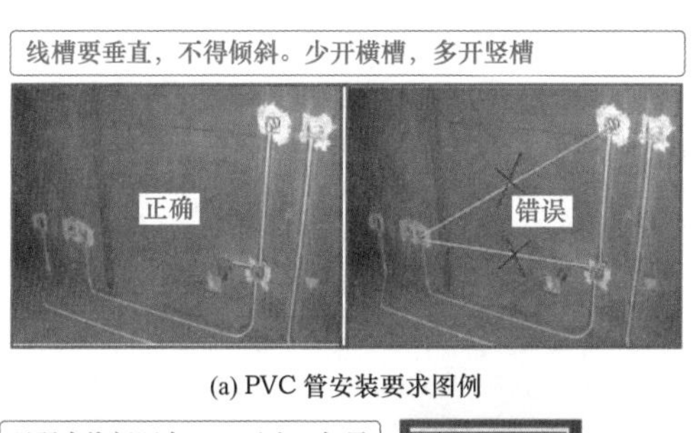

(a) PVC 管安装要求图例

强弱电线间距在50cm以上，如果达不到可用频蔽线隔离电磁波，电视和电话线严禁出现接头，并要单独穿管

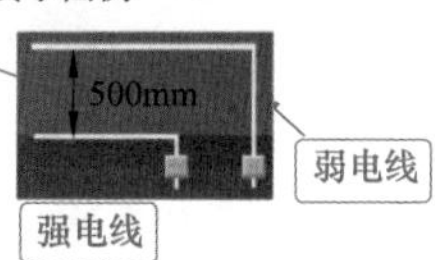

(b) 强电、弱电的间距

图 2-42　线管敷设要求

（2）PVC 管子敷设连接需要紧密，管子切断断口需要光滑，保护层大于 15mm，箱盒设置需要正确，固定要可靠。管进箱盒处需要顺直，管在箱盒内露出的长度需要小于 5mm。

（3）PVC 管路穿过变形缝有补偿装置，补偿装置需要能活动自如。

（4）PVC 管路穿过建筑物基础与设备基础处需要加套管保护。套管的管径不能过大，被连接的管要对紧在套管间。

（5）暗配管的弯取半径不应小于管外径的 10 倍；弯曲处不应有折皱、凹陷、裂缝，以及弯扁程度不应大于 0.1D。

（6）需要选用优质 PVC 管，需要弯曲处，需要采用正确的方法进行弯曲。

（7）管子进盒处需要用锁母锁好。如果被踩脱落或断开，则锁母下需要塞垫块（见图 2-43）。

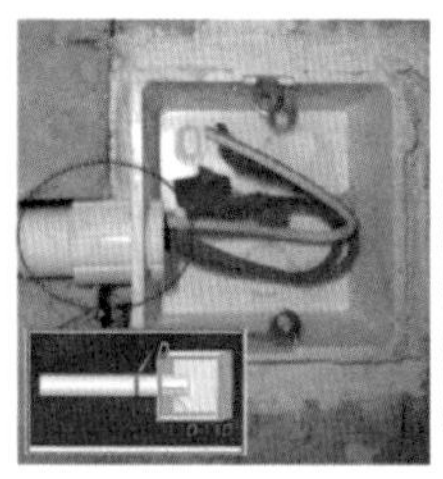

穿线时接线的部位与分线的部位要用到接线盒，铁质和PVC的接线盒是最常见的接线盒。铁质接线盒主要靠锁母与铁方盒固定，PVC接线盒固定要用PVC锁母固定。所有布线施工中不管是干线、分线均要用

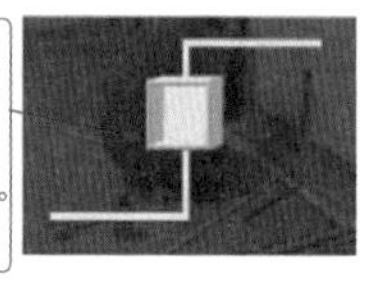

图 2-43　管子进盒处需要用锁母锁好

（8）PVC 管路，需要防止与避免钉子扎破。

（9）板内严禁三层管交叉重叠。

（10）平行的两根 PVC 管间距需要大于 5cm。

（11）板内 PVC 管间的交叉角必须大于 45°。

（12）同一根 PVC 管与另两根交叉的间距必须大于 20D。

（13）如果根据直线布管不能满足要求，则布管可以适当绕行。

（14）PVC 管路固定点的间距为不大于 1m，距端头、弯曲中点不大于 0.5m。

（15）PVC 管内电线需要处于宽松状态。

（16）PVC 管内不得有接头。

（17）普通插座的安装高度为 0.3m，对从楼板弯起到插座的 PVC 弯管，也可以根据固定长度进行预先弯制。

（18）灯开关盒的安装高度一般为 1.4m，对从开关盒引上到楼板的 PVC 管，可以将整管根据其长度切割成短管。

（19）下列情况之一需要在中间加一个过线盒：

1）管路无弯曲，管长每超过 30m；

2）管路有一个弯曲，管长每超过 20m；

3）管路有两个弯曲，管长每超过 15m；

4）管路有三个弯曲，管长每超过 8m。

（20）强电线管走墙，弱电线管走地（或者强、弱电线管走地，但需要分开 300mm 以上）。线槽需要横平竖直，强弱电不能穿入同一根管内（见图 2-44）。

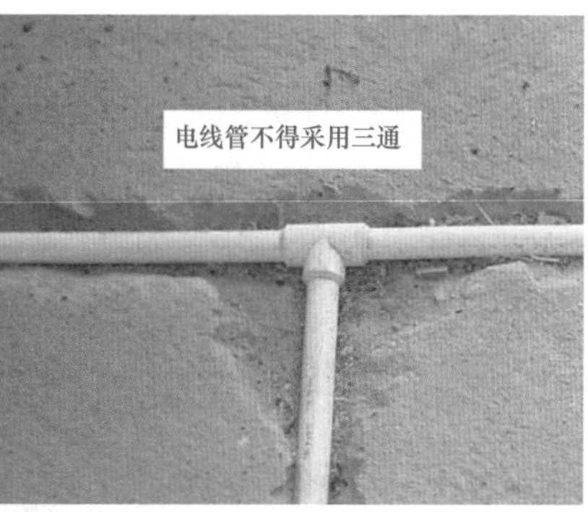

图 2-44 强、弱电线管的敷设

2.14 PVC 管的穿线

PVC 管的穿线有几种方案：先布管后穿线、边布管边穿线。先布管后穿线：线管开槽完成后与用水泥筑好线盒后，就可以开始进行穿线工作。边布管边穿线就是布一段管穿一段线（见图 2-45）。

PVC 管穿线的一些要求如下：

（1）穿对线，就是要能够实现线两端的电气连接与功能实现。另外，还包括电线的种类与截面的大小。一般空调回路相线、零线均用 $6mm^2$ 或者 $4mm^2$ 的线。厨卫回路的线一般采用 $4mm^2$ 的线，卫生间回路的线一般采用 $4mm^2$ 的线。普通照明回路主线一般采用 $2.5mm^2$ 的线，普通照明灯控线一般采用 $1.5mm^2$ 的线。普通插座回路一般采用 $2.5mm^2$ 的线。冰箱回路一般采用 $2.5mm^2$ 的线。

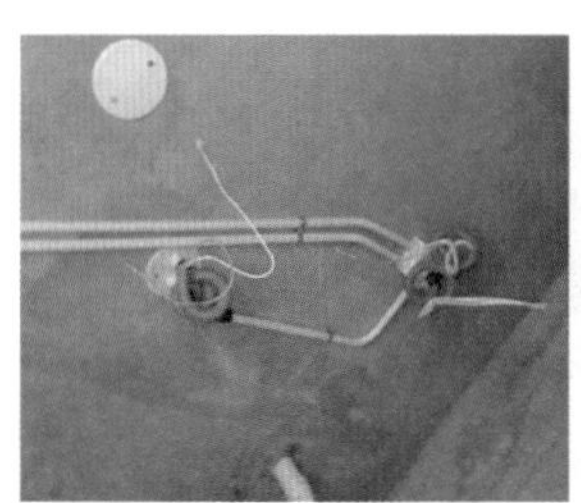

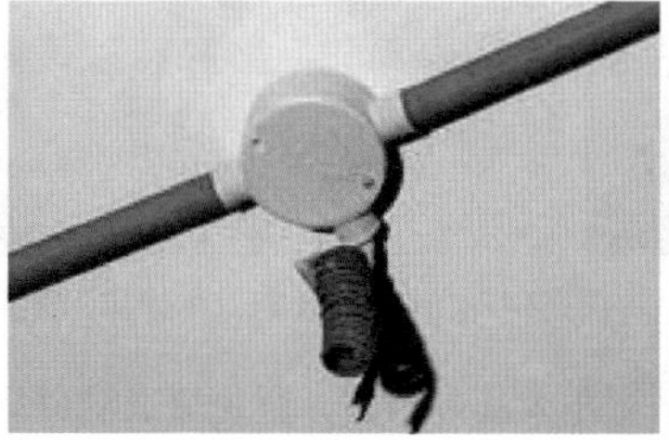

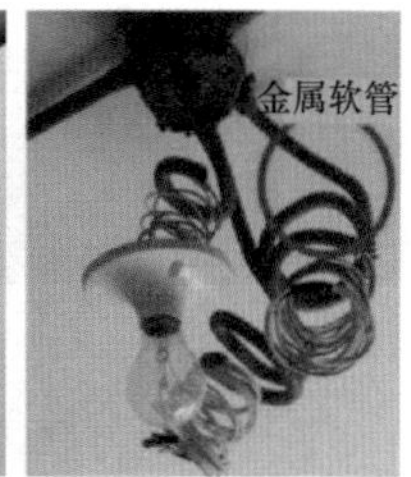

图 2-45 一些穿线规范的图例

（2）穿好的线的线头需要用绝缘胶布包好。

（3）发现穿线错误，需要立即更改。

2.15 稳埋盒、箱

稳埋盒、箱的最终效果（见图 2-46）：

（1）开关插座盒、接线盒、灯头盒、强配电箱、弱配电箱固定要平整、牢固。

（2）周遍灰浆饱满，收口平整。

（3）纵、横坐标标识准确。

（4）开关插座盒、接线盒、灯头盒、强配电箱、弱配电箱的具体位置、尺寸必须符合相关要求。

图 2-46　稳埋盒、箱

开关插座盒、接线盒、灯头盒、强配电箱、弱配电箱的连接管要留约 300mm 长度进入盒、箱的管子（见图 2-47）。

开关插座盒、接线盒、灯头盒、强配电箱、弱配电箱稳埋剔洞的方法：弹出的水平、垂直线，根据要求或者对照图找出盒、箱的具体准确位置，然后利用电锤、錾子剔洞，注意剔孔洞要比盒、箱稍大一些。洞剔好之后，需要把洞内的水泥块、砖头块等杂物清理干净。然后浇水把洞浇湿。再根据管路的走向，敲掉相应方向的盒子敲落孔，再用高强度水泥砂浆填入洞内，将盒、箱稳注端正不得歪斜，等水泥沙浆凝固后，再接短管入盒、箱。

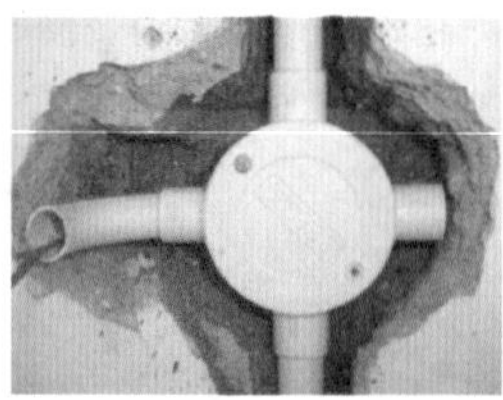

图 2-47　开关插座盒、接线盒、强配电箱

注：剔槽打洞时，不要用力过猛，避免造成洞口周围的墙面破裂。

按线盒必须用水泥砂浆封装牢固，其合口要略低于墙面 0.5cm 左右。

2.16 底盒（暗盒）的安装

底盒的特点如图 2-48 所示。

暗盒的安装的主要步骤：了解暗盒安装的要求→选择好暗盒→定好暗盒的位置→根据暗盒大小开孔→穿好管→调整与固定暗盒（见图 2-49）。

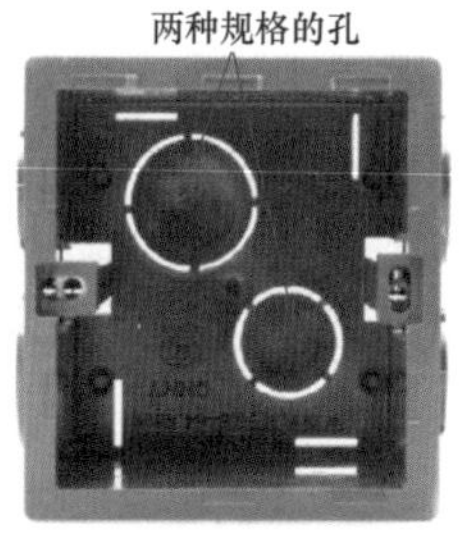

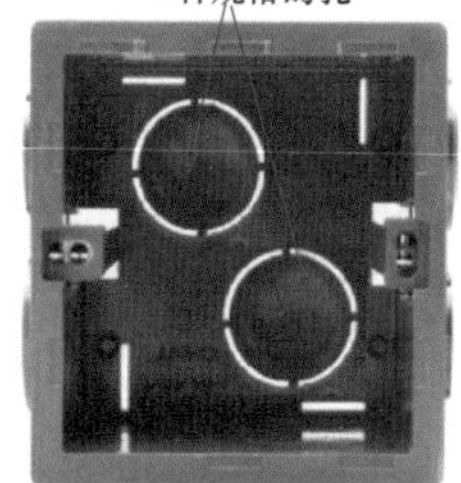

图 2-48　底盒的特点

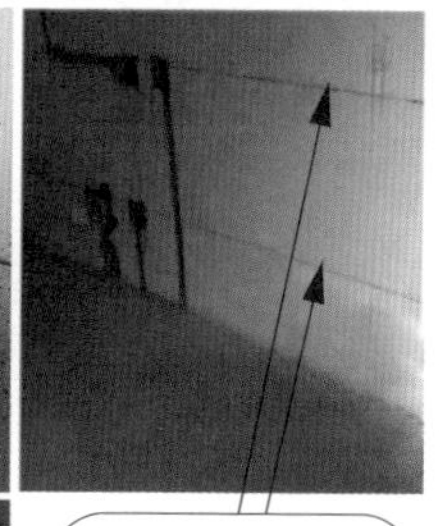

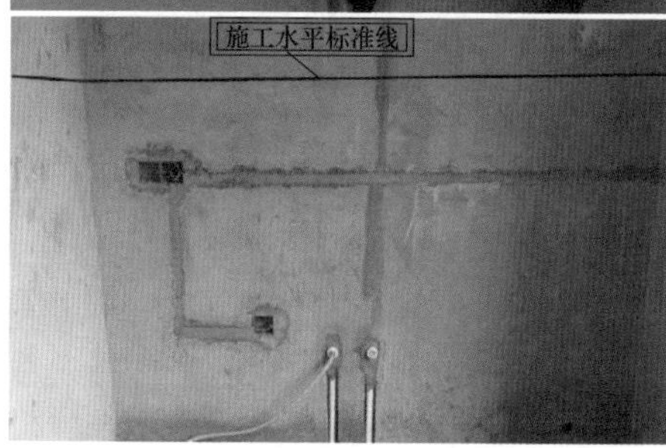

图 2-49　暗盒的安装（一）

根据选择好的暗盒尺寸 +1cm 进行开孔，并且开孔需要与布管的管槽连通，并且管盒连通后能够平稳稳妥安装好，这就需要开孔时，把暗盒连管的敲落孔对应好连管的位置，并且考虑锁口的厚度对暗盒孔的要求。

孔开好之后，把暗盒的线管穿好。然后把暗盒放在孔内部。如果发现可以，则把暗盒拿出来，再用矿泉水瓶装满水，然后在瓶盖上打一个小孔，再把瓶盖对准洞，手挤压瓶即可有水喷出来浇湿安装洞。然后把暗盒放入孔内固定好。

多数暗盒的安装需要调整。预埋暗盒要在同一水平线上，如果不是微调安装孔的，则考虑上下水平之外，还要考虑固定孔也要在同一水平线上。不同产品的暗盒，尺寸可能存在差异，因此，遇到联排预埋的暗盒需要采用同规格同产品的暗盒。另外，预埋暗盒往往是在地面没有装饰的情况下进行，因此，预埋暗盒需要首先画出标准暗盒线。如果采用地面为基准，则会有高度误差的，也就会造成暗盒不在一个水平线上。

预埋暗盒的垂直度判断可以借助绳子捆住螺钉旋具、帮手、锤子等进行判断。预埋暗盒的固定，需要分两步进行，即初步固定、完全固定。初步固定就是首先单点固定四周几点，以便固定后，也能够调整水平度、垂直度、深度。单点固定可以采用小水泥块、小鹅卵石、小砖块等物体卡住暗盒四角位置（见图 2–50）。

图 2–50　暗盒的安装（二）

水平度、垂直度、深度达到要求后，才可以完全固定：用水泥沙浆填满暗盒与墙壁四周的缝隙。在填满缝隙也需要再检查一遍水平度、垂直度、深度是否达到要求，如果暗盒位置动了，则需要及时调整。其中微调，可以采用螺钉旋具插入水泥沙浆中撬动暗盒进行调整。

暗盒固定后，即可穿线。有的工艺方案是穿好线后在完全固定暗盒。

预埋暗盒的固定可以利用膨胀螺栓固定，也可以采用水泥坐紧（见图 2–51）。

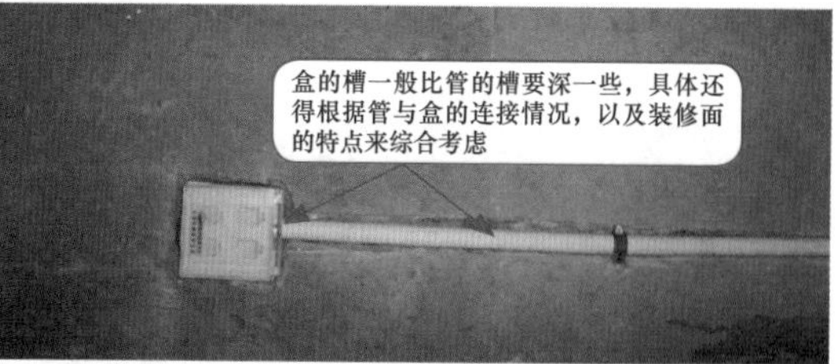

图 2-51　预埋暗盒的固定

单底盒连体安装，如果没有把握，则可以通过预装来把握两单底盒的距离、水平度、垂直度。

多个暗盒的安装方法与单一暗盒的安装方法基本一样，主要差异是由于多个暗盒的连接带来的一些差异：多个暗盒的安装需要考虑整体性与协调性（见图 2-52）。

(a) 底盒安装

(b) 暗盒连体

图 2-52　暗盒的安装

多个暗盒同时排列连接使用，需要考虑暗盒间的距离能够装得下面板，以及面板间没有缝隙。如果选择具有连接扣口的暗盒，则可以直接扣好安装即可。不过，几个单独的三联框连接时，需要注意距离。另外，一些暗盒间的距离是由随产品提供的小插片固定的。

做双暗盒连接使用时需要加装连接片，可是两个暗盒又可以直接插接并联，但不能安装双面板，所以双暗盒直插连接功能没有任何用途，浪费了空间和材料。希望以后暗盒内部空间做得大一些，可以容纳不同的 86 插座、开关（见图 2-53 ~ 图 2-56）。

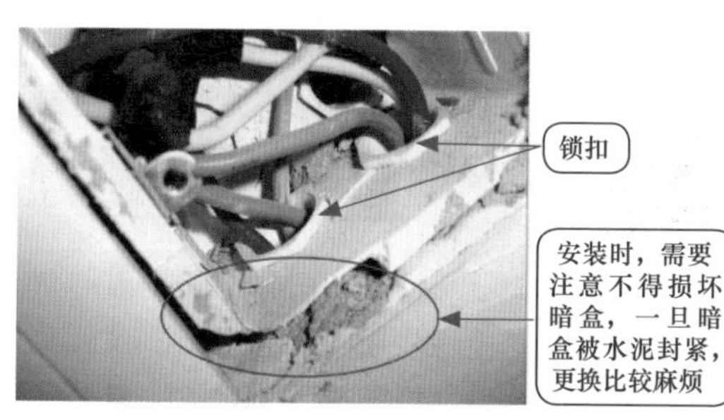

图 2-53　底盒与 PVC 套管要用锁扣安装

安装插座、开关面板时，采用加长的螺钉，安装会比短螺钉轻松一些。另外，螺钉应选择镀锌、镀铜的。不要选择铁制的螺钉。

图 2-54 暗盒标志

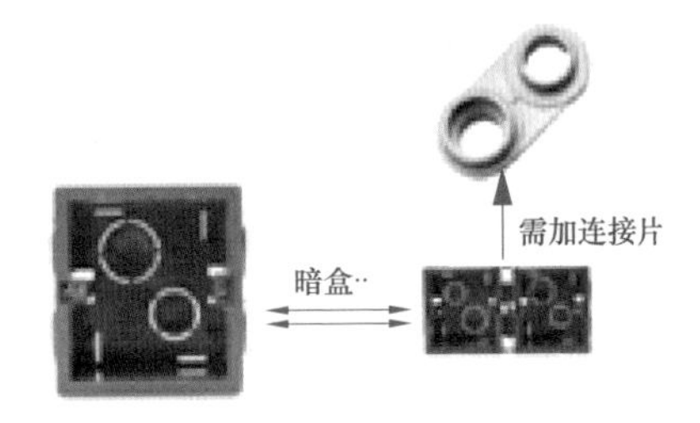

图 2-55 双暗盒连接

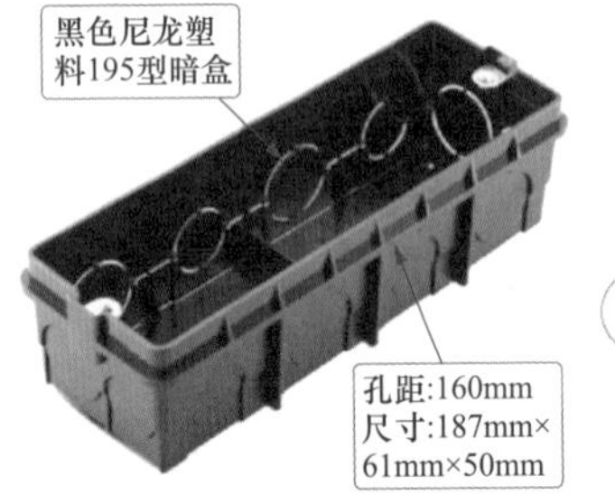

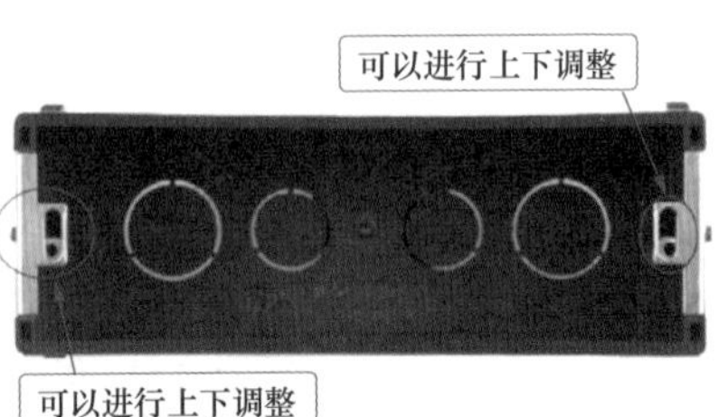

图 2-56 开关插座 118 型暗盒

预埋型地面插座钢底盒的安装（见图 2-57）：

（1）钢底盒的定位。根据施工图确定钢底盒的具体安装位置，以及用金属线管将钢底盒连接起来，再在其周围浇铸混凝土进行固定。

（2）预埋深度。先根据要求选择适当厚度的预埋钢底盒，然后根据地面、楼板的结构进行预埋处理。一般钢底盒的上端面需要保持在地平面 ±0.00 以下 3～5mm 的深度，然后在其周围浇铸混凝土固定。

（3）钢底盒厚度的选择。

1）预埋深度在地面找平层与装饰层间、预埋深度一般要求小于 55mm 时，可选择超薄型钢底盒。

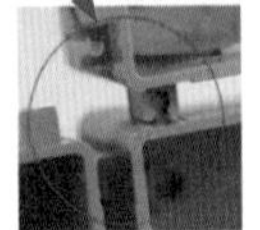

图 2-57 多个暗盒的连接

2）预埋深度在地板钢筋结构之上到装饰层间的，一般可以选用厚度为 65 ~ 75mm 标准的预埋型钢底盒。

（4）注意事项。

1）钢底盒在浇铸混凝土固定前，需要确认钢底盒与金属线管接地良好。

2）将钢底盒的保护上盖盖好，以防止施工期间灰尘、杂物落入。

地板型地面插座钢底盒的安装（见图 2–58）：

（1）钢底盒的定位。首先根据需要在安装地面插座的防静电地板块上开出方洞，一般开洞尺寸需要比钢底盒的实际外形尺寸大 5mm。

（2）安装深度。钢底盒的上端面一般需要低于地板表面 3 ~ 5mm。针对不同厚度的防静电地板块可通过在钢底盒上的安装弯角与防静电地板块底面间增减垫片进行安装深度的调整。

（3）钢底盒的固定。将需要穿线的钢底盒上的敲落孔敲掉，并且用蛇皮管接头连接好，再用自攻螺钉将钢底盒上的弯角固定在防静电地板上。

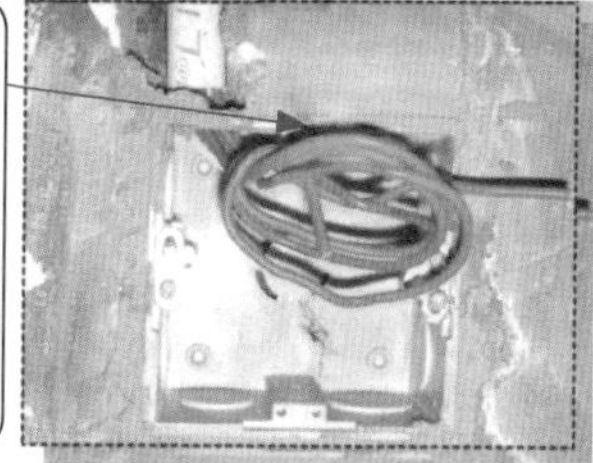

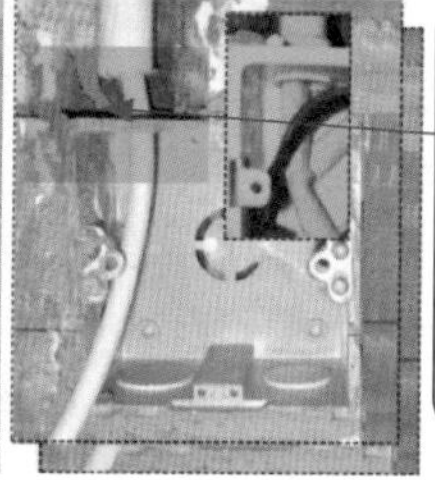

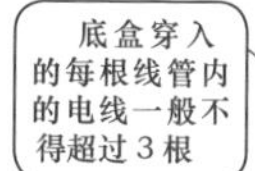

图 2–58　地板型地面插座钢底盒的安装

开关盒、插座底盒（暗盒）首先进行预埋与线路敷设，等室内装修完成后，再进行面板的安装与连接。开关、插座底盒常见不规范的安装有：线盒预埋太深、标高不统一、面板与墙体间缝隙过大、底盒内留有水泥沙浆杂物、线管脱离底盒、线管穿进底盒太多、底盒装线太多、强弱电共用一个底盒、底盒接线包线没有用不同标志的包扎、底盒螺钉孔被螺钉挤爆、各种底盒明暗混用、使用损坏的或者质量差的底盒、底盒内的导线没有分色等。

2.17 接线盒的暗装

接线盒的暗装与暗盒的暗装方法基本一样，只是接线盒的安装面板一般是空白面板。接线盒的暗装需要配合空白面板安装后与墙壁等装饰面没有间隙、紧贴美观的要求（见图 2–59）。

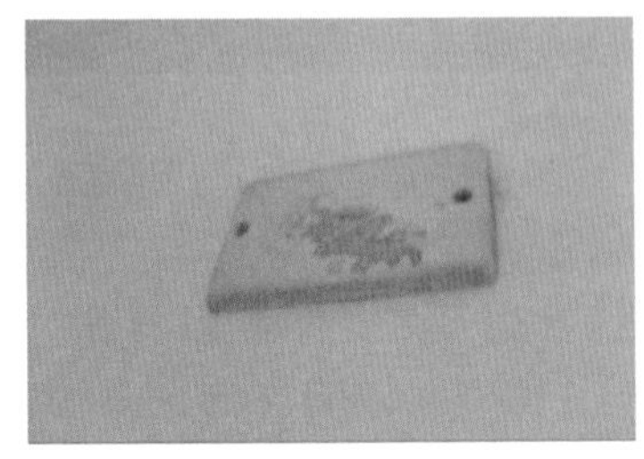

图 2–59　接线盒

2.18 走线与连线

一般要求是埋设暗盒及敷设 PVC 电线管后，再穿线。实际工作中，可以边敷设 PVC 电线管边穿线（见图 2–60）。

走线的要求与规范：

（1）强电走上，弱电在下，横平竖直，避免交叉。

（2）走对线，电源线配线时，所用导线横截面积应满足用电设备的最大输出功率。一般情况，照明为 $1.5mm^2$ 电线，空调挂机及插座为 $2.5mm^2$ 电线，柜机为 $4mm^2$ 电线，进户线为 $10mm^2$ 电线。

（3）电线颜色选择正确。三线制安装必须用三种不同色标。一般红色、黄色、蓝色为相线色标。蓝色、绿色、白色为零线色标。黑色，黄绿彩线为接地色标。

（4）同一回路电线需要穿入同一根管内，但管内总根数不应超过 8 根，一般

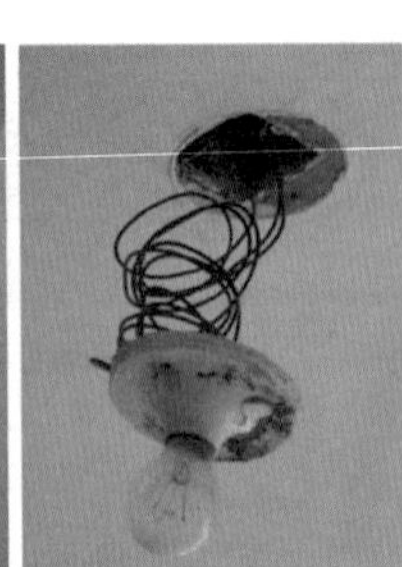

图 2–60　走线与连线

情况下外径为 16mm 的电线管不要超过 3 根，外径为 20mm 的电线管不要超过 4 根。

（5）电线总横截面积包括绝缘外皮，不应超过管内横截面积的 40%。

（6）电源线与通信线不得穿入同一根管内。

（7）导线间、导线对地间电阻必须大于 0.5MΩ。

（8）电源线、插座与电视线、插座的水平间距要大于 500mm。

（9）电线与暖气、热水、煤气管间的平行距离要大于 300mm，交叉距离要大于 100mm。

（10）穿入配管导线的接头应设在接线盒内，线头要留有余量 150mm。接头搭接需要牢固，绝缘带包缠需要均匀紧密。

（11）电源插座连线时，面向插座的左侧应接零线，右侧应接相线，中间上方应接保护地线。

（12）保护地线可以为 $2.5mm^2$ 的双色软线。

（13）所有导线安装，必须穿相应的 PVC 管。

（14）所有导线在 PVC 管子里不能有接头。

（15）空调、浴霸、电热水器、冰箱的线路必须从强配电箱单独放到位。

（16）所有预埋导线留在接线盒处的长度为 20cm。

（17）所有导线分布到位，并且确认无误后，在安全的情况下可通电试验。

2.19 插座处的穿线与接线

穿线到插座处，需要三根线：相线、零线、地线。一般插座的相线、零线、地线与配电箱插座回路主线是联通的，也就是说插座的三线是连接在配电箱插座回路主线的（见图 2-61）。

插座间有不同的穿线方式：串联、并联、混联（见图 2-62）。

开关插座安装使用工具有红铅笔、卷尺、水平尺、线坠、绝缘手套等。

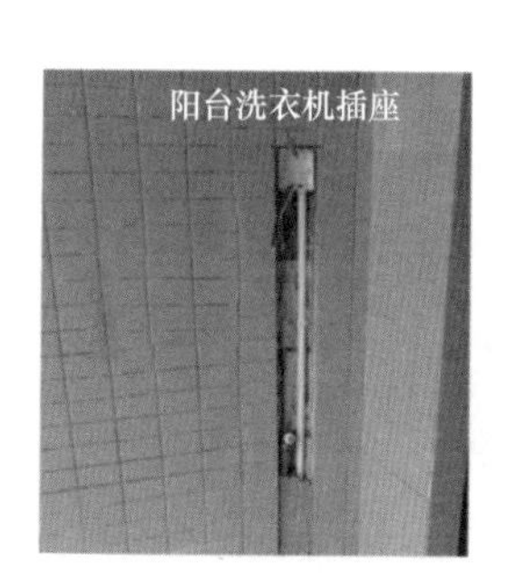

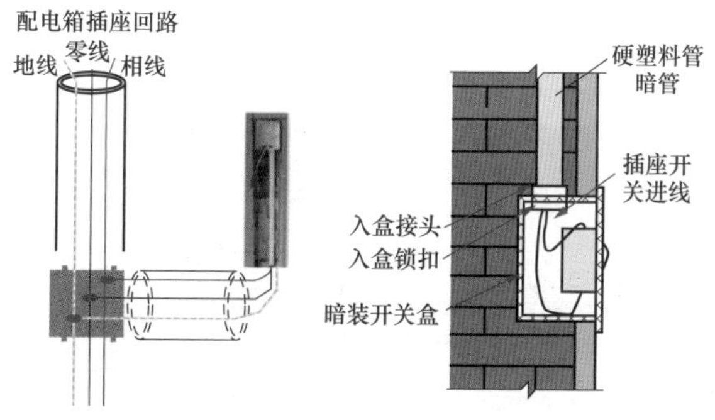

图 2-61　插座处的穿线

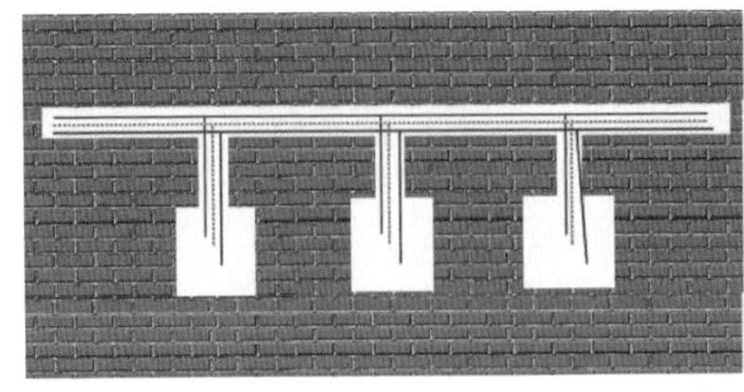
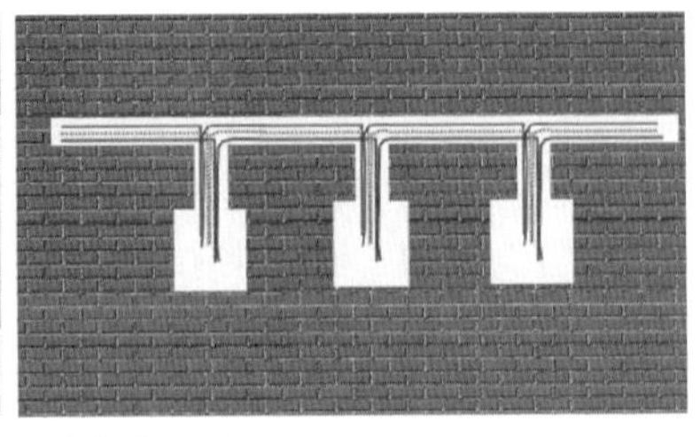

图 2-62 插座间有不同的穿线方式

开关插座安装作业条件（见图 2-63）：

（1）各种管路、盒子已经敷设完毕。线路的导线已穿完，并已对各支路完成绝缘摇测。

（2）盒子缩进装饰面超过 20mm 的已加套盒，并且套盒与原盒有可靠的措施。

（3）盒子缩进装饰面不够 20mm 已用高标号砂浆外口抹平齐，内口抹方正。

（4）墙面抹灰、油漆及壁纸等内装修工作均已完成。

（5）为防止土建施工污染插座面板，水泥地面、铺砖地面、水磨石、大理石地面等工作应已完成。

插座、开关接线方法：

（1）先用錾子轻轻地将盒内残存的灰块剔掉，同时将其他杂物一并清出盒外，并且用湿布将盒内灰尘擦净。

（2）先将盒内甩出的导线留出维修长度（15 ~ 20cm），然后削去绝缘层。

（3）如果开关、插座内为接线柱，将导线按顺时针方向盘绕在开关、插座对应的接线柱上，再旋紧压头即可。

（4）如果开关、插座内为插接端子，将线芯折回头插入圆孔接线端子内（孔经允许压双线时），再用顶丝将其压紧即可。

（5）注意线芯不得外露。

（6）将开关或插座推入盒内对正盒眼，再用机螺钉固定牢固。

（7）固定时要使面板端正，并与墙面平齐。

（8）面板安装孔上有装饰帽的需要一并装好。

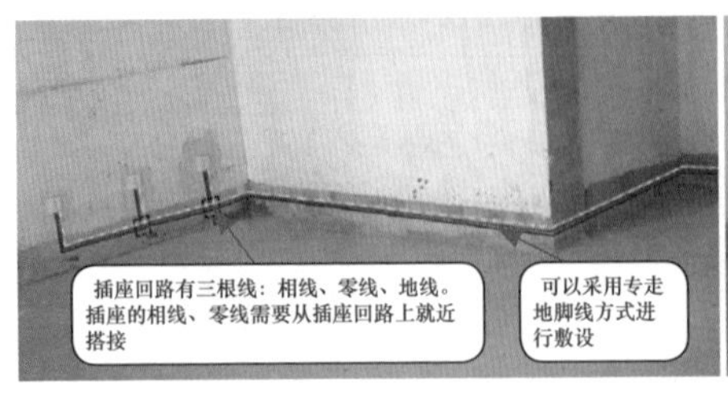

图 2-63 管路、地面已完成

2.20 开关处的穿线与接线

穿线到开关处，一般需要 2 根线：相线入线、相线出线。一般开关的相线入线与配电箱相应照明回路主线是联通的，也就是说开关的相线入线是连接在配电箱相应照明回路主线的。而开关的相线出线则与需要控制的灯具的相线相连。灯具的所有零线均与配电箱相应照明回路主线中的零线相连，开关处不需要引入引出零线（见图 2-64）。

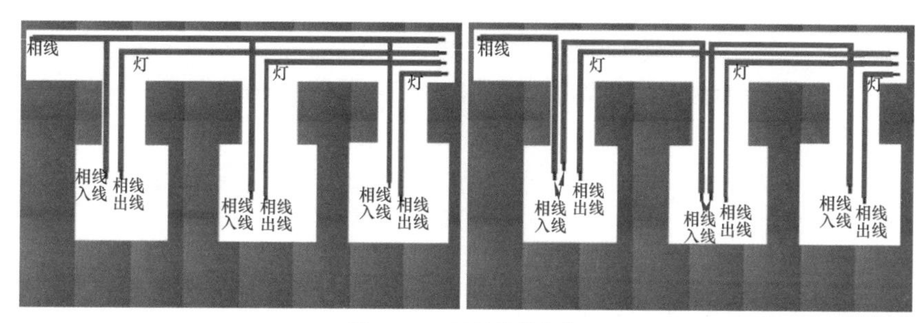

图 2-64　开关处的穿线

一般开关留线是 2 根：一进相线、一出相线。特殊的开关，则需要根据开关类型来预留（见图 2-65）。

插座、开关要求与规范：

（1）同一室内的电源、电话、电视等插座面板应在同一水平标高上，高差应小于 5mm。

（2）强电、弱电插座引入的 PVC 管内的强电、弱电线路严禁混装在一起。

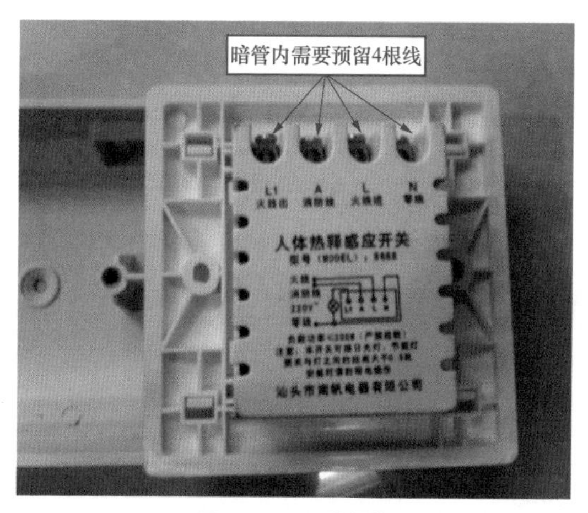

图 2-65　开关留线

（3）交流、直流或不同电压等级的插座安装在同一场所时，需要有明显的区别，并且采用不同结构、不同规格、不能互换的插座。

（4）单相两孔插座有横装、竖装两种。横装时，面对插座，右极接相线，左极接零线。竖装时，面对插座，上极接相线，下极接零线。

（5）单相三孔插座，面对插座的右孔与相线相连，左孔与零线相接。

（6）单相三孔、三相四孔及三相五孔插座的接地（PE）或接零（PEN）线接在上孔。插座的接地端子不得与零线端子连接。

（7）同一场所的三相插座，接线的相序要一致。

（8）一般情况，接地（PE）或接零（PEN）线在插座间不得有串联连接。

（9）当接插有触电危险家用电器的电源时，采用能断开电源的带开关插座，开关断开相线。

（10）潮湿场所采用密封型并带保护地线触头的保护型插座，安装高度不低于1.5m。

（11）同一房间相同功能的开关应采用同一系列的产品，开关的通断位置一致。

（12）灯具的开关需要控制相线。

（13）一般住宅不得采用软线引到床边的床头开关。

（14）当不采用安全型插座时，儿童房的插座安装高度应不小于1.8m。

（15）暗装的插座面板紧贴墙面，四周无缝隙，安装牢固，表面光滑整洁、无碎裂、划伤，装饰帽齐全。

（16）地插座面板与地面齐平或紧贴地面，盖板固定牢固，密封良好。

（17）地插座应具有牢固可靠的保护盖板。

（18）开关接线时，应将盒内导线理顺，依次接线后，将 盒内导线盘成圆圈，放置于开关盒内。

（19）窗上方、吊柜上方、管道背后、单扇门后均不应装有控制灯具的开关。

（20）多尘潮湿场所和户外应选用防水瓷质拉线开关或加装保护箱。

（21）特别潮湿的场所，开关应采用密闭型的。

（22）插座上方有暖气管时，其间距应大于0.2m。下方有暖气管时，其间距应大于0.3m。

2.21 强电接线盒处的穿线

强电接线盒处的穿线一般需要6根。如果是回路末端的接线盒处的线一般需要3根。强电接线盒处的6根线一般是分别从不同的线管引入的，其中前端3根与后续3根相线与相线、零线与零线、接地与接地线分别连接，达到线路电气联通的作用（见图2-66）。

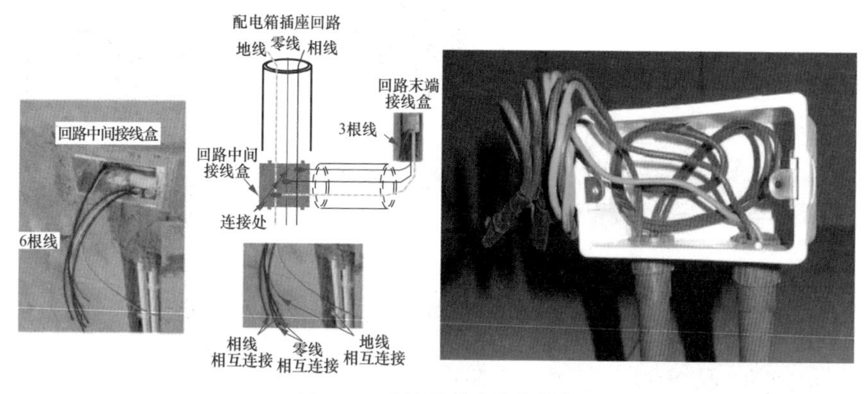

图 2-66　强电接线盒处的穿线

一根线管穿线不得超过其孔的 1/4。遇到单个 86 类型的接线盒不能够容纳预留的电线时，则可以再加一个或者几个接线盒，或者换成 118 等多位接线盒。该增加的接线盒主要是容纳预留的接线。另外，出现接线盒预留的电线“爆棚”现象，还需要考虑是否一根线管穿线过多，或者还是接线盒内预留线确实太长造成的（见图 2-67）。

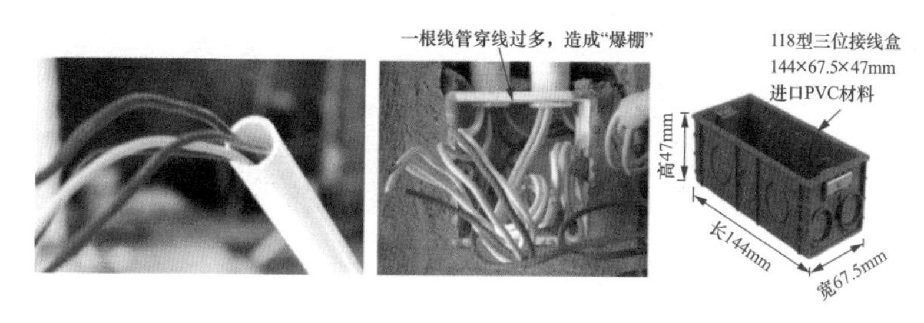

图 2-67　电线“爆棚”现象

ϕ16mm 的线管内插座电线不得多于 4 条，控制线不得多于 6 条。ϕ20mm 的线管内插座电线不得多于 6 条，控制线不得多于 8 条。

2.22 电视墙的穿管穿线

家装液晶电视壁挂中心高度一般在 1.1m 的位置，具体长度取决于使用电视柜的高度。电视墙的穿线需要首先布 1m 的 PVC50 管埋入墙体，便于电视各种插头、接头线不露出墙面，保证清爽美观（见图 2-68 ~ 图 2-70）。

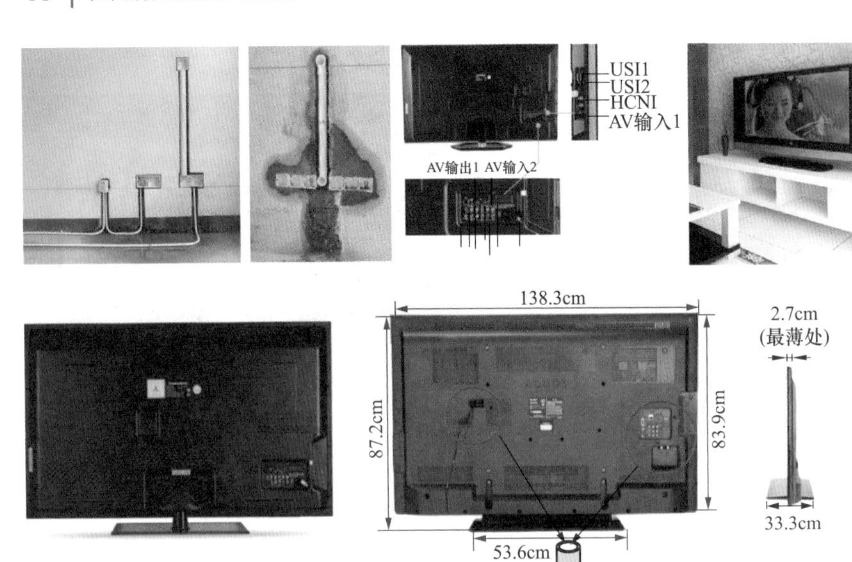

图 2-68 电视墙的相关图例

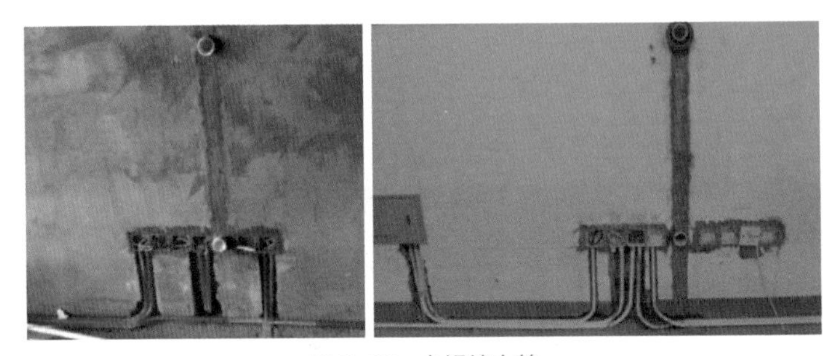

图 2-69 电视墙布管

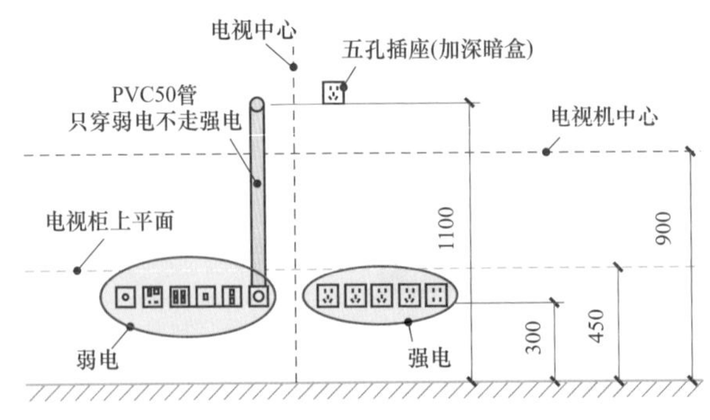

图 2-70 电视墙布管图

2.23 PVC 电线管穿电缆引入室内的安装

PVC 电线管穿电缆引入室内的安装如图 2-71 所示。

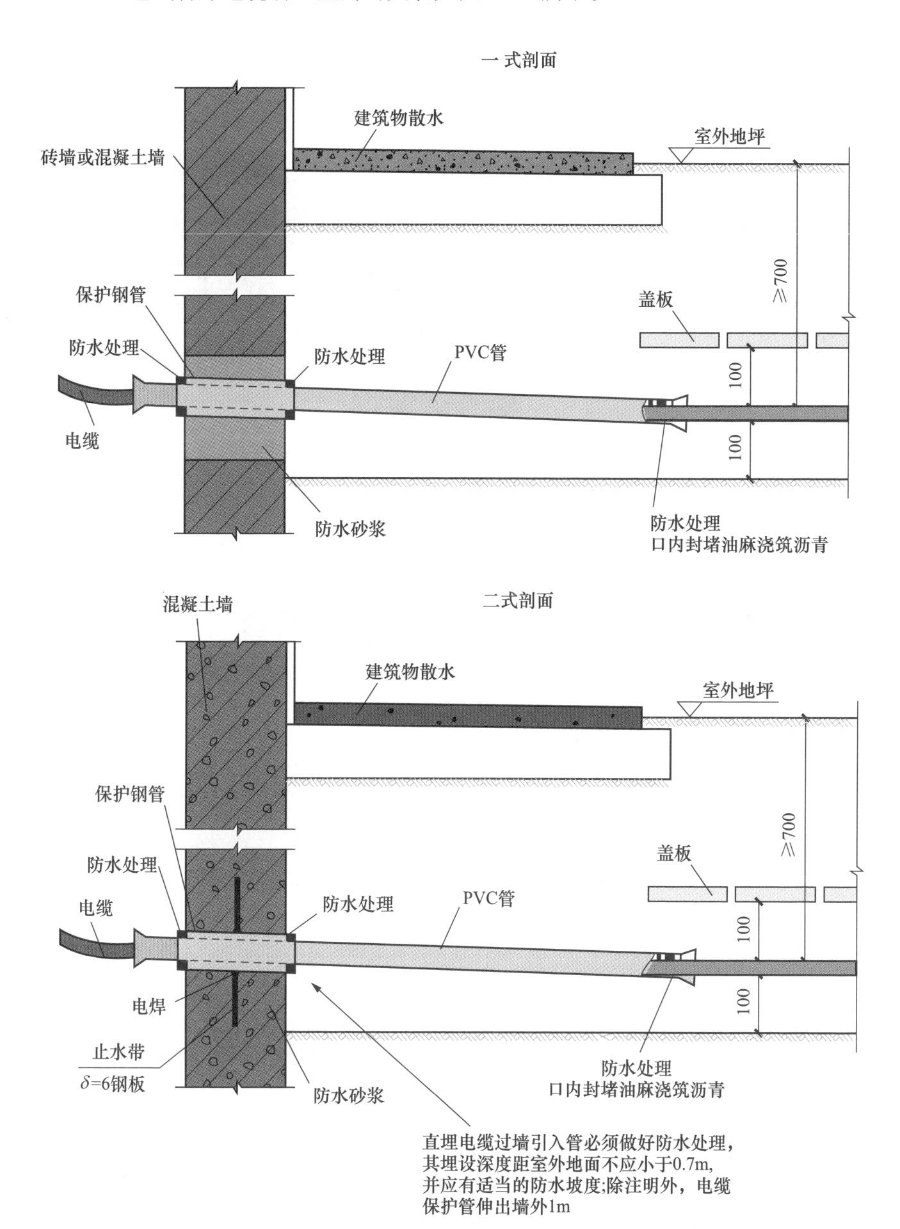

图 2-71 PVC 电线管穿电缆引入室内的安装

2.24 PVC 电线管在大模墙体内的现场敷设

PVC 电线管在大模墙体内的敷设需要首先根据平面图等相关图样来确定有关电器的位置，然后根据连线功能与要求布管（见图 2–72）。

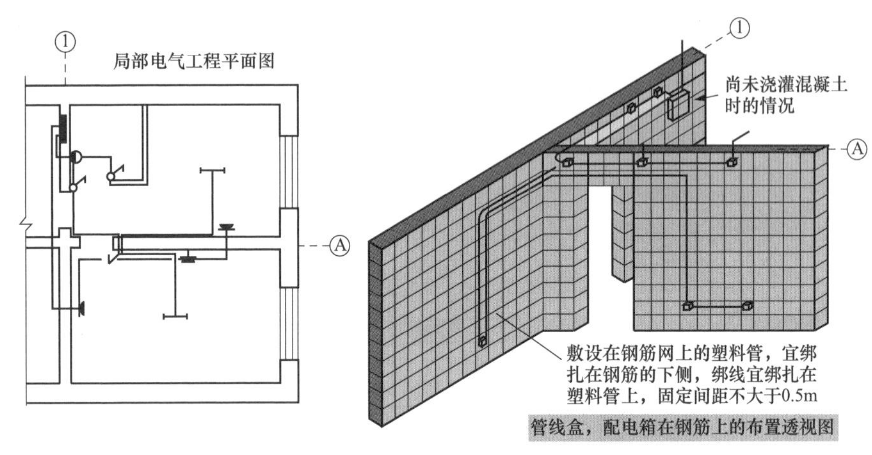

图 2–72 PVC 电线管在大模墙体内的现场敷设

2.25 PVC 电线管在轻钢龙骨吊顶的安装

PVC 电线管在轻钢龙骨吊顶的安装如图 2–73 所示。

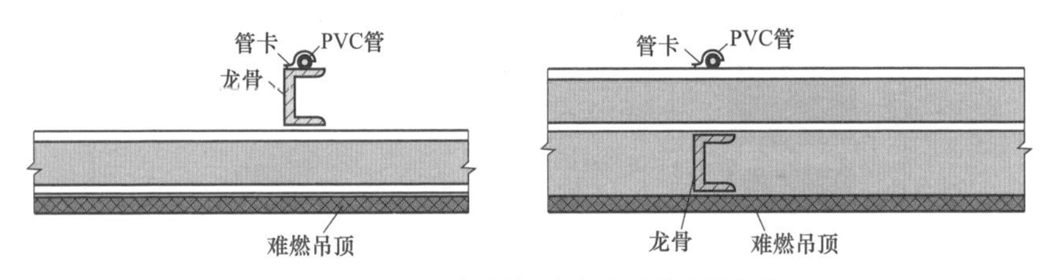

图 2–73 PVC 电线管在轻钢龙骨吊顶的安装

2.26 PVC 电线管在轻钢龙骨隔墙内的安装

PVC 电线管在轻钢龙骨隔墙内的安装如图 2–74 所示。

2.27 现场综合穿线

下面以空调插座、电视机插座、普通插座间的连线图例，说明连线的一些方法与要点（见图 2–75 ~ 图 2–77）。

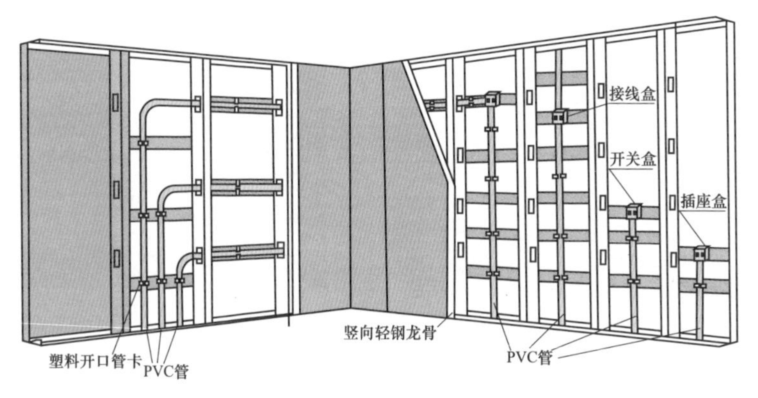

图 2-74　PVC 电线管在轻钢龙骨隔墙内的安装

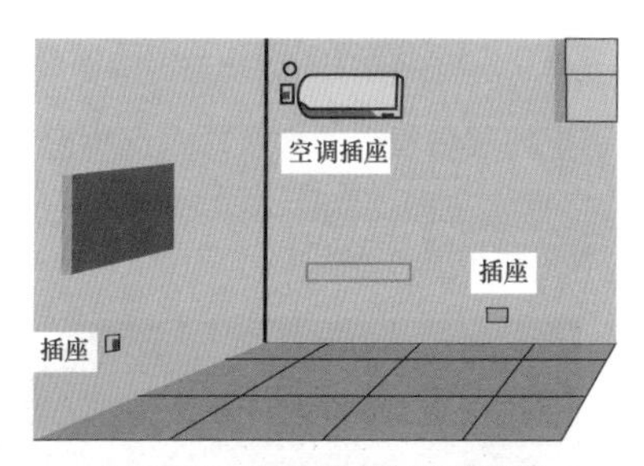

图 2-75　需要综合穿线的现场

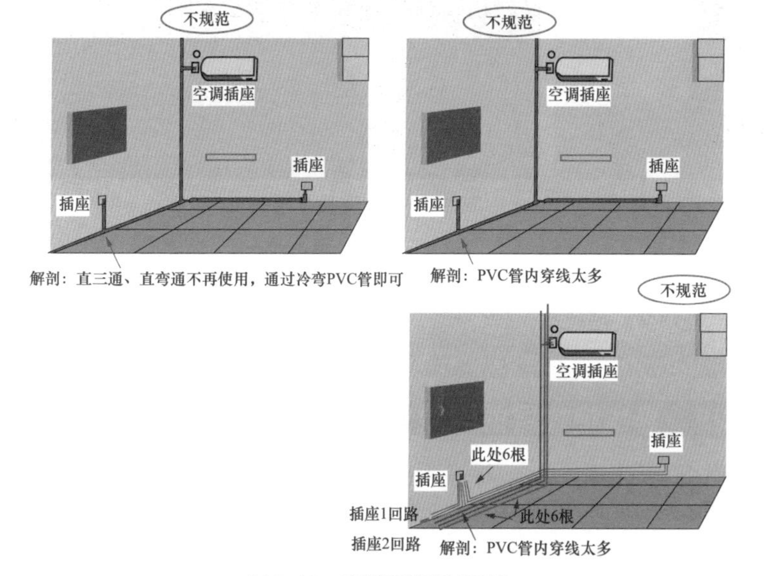

图 2-76　穿线不规范的图例

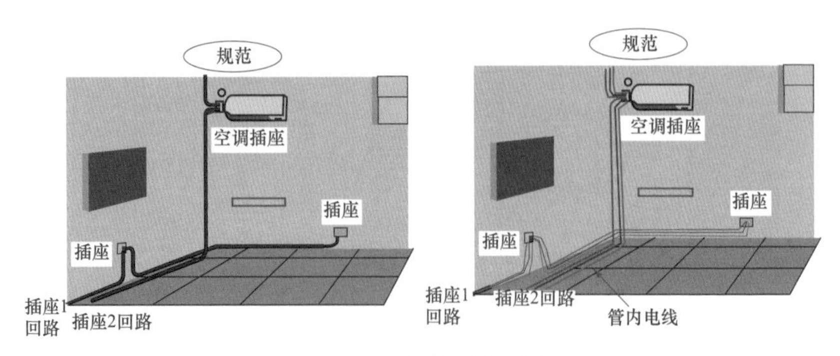

图 2–77 穿线规范的图例

2.28 线管封槽

线管封槽就是把为了把埋装电线管的槽子用水泥糊起来，并且使水泥可以与本来的墙体 / 地面契合在一起（见图 2–78、图 2–79）。

图 2–78 线管封槽图例

图 2–79 如果可以不封槽利用泥工作业覆盖也可以

线管封槽时，需要先对槽内清洁，再把槽子用水打湿，然后用水泥刷上。如果面积比较大，则等第一次水泥刷上略干后，再刷一次。

2.29 导线绝缘层的剥除

可以用美工刀或者电工刀来剥削塑料硬导线（线芯等于或大于 $4mm^2$）绝缘层单股铜芯线。

可以用剥线钳来剥除 $6mm^2$ 以下电线绝缘层。剥线钳的手柄是绝缘的，可以适合工作电压为 500V 以下的带电操作（见图 2–80）。

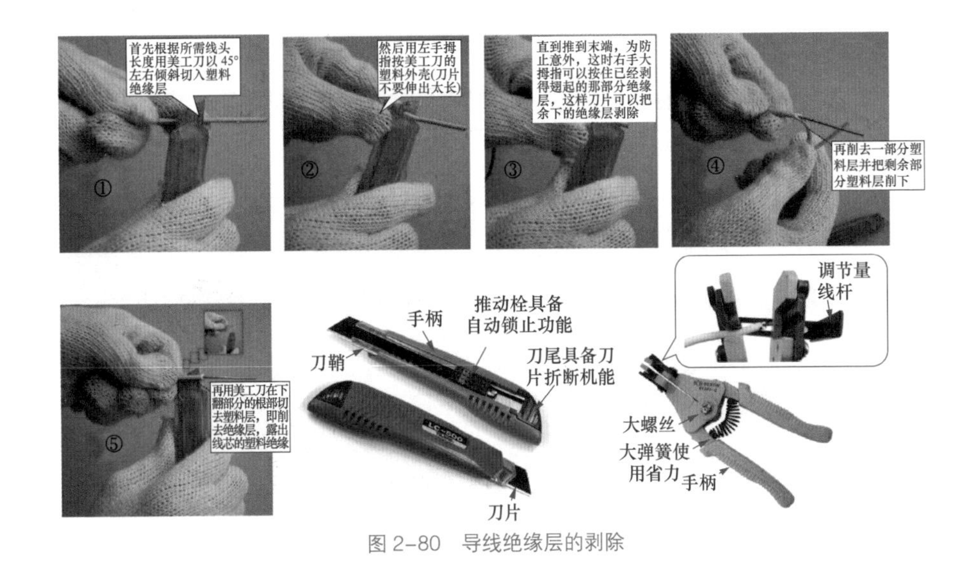

图 2-80　导线绝缘层的剥除

2.30 单股铜导线直线连接

导线连接的方法有绞接法、焊接法、压接法、螺栓连接法。

导线连接的三大步骤:剥绝缘层、导线线芯连接或接头连接、恢复绝缘层（见图 2-81）。

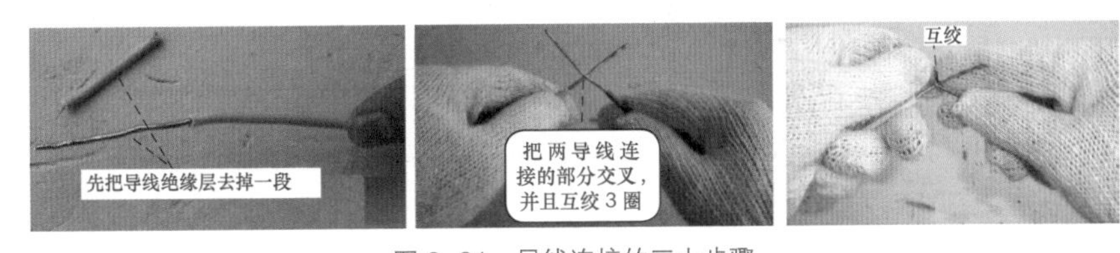

图 2-81　导线连接的三大步骤

单股铜导线的直接连接有绞接法、缠卷法。绞接连接操作要点：绞接时，先将导线互绞 3 圈或者 2 圈，再将两线端分别在另一线上紧密缠绕 5 圈，余线剪弃，使线端紧压导线。单股铜导线绞接法适用于 4mm^2 及以下的单芯线连接（见图 2-82）。

缠卷法又可以分直接连接法、分支连接法两种。缠卷长度约为导线直径的 10 倍。缠卷法分为有加辅助线、不加辅助线两种方法，该方法适用于 6mm^2 及以上的单股线的直接连接。其具体操作方法与要点：先将两线相互合并，然后加辅

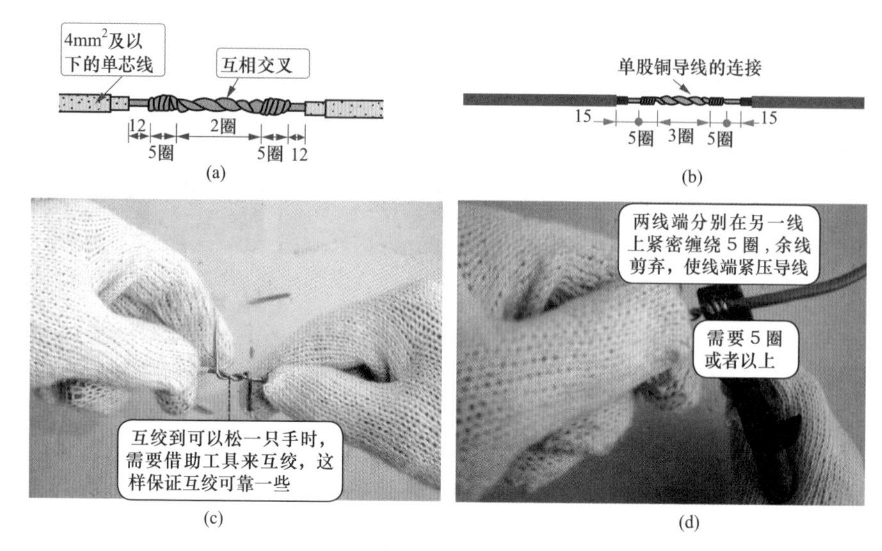

图 2-82 单股铜导线直接连接绞接法

助线后用绑线在合并部位中间向两端缠绕，其长度为导线直径的 10 倍，再将两线芯端头折回，在此向外单独缠绕 5 圈，然后与辅助线捻绞 2 圈，再将余线剪掉（见图 2-83）。

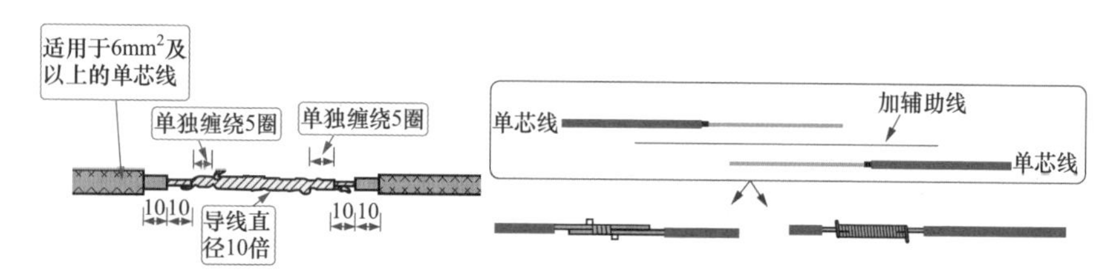

图 2-83 单股铜导线直接连接缠卷法

电线直接连接也可以采用电线连接器，但需要注意留有余量，以便维修用，同时，电线连接器只能够放在接线盒里（见图 2-84）。

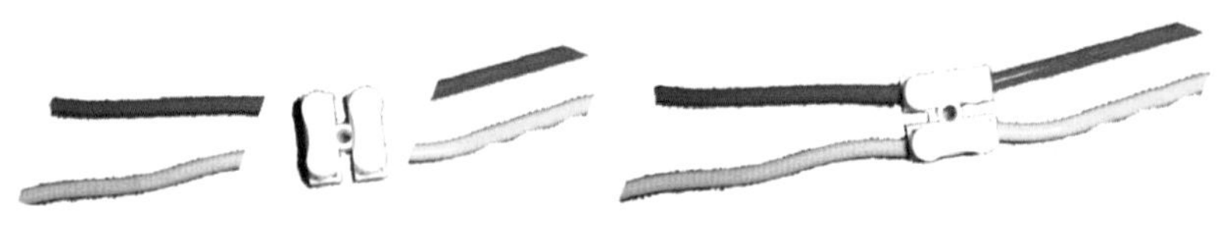

图 2-84 电线连接器

2.31 单股铜导线的分支连接

单股铜线的分支连接分为绞接法、缠卷法。

绞接法适用于 4mm² 以下的单股线。其具体操作方法与要点：先用分支线路的导线向干线上交叉，并且打好一个圈节，以防止脱落，再缠绕 5 圈。分支线缠绕好后，然后剪去余线，见图 2–85。

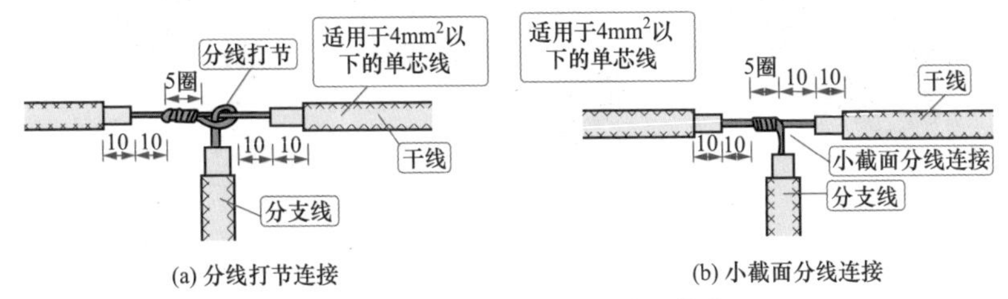

(a) 分线打节连接　　(b) 小截面分线连接

图 2–85　单股铜导线分支连接绞接法

缠卷法适用于 6mm² 及以上的单股线的分支连接。具体操作方法与要点：先将分支线折成 90° 紧靠干线，其公卷的长度为导线直径的 10 倍，单圈缠绕 5 圈后，剪断余下线头，见图 2–86。

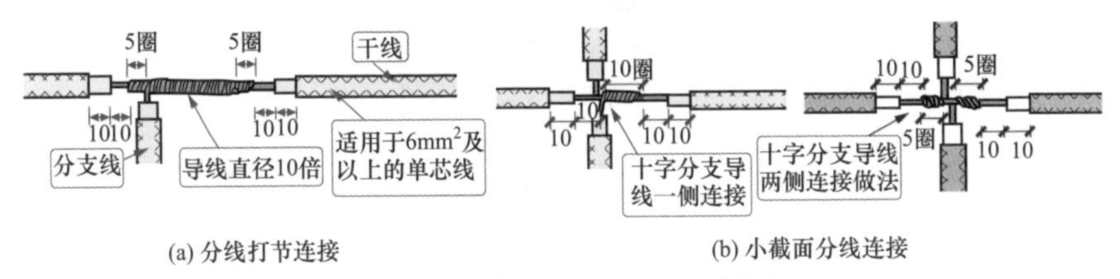

(a) 分线打节连接　　(b) 小截面分线连接

图 2–86　单股铜导线分支连接缠卷法

分支连接法操作要点：先将分支线作直角弯曲，并且在其端部稍向外弯曲，再把两线并合，并且用裸导线紧密缠卷，缠卷长度为导线直径的 10 倍左右，如图 2–87 所示。

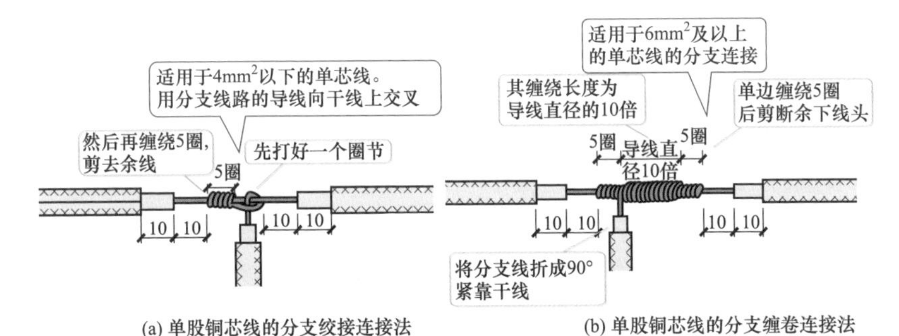

(a) 单股铜芯线的分支绞接连接法　　(b) 单股铜芯线的分支缠卷连接法

图 2–87　单股铜导线分支连接法

2.32 单股铜导线的接线圈制作

平压式接线桩是利用半圆头、圆柱头、六角头螺钉加垫圈将线头压紧，完成电线连接。家装使用单股芯线相对而言载流量小的，因此，有的需要将线头弯成接线圈（见图 2–88）。

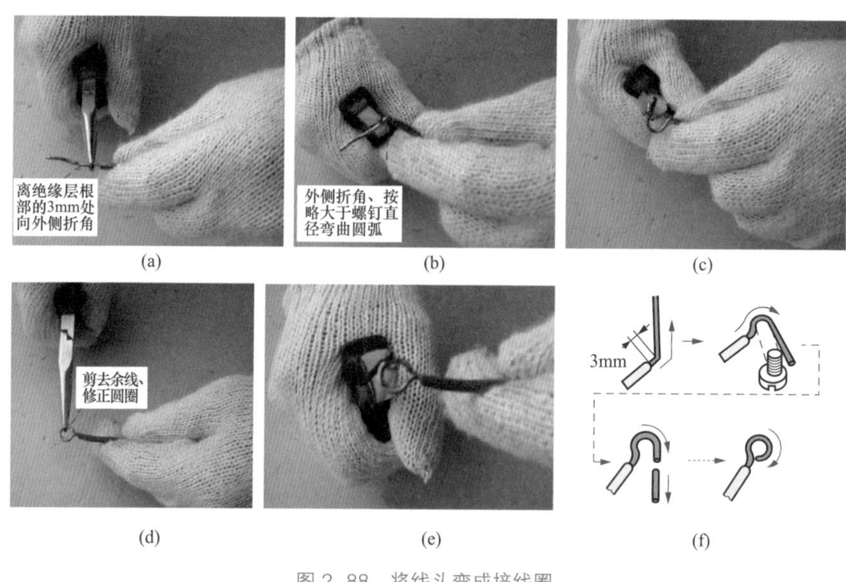

图 2–88　将线头弯成接线圈

接线圈制作要点：离绝缘层根部的 3mm 处向外侧折角，然后按略大于螺钉直径弯曲圆弧，再剪去芯线余端，最后修正圆圈即可。

◎秒学与秒招→如果制作接线圈不够理想，则可以在一个比需要制作的圈小一点的固定的长一些的螺杆上进行弯制。然后切断多余的（稍微比正常留多一点），以及放大一点圈即可。

2.33 多股铜导线直接连接

多股铜导线直接连接有单卷法、复卷法、缠卷法。

多股铜导线直接连接单卷法操作方法：先把多股导线顺次解开成 30° 伞状，并且用钳子逐根拉直以及将导线表面刮净，剪去中心一股。再把张开的各线端相互插叉到中心完全接触，然后把张开的各线端合拢，并且取相邻两股同时缠绕 5 ~ 6 圈后，另换两股缠绕，把原有两股压在里档或剪弃，再缠绕 5 ~ 6 圈后，采用同法调换两股缠绕，依此这样直到缠到导线叉开点为止。最后将压在里档的两股导线与缠线互绞 3 ~ 4 圈，剪掉余线，余留部分用钳子敲平贴紧导线，再用同样的方法做另一端即可（见图 2-89）。

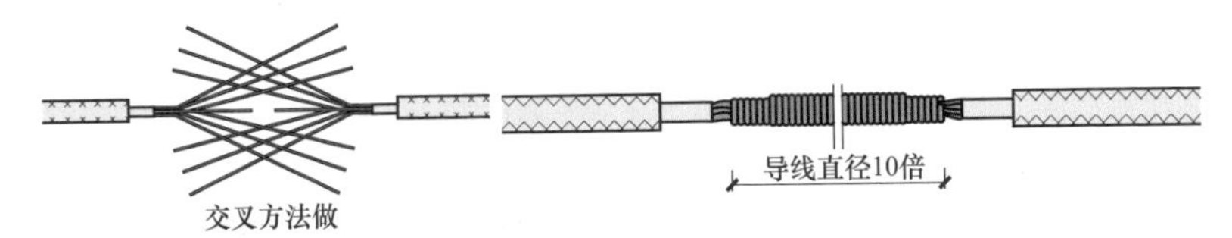

图 2-89　多芯铜导线直接连接单卷法

缠卷法与单芯铜导线直线缠绕连接法相同。

复卷法适用于多芯软导线的连接。其具体操作方法与要点：把合拢的导线一端用短绑线做临时绑扎，将另一端线芯全部紧密缠绕 3 圈，然后把多余线端依次成阶梯形剪掉。另一侧的导线操作方法类似进行即可。

2.34　多股铜导线分支连接

多芯铜导线分支连接的方法有缠卷法、单卷法、复卷法。

缠卷法的操作方法与要点：先将分支线折成 90°，并且紧靠干线，在绑线端部适当处弯成半圆形。然后将绑线短端弯成与半圆形成 90° 角，以及与连接线紧靠。再用较长的一端缠绕，其长度为导线结合处直径的 5 倍，然后将绑线两端捻绞 2 圈，再剪掉余线（见图 2-90）。

图 2-90　多芯铜导线分支连接缠卷法

单卷法的操作方法与要点：先将分支线破开，根部折成 90° 角，以及与连接线紧靠。再用分支线其中的一根在干线上缠绕 3 ~ 5 圈后剪断，再用另一根线芯继续缠绕 3 ~ 5 圈后剪断，直至连接到双根导线直径的 5 倍时为止（见图 2-91）。

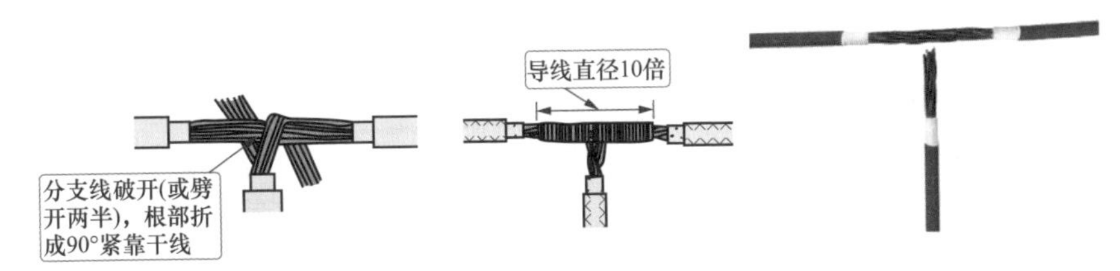

图 2-91　多芯铜导线分支连接单卷法

复卷法的操作方法与要点：先将分支线端破开劈成两半，与干线连接处中央相交叉，再将分支线向干线两侧分别紧密缠绕。缠绕后的余线根据阶梯形剪断，长度大约为导线直径的 10 倍（见图 2–92）。

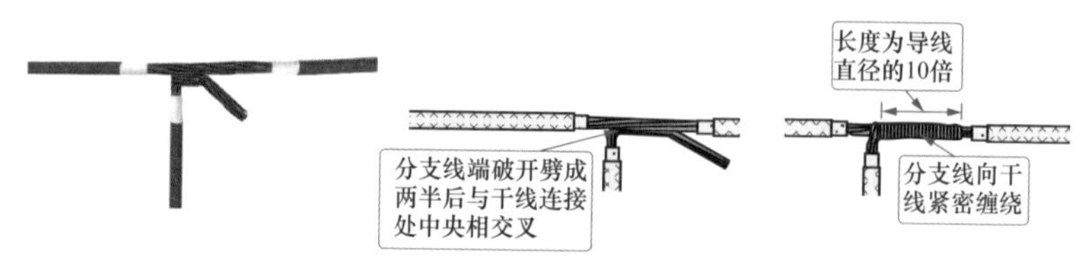

图 2–92 复卷法

2.35 铜导线在接线盒内的连接

铜导线在接线盒内的连接分为单芯线并接头的连接与不同直径的导线接头的连接，具体方法有单芯线并接头、不同直径的导线接头。

单芯线并接头：先把导线绝缘部分并齐合拢，然后在距绝缘部分约 12mm 处用其中一根线芯在其连接端缠绕 5 ~ 7 圈后，再剪断，并且把余头并齐折回压在缠绕线上（见图 2–93）。

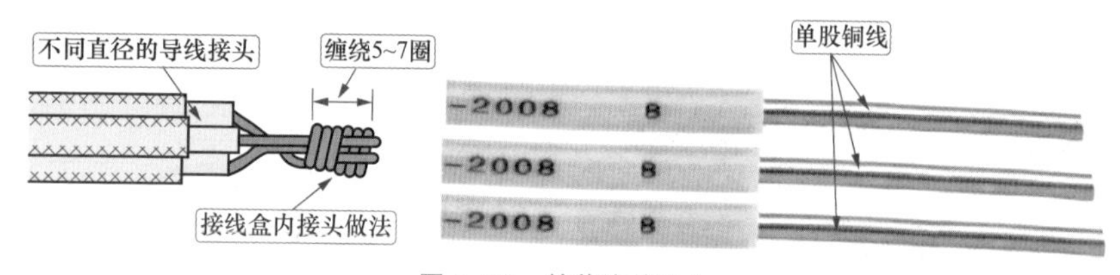

图 2–93 单芯线并接头

不同直径的导线接头：如果是独根导线（导线截面小于 $2.5mm^2$）或多芯软线时，先要进行涮锡处理，之后将细线在粗线上距离绝缘层 15mm 处交叉，再将线端部向粗导线（独根）端缠绕 5 ~ 7 圈，然后将粗导线端折回压在细线上（见图 2–94）。

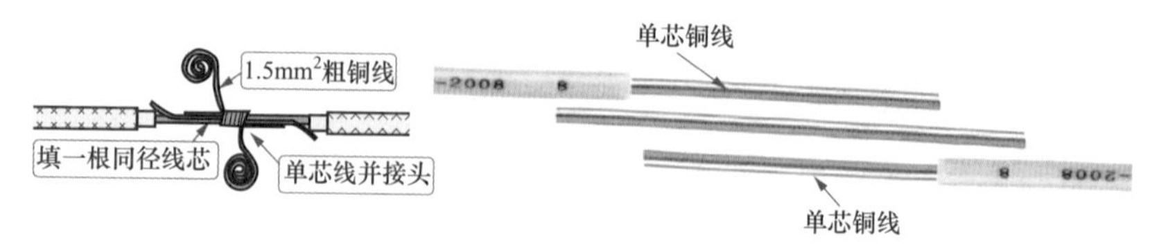

图 2–94 不同直径的导线接头

2.36 单芯铜导线盒内封端连接操作

单芯铜导线盒内封端连接如图 2–95 所示。单芯铜导线的连接如图 2–96 所示。

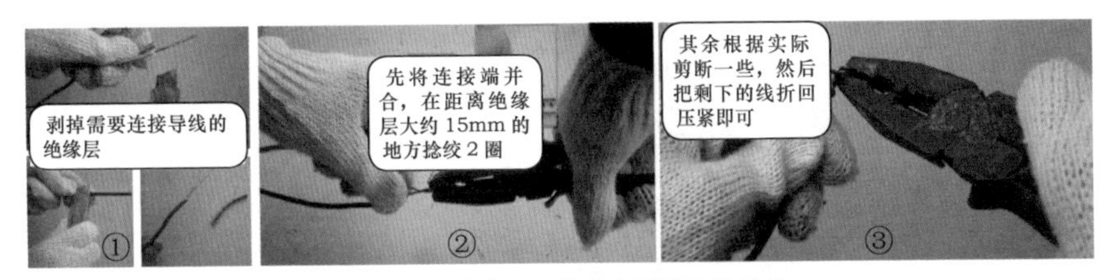

图 2–95　单芯铜导线盒内封端连接操作

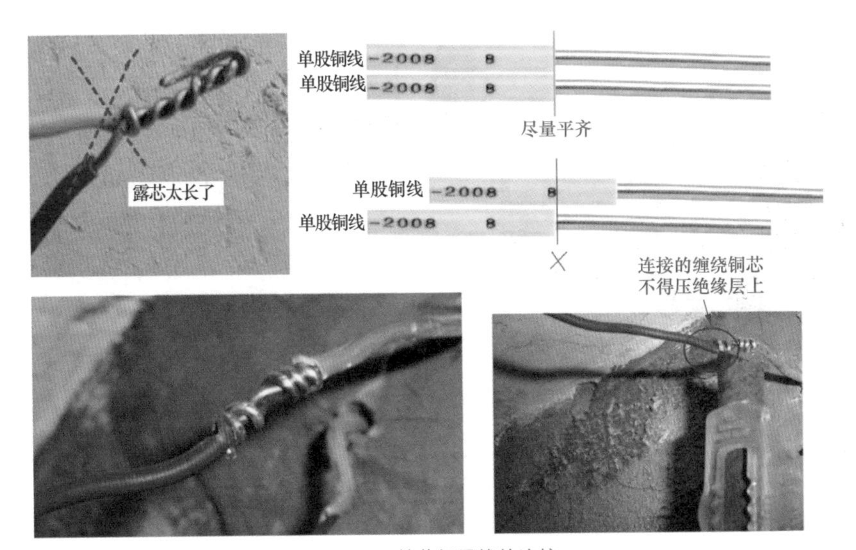

图 2–96　单芯铜导线的连接

2.37 LC 安全型压线帽的导线连接

LC 安全型铜线压线帽可以分为黄色压线帽、白色压线帽、红色压线帽，分别适用 1.0 ~ 4.0mm^2 的 2 ~ 4 根导线的连接。其具体操作方法：首先将导线绝缘层剥去 8 ~ 10mm（具体根据帽的型号来决定），然后清除线芯表面的氧化物，再根据规格选用配套的压线帽，然后将线芯插入压线帽的压接管内，如果填不实，则可以将线芯折回头（剥长加倍），直到填满为止。线芯插到底后，导线绝缘层需要与压接管平齐，并且包在帽壳内，然后用专用压接钳压实即可（见图 2–97）。

铝导线的压接与铜导线的压接方法基本一样。

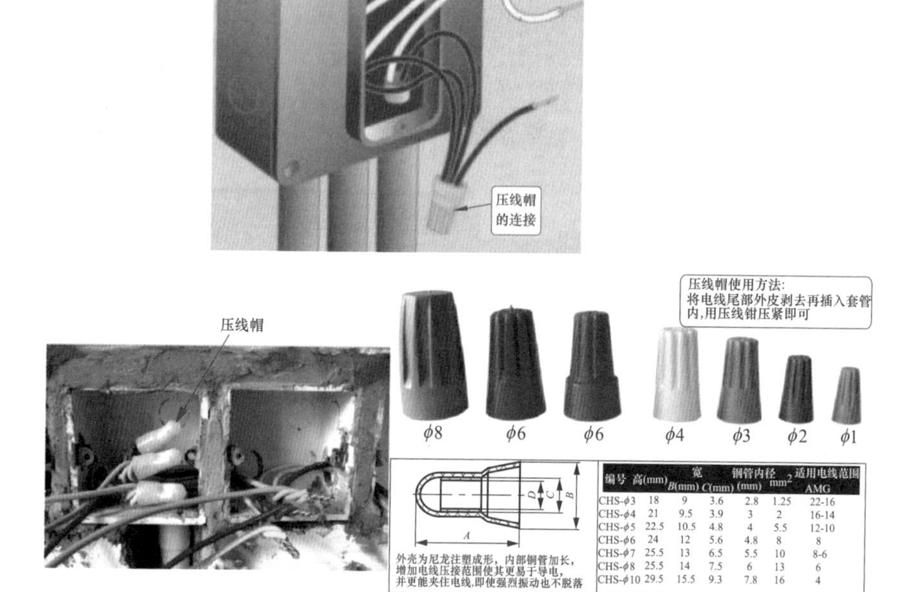

编号	高(mm)	宽		铜管内径		适用电线范围
		B(mm)	C(mm)	(mm)	mm^2	AMG
CHS-ϕ3	18	9	3.6	2.8	1.25	22-16
CHS-ϕ4	21	9.5	3.9	3	2	16-14
CHS-ϕ5	22.5	10.5	4.8	4	5.5	12-10
CHS-ϕ6	24	12	5.6	4.8	8	8
CHS-ϕ7	25.5	13	6.5	5.5	10	8-6
CHS-ϕ8	25.5	14	7.5	6	13	6
CHS-ϕ10	29.5	15.5	9.3	7.8	16	4

图 2-97　压线帽在接线盒的接线

2.38 加强型绝缘钢壳螺旋接线纽的连接

加强型绝缘钢壳螺旋接线纽（简称接线纽）一般适应 $6mm^2$ 及以下的单线芯。其具体操作方法：先把外露的线芯对齐，然后根据顺时针方向拧绞，在线芯的 12mm 处剪去前端。再选择相应的接线纽，根据顺时针方向拧紧。操作时，需要把导线的绝缘部分拧入接线纽的上端护套内（见图 2-98）。

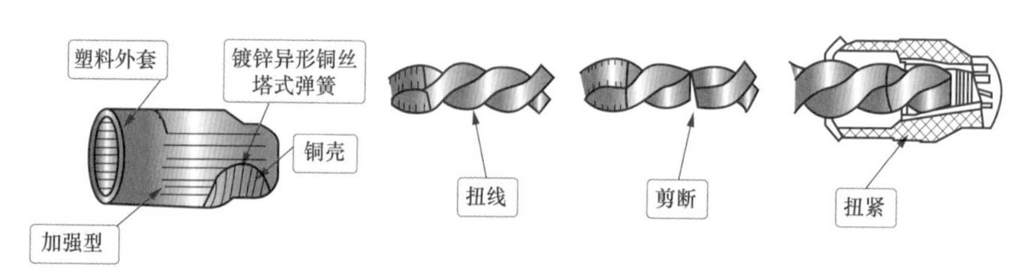

图 2-98　加强型绝缘钢壳螺旋接线纽与其连接操作

2.39 导线出线端子装接

配线完成后，导线两端与电气设备的连接叫做导线出线端子装接。

（1）$10mm^2$ 及以下单股导线多采用直接连接，即将导线端部弯成圆圈，其弯曲方向应与螺钉旋紧方向一致，并将弯成圈的线头放在螺钉的垫圈下，旋紧螺钉即可。

（2）线头是软线的装接。将软线绕螺钉一周后再自绕一圈，再将线头压入螺钉的垫圈下旋紧螺钉。

（3）针孔式接线桩头上接线。将导线线头插入针孔，旋紧螺钉即可。但如果导线太细，可将线头弯曲折成两根，再插入针孔，旋紧螺钉即可。

（4）对 $10mm^2$ 以上的多股铜线或铝线的连接。由于线粗、载流大，需装接线端子，再与设备相连接。铜接线端子装接，可采用锡焊或压接，铝接线端子装接一般采用冷压接（见图 2–99）。

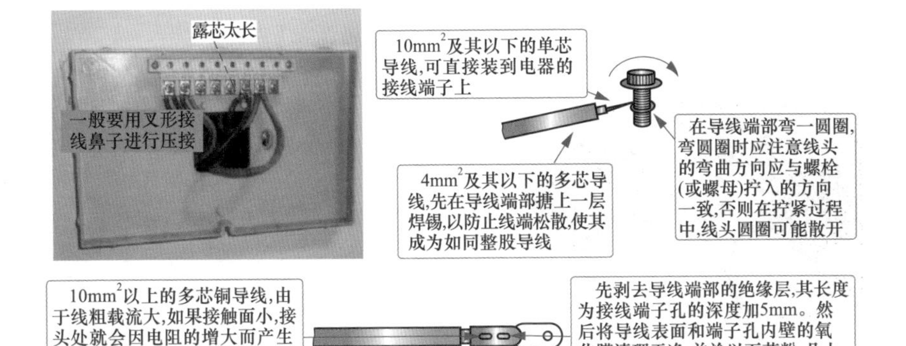

图 2–99 导线出线端子压接

（5）导线的压接。铜导线的压接多采用连接管或接头，套在被连接的线芯上，用压接钳或压接机进行冷态连接。具体操作方法：压接前先将两根导线端部的绝缘层剥去，剥去长度各为连接管的一半加 5mm，然后散开线芯，将每根导线表面用钢丝刷刷净。根据连接导线截面大小，选好压模装到钳口内即可按顺序进行压接（见图 2–100）。

接线端子的压接方法与操作要点：首先选择与多股导线同材质且规格相应的接线端子，然后削去导线的绝缘层，再将线芯紧密地绞在一起，然后将线芯插入，

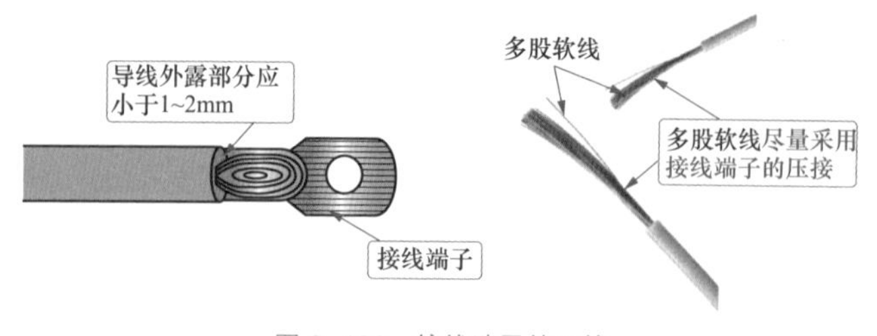

图 2-100 接线端子的压接

再用压接钳压紧。需要注意导线外露部分需要小于 1 ~ 2mm（见图 2-101）。

多股线一般要用接线端子或者镀锡处理，一些电器的试用线需要换掉。

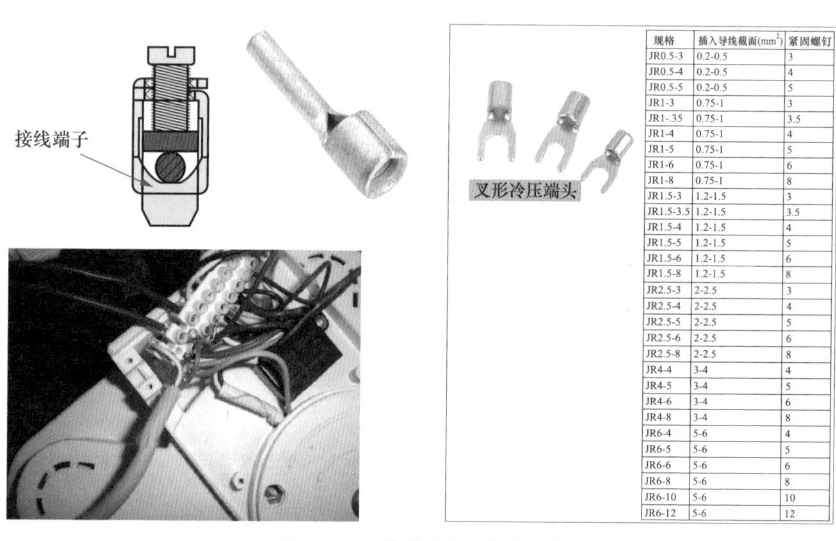

规格	插入导线截面(mm²)	紧固螺钉
JR0.5-3	0.2-0.5	3
JR0.5-4	0.2-0.5	4
JR0.5-5	0.2-0.5	5
JR1-3	0.75-1	3
JR1-.35	0.75-1	3.5
JR1-4	0.75-1	4
JR1-5	0.75-1	5
JR1-6	0.75-1	6
JR1-8	0.75-1	8
JR1.5-3	1.2-1.5	3
JR1.5-3.5	1.2-1.5	3.5
JR1.5-4	1.2-1.5	4
JR1.5-5	1.2-1.5	5
JR1.5-6	1.2-1.5	6
JR1.5-8	1.2-1.5	8
JR2.5-3	2-2.5	3
JR2.5-4	2-2.5	4
JR2.5-5	2-2.5	5
JR2.5-6	2-2.5	6
JR2.5-8	2-2.5	8
JR4-4	3-4	4
JR4-5	3-4	5
JR4-6	3-4	6
JR4-8	3-4	8
JR6-4	5-6	4
JR6-5	5-6	5
JR6-6	5-6	6
JR6-8	5-6	8
JR6-10	5-6	10
JR6-12	5-6	12

图 2-101 接线端子的压接方法

2.40 导线和接线端子的连接方式

导线与接线端子接方式有绕焊、搭焊（见图 2-102）。搭焊连接方便，但是强度、可靠性差。搭焊有的是经过镀锡的导线搭到接线端子上进行焊接，该种情况仅用在临时连接或不便于缠、钩的地方以及某些接插件上。对调试或维修中导线的临时连接，也可以采用其他搭接方法。

导线与接线端子的绕焊是把经过镀锡的导线端头在接线端子上绕一圈，然后用钳子拉紧缠牢后进行焊接（见图 2-103）。缠绕时，导线一定要紧贴端子表面，绝缘层不要接触端子，并且 L 一般取 1 ~ 3mm 为宜。

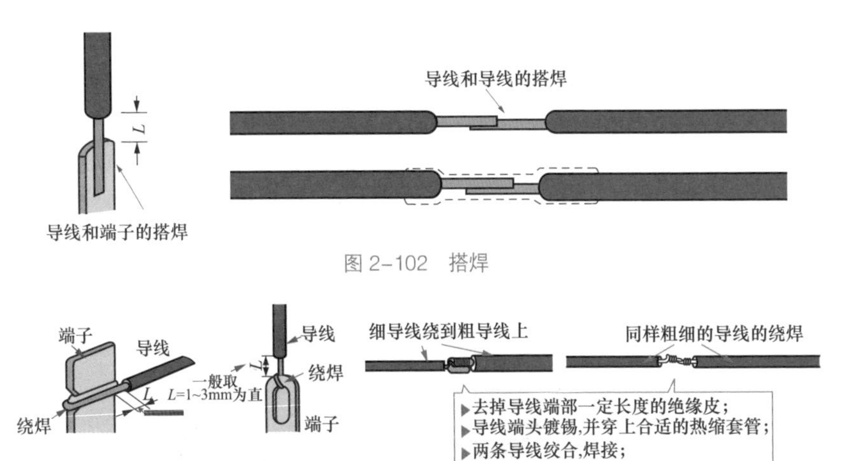

导线和端子的搭焊
L
导线和导线的搭焊

图 2-102 搭焊

端子
导线
绕焊
L
一般取
L=1~3mm为直
导线
绕焊
端子
细导线绕到粗导线上
同样粗细的导线的绕焊
▶去掉导线端部一定长度的绝缘皮;
▶导线端头镀锡,并穿上合适的热缩套管;
▶两条导线绞合,焊接;
▶趁热把套管推到接头焊点上，用热风或用电烙铁烘烤热缩套管,套管冷却后应该固定并紧裹在接头上

图 2-103 绕焊

2.41 导线与针孔式接线桩的连接（压接）

导线与针孔式接线桩连接（压接）的方法与操作要点：先把要连接的导线线芯插入线桩头针孔内，导线裸露出针孔大于导线直径 1 倍时需要折回头插入压接，然后拧紧螺钉（见图 2-104、图 2-105）。

导线裸露出针孔大于导线直径
1倍时需要折回头插入压接
螺钉
折弯
单股导线
单芯铜线
单股铜芯线
另外加一段也可以

图 2-104 单股导线与针孔式接线桩的连接

多股硬导线
另外加一
段也可以
螺钉
多股硬导线
如果是多
股软导线
需要刷锡
根据情况加,一般
不要超过3根
螺钉
多股
硬导线
如果是多
股软导线
需要刷锡
折弯也可以，但是芯线容易分散

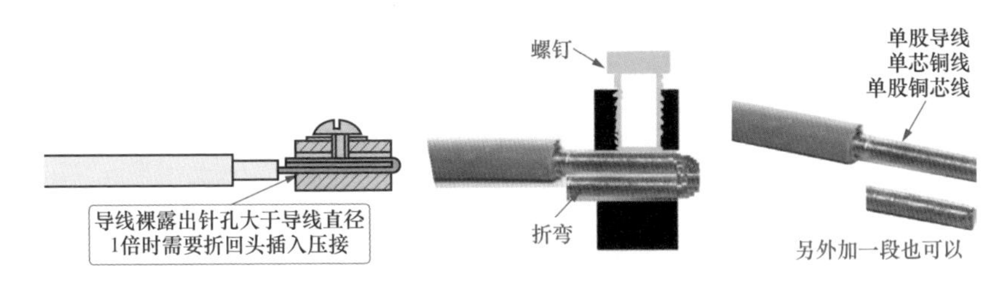

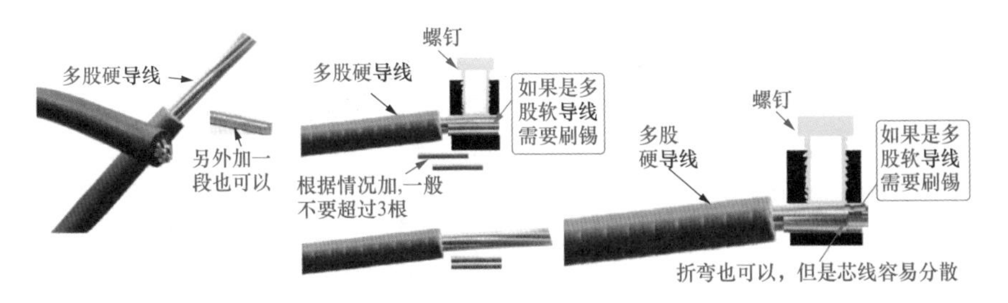

图 2-105 多股导线与针孔式接线桩的连接

2.42 导线的焊接

由于铜导线的线径与敷设的场所不同，其采用的焊接方法也不同。

电烙铁焊接：电烙铁焊接一般适用于线径较小导线的连接，以及用其他工具焊接比较困难的场所。其操作要点：首先把导线需要焊接处剥去绝缘层，然后在导线连接处加焊剂，再用电烙铁进行锡焊（见图 2-106）。

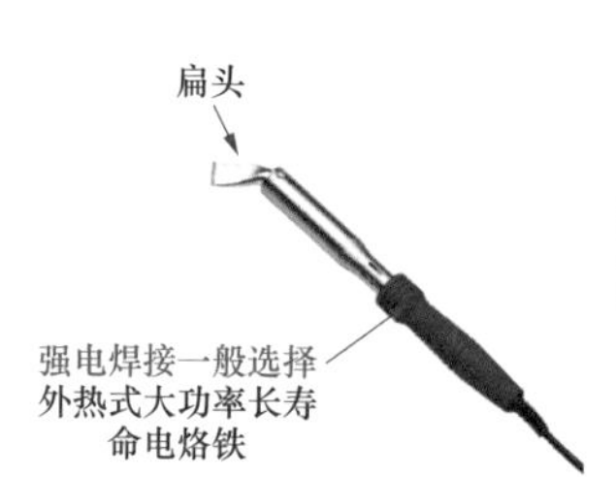

名称	规格	焊嘴尺寸（mm）	长度（不含线）（mm）
轻巧型电烙铁	220V-30W	φ 3 × 70	210
轻巧型电烙铁	220V-40W	φ 3 × 70	210
轻巧型电烙铁	220V-60W	φ 6 × 80	210

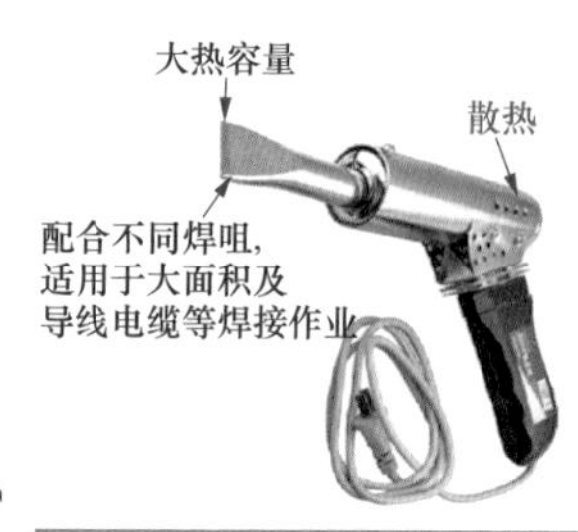

名称	规格	焊嘴最高温度（℃）	长度（不含线）（mm）
尖嘴大功率电烙铁	220V-80W	480	270
扁嘴大功率电烙铁	220V-100W	500	270
尖嘴大功率电烙铁	220V-150W	550	275
扁嘴大功率电烙铁	220V-200W	580	275
扁嘴大功率电烙铁	220V-300W	600	300

图 2-106　电烙铁焊接

喷灯（或电炉）加热焊接的操作要点：将焊锡放锅内，然后用喷灯（或电炉）加热，等焊锡熔化后，即可进行涮锡。加热时需要掌握好温度；如果温度过高，则涮锡不饱满。如果温度过低，则涮锡不均匀。另外，锡焊完成后，需要用布将锡焊处的焊剂与其他污物擦干净（见图 2-107）。

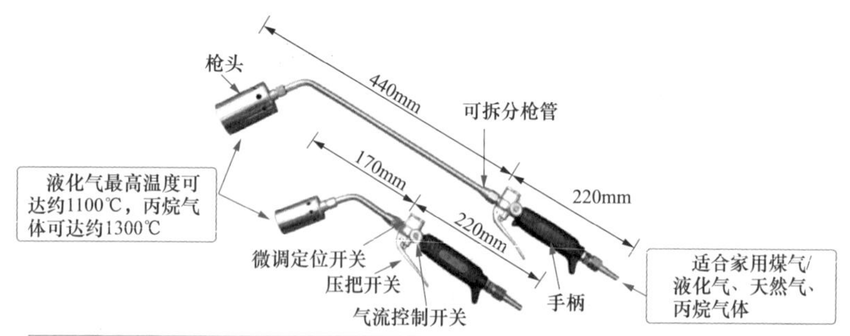

(1) 操作步骤:组装好枪体→接好管道并通气→开启气流控制开关同时微调开关开启一点→点火。
(2) 压把开关:控制火焰大小,比较剧烈快速的变换火焰;微调定位:定位火焰,可以让火焰固定在一个大小长度；气流控制开关;只控制气流出气多少,不控制火焰大小。
(3) 操作时同点火时压把开关无需一直压住。三个开关都有各自独立性，操作小开关时松开压把开关不影响火焰大小

图 2-107　加热焊接

采用导线焊接机等设备进行焊接（见图 2-108）。

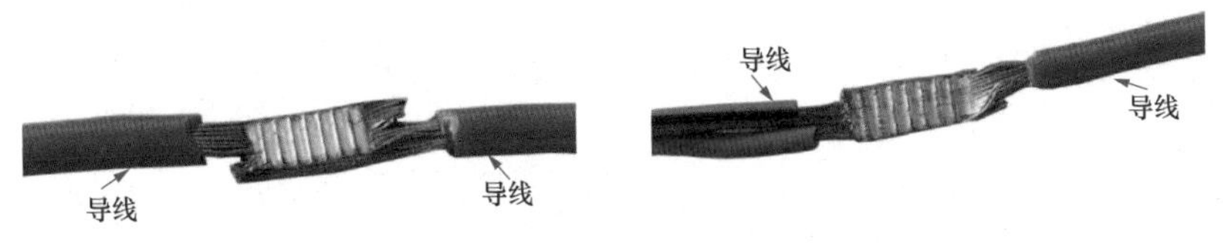

图 2-108　采用导线焊接机焊接

2.43 导线绝缘的恢复

导线绝缘的恢复可以采用绝缘带包扎以实现其绝缘的恢复（见图 2-109）。缠绕注意事项：

（1）缠绕时应使每圈的重叠部分为带宽的一半。

（2）接头两端为绝缘带的 2 倍。

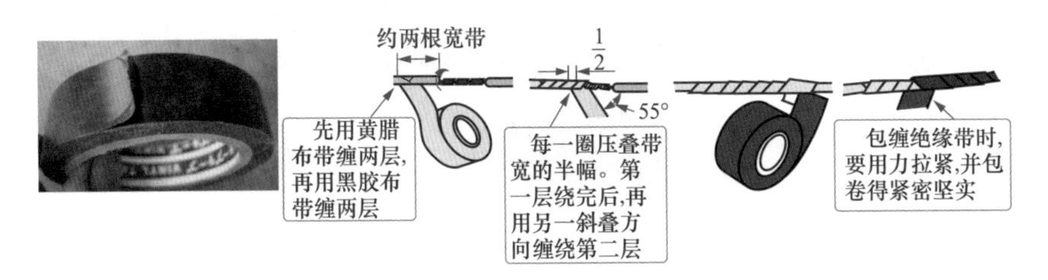

图 2-109　导线绝缘的恢复

家装电源有单相 220V 与三相 380V。无论是 220V 供电电源，还是 380V 供电电源，电线均可以采用耐压 500V 的绝缘电线。需要注意耐压为 250V 的聚氯乙烯塑料绝缘软电线，也就是俗称胶质线或花线只能用作吊灯用导线，不能用于布线。从此也可以发现，导线绝缘的恢复所采用的绝缘带耐压不得低于 500V。

导线绝缘的恢复时，缠绕电工胶布的起始端，根据缠绕方便来考虑，没有固定的从上到下，或者从下到上，从左到右或者从右到左。另外，如果拿着电工胶布卷进行缠绕方便、用力则可以拿着电工胶布卷进行缠绕。如果空间等因素影响，则可以扯断胶布再缠绕。电工布胶布扯断一般可以徒手扯断，如果操作空间等因素影响，徒手扯断可能影响操作，则电工布胶布可以用剪刀剪断，或者美工刀割断。电工塑料胶布扯断一般可以徒手扯断，只是一般会拉长扯断处的电工塑料胶布，并且带来黏性的减弱。为避免该种情况发生，电工塑料胶布的扯断可以用剪刀剪断，或者美工刀割断（见图 2-110 ~ 图 2-112）。

图 2-110　缠绕电工胶布

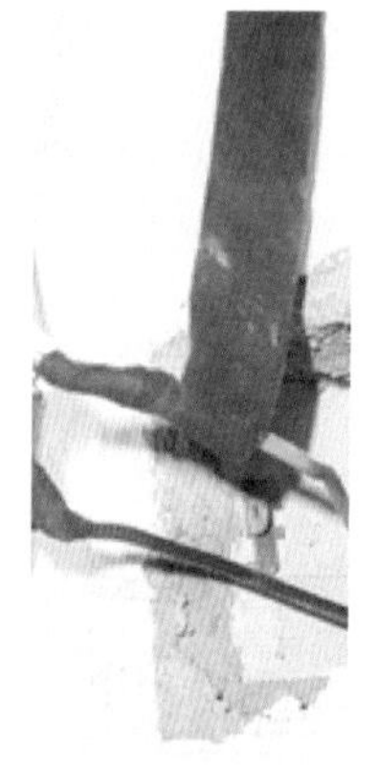

图 2-111　扯断再缠绕电工胶布

图 2-112　缠绕电工胶布最终效果——有的像枣形

2.44 管路敷设及盒箱安装允许偏差

管路敷设如图 2-113、图 2-114 所示。

盒箱安装允许偏差见表 2-3。

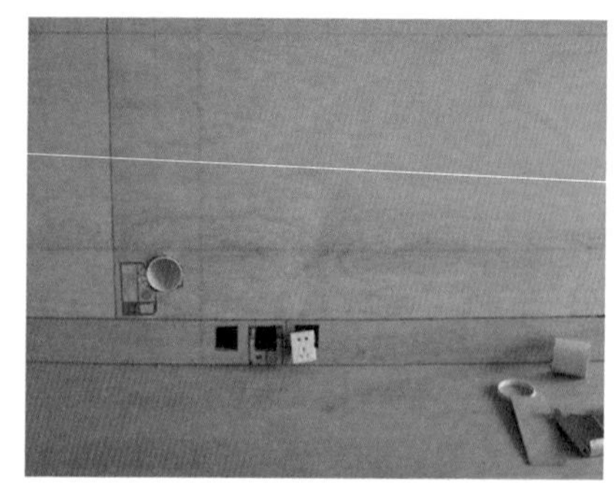

图 2-113　管路敷设

图 2-114　管路敷设检验——尺量

表 2-3　　盒箱安装允许偏差

<table>
<tr><th colspan="2">项目</th><th>允许偏差</th><th>检验方法</th></tr>
<tr><td colspan="2">管子最小弯曲半径</td><td>≥ D</td><td>尺量检查及检查安装记录</td></tr>
<tr><td colspan="2">管子弯曲处的弯扁度</td><td>≤ 0.1D</td><td>尺量检查</td></tr>
<tr><td rowspan="2">箱的垂直度</td><td>高 50cm 以下</td><td>1.5mm</td><td>1.5mm</td></tr>
<tr><td>高 50cm 以上</td><td>5mm</td><td>5mm</td></tr>
<tr><td colspan="2">箱的高度</td><td>5mm</td><td>尺量检查</td></tr>
<tr><td colspan="2">盒的垂直度</td><td>0.5mm</td><td>吊线、尺量检查</td></tr>
<tr><td rowspan="2">盒的高度</td><td>并列安装高差</td><td>0.5mm</td><td>0.5mm</td></tr>
<tr><td>同一场所高差</td><td>5mm</td><td>5mm</td></tr>
<tr><td colspan="2">盒、箱凹进墙面深度</td><td>10mm</td><td>尺量检查</td></tr>
</table>

说明：D 为管子外径。

2.45 暗装后开关、插座面板的安装

暗装后开关、插座面板的安装是否与装饰面没有间隙，紧贴完好，这与开槽、安装 PVC 管、底盒有关，而开槽、安装 PVC 管、底盒时，需要考虑墙壁的装修类型，也就是“刷粉”与贴瓷砖的墙壁对于开槽、安装 PVC 管、底盒的要求不同。

暗装开关、插座面板的安装之前，可以预装看一下效果是否符合所需要的效果（见图 2-115）。

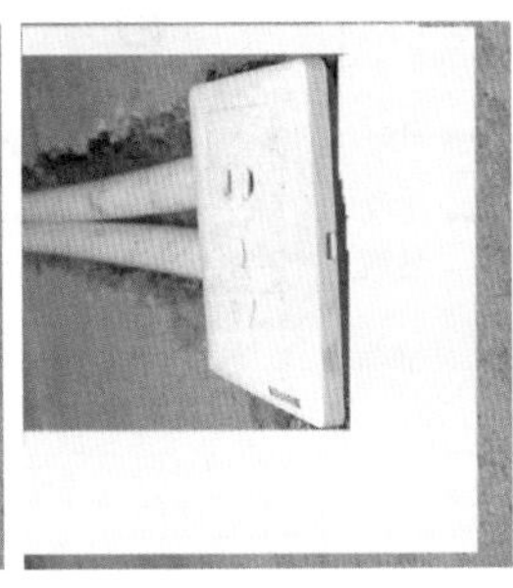

图 2-115　插座面板安装之前

暗装后开关、插座面板不得凹于装饰面，而是开关、插座面板紧贴装饰面（见图 2-116）。

插座的连接如图 2-117 所示。

暗装开关、插座面板安装后，需要保护好成品，不得搞坏、弄坏（见图 2-118）。

试验与检验如图 2-119 所示。

图 2-116　插座面板安装之后

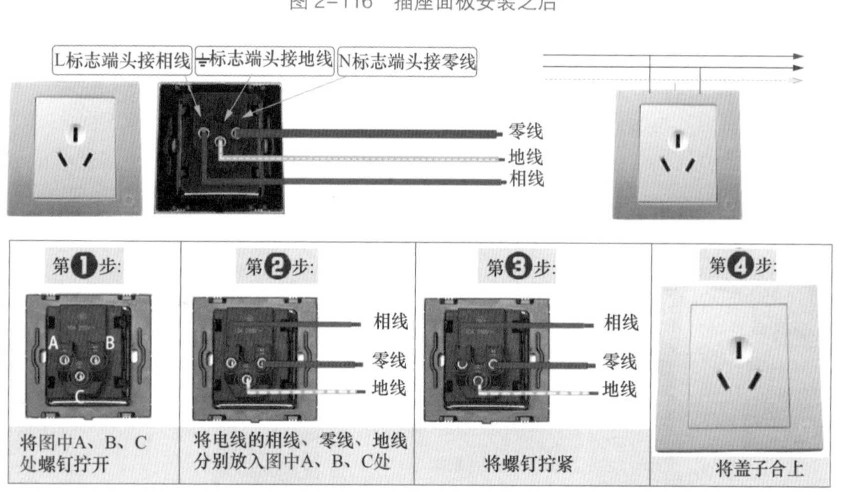

图 2-117　插座的连接

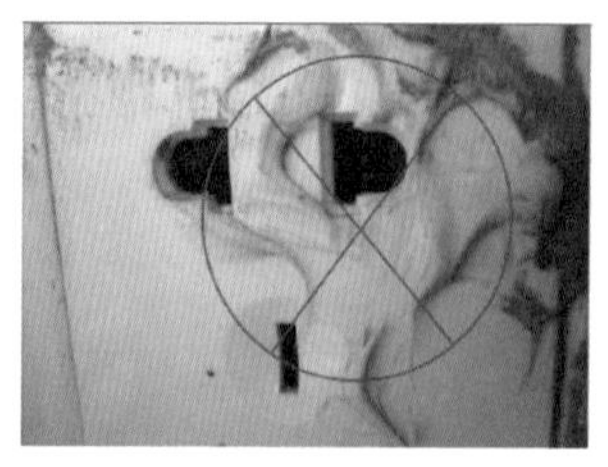

图 2-118　保护好成品

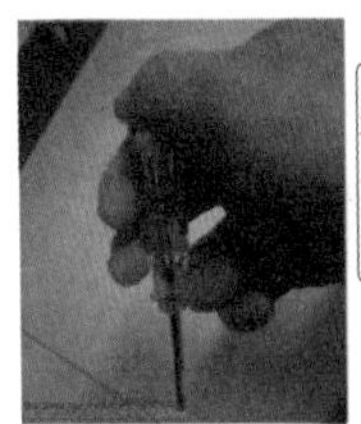

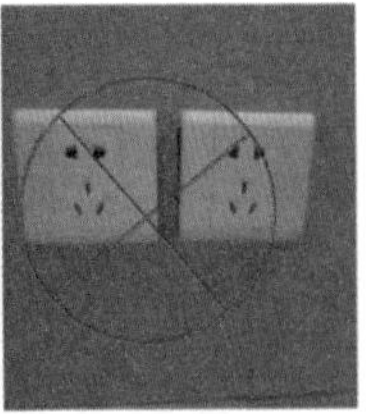

图 2-119　试检与检验

2.46 断路器暗装

断路器暗装就是断路器安装的导轨凹于装修面，也就是断路器暗装后，看起来是隐蔽的。其实，断路器暗装电线连接与断路器明装电线连接基本一样（见图 2-120、图 2-121）。

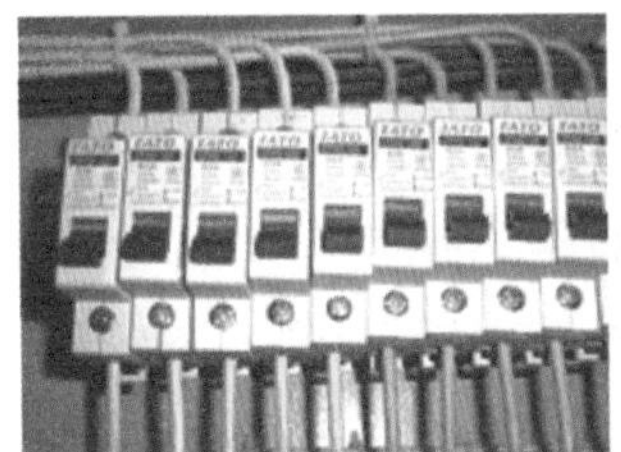

图 2-120　断路器暗装电线连接

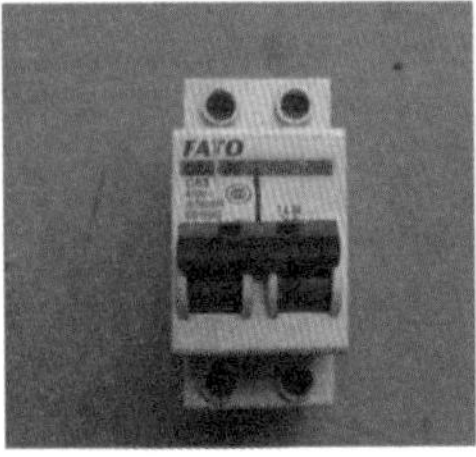

图 2-121　断路器

2.47 小型断路器的安装与拆卸

小型断路器的安装可以采用 TH-35-7.5 标准安装轨道来安装（见图 2-122）。

小型断路器的拆卸要点与方法如图 2-123 所示。

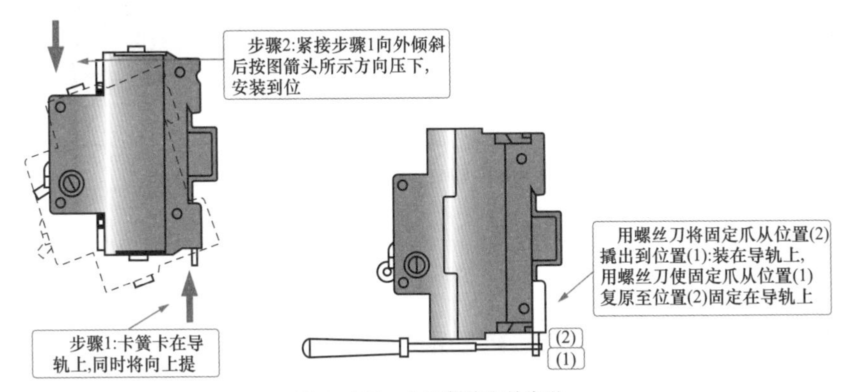

图 2-122　小型断路器的安装

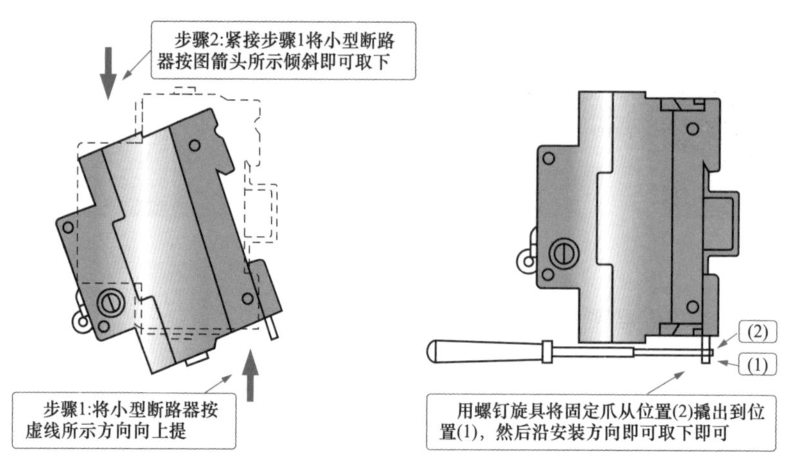

图 2–123 小型断路器的拆卸方法

2.48 强配电箱的概述

强配电箱有明装箱与暗装箱之分。暗装时就选择暗装箱即可。

强配电箱一般是长方形的，并且其有外露部分，因此，注意水平要平、竖要直，这样安装的最终效果就好看一些（见图 2–124）。

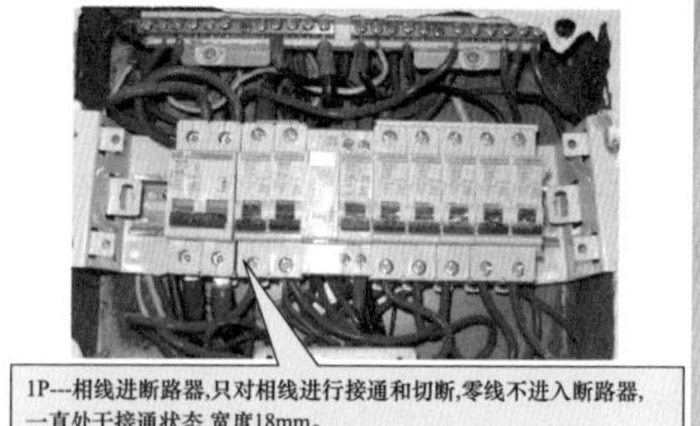

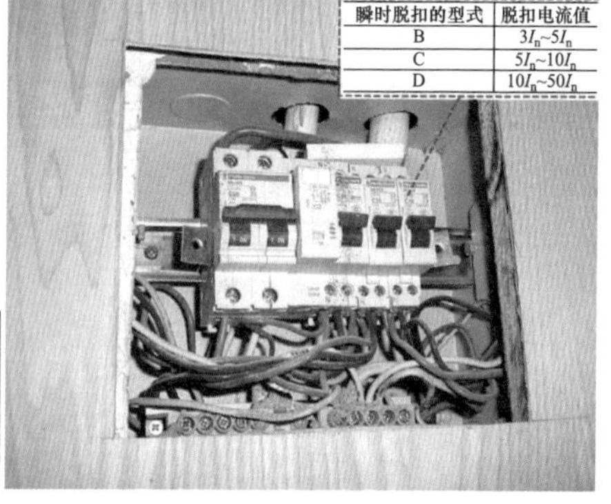

瞬时脱扣的型式	脱扣电流值
B	$3I_n$~$5I_n$
C	$5I_n$~$10I_n$
D	$10I_n$~$50I_n$

图 2–124 强配电箱

根据强配电箱的外壳尺寸 +0.5cm 开洞，然后用螺栓安装以及用水泥座紧即可。

2.49 强配电箱的设置要求

家装时，每户均应设置强配电箱（见图 2–125）。强配电箱的一些设置要求：

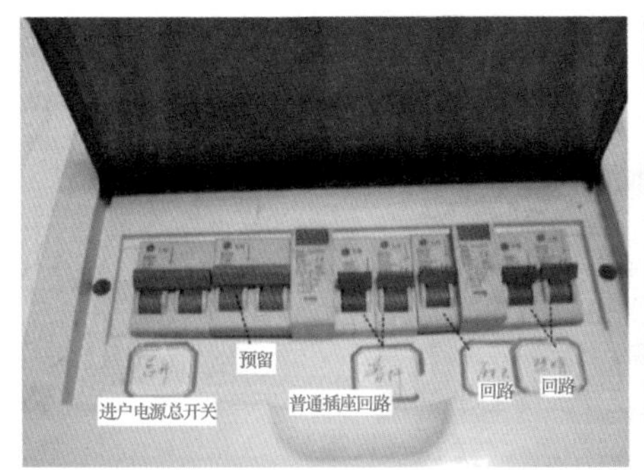

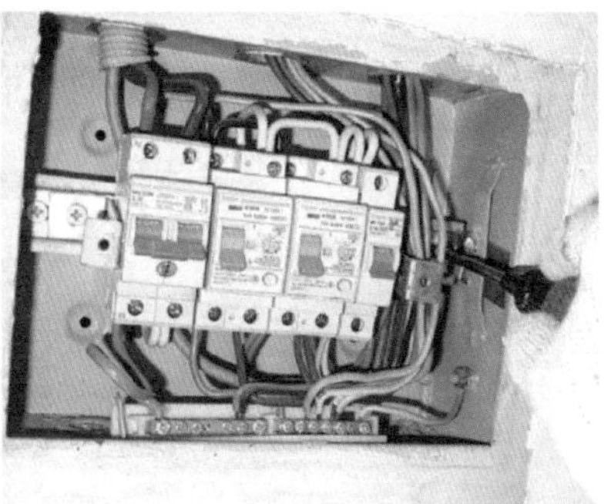

图 2–125　强配电箱的设置

（1）强配电箱内应设动作电流 30mA 的漏电保护器，分几路经过控制开关后，分别控制照明回路、空调回路、插座回路，如果是别墅，则往往还要细分 2 楼照明回路、1 楼照明回路、2 楼插座回路、1 楼插座回路等情况。

（2）有的家装把卫生间、厨房分别单独设计一回路。

（3）对于有专用儿童房的可以针对该房插座回路单独设计一回路，平时，可以把插座回路关闭。

（4）强配电箱的总开关可以选择不带漏电保护的开关，但是一般要选择能够同时分断相线、零线的 2P 开关，并且考虑夏天用电高峰期，因此，选择要大一点。卫生间、厨房等潮湿功能间选择的开关一定要选择带漏电保护功能的。

（5）控制开关的工作电流应与终端电器的最大工作电流相匹配，一般情况下，照明 10A、插座 16 ~ 20A、1.5P 左右挂壁空调 20A、3 ~ 5P 柜式空调 25 ~ 32A、10P 中央空调独立的 2P 的 40A、卫生间 / 厨房 25A、进户 2P 的 40 ~ 63A 带漏电保护或者不带漏电保护即可。

2.50　强配电箱的进户

强配电箱的进户线是从电力部门设置电能表箱里引进来的（见图 2–126），因此，对于家装考虑线路是否满足家居用电功率的需求时，必须从电源进户引进线开始考虑。如果电能表以及电能表前线路不够，则需要由物业公司与电力部门来进行改造，用户家装时，不得任意改动。

2.51　强配电箱的安装与连接

连接线路需要注意以下几点：

（1）区分电源进线端、出线端以及相线、零线的接法，不能接反。

（2）同相线的颜色尽量一致。

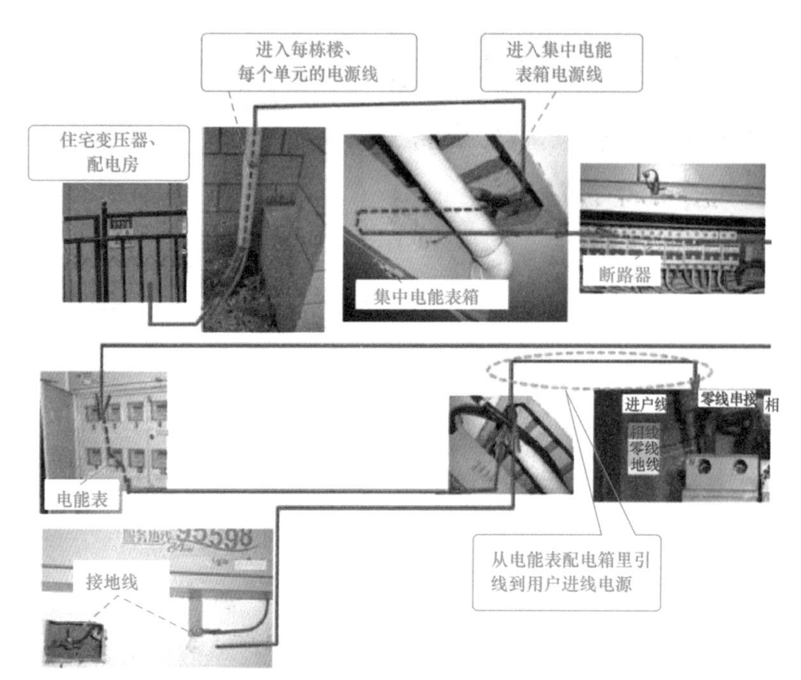

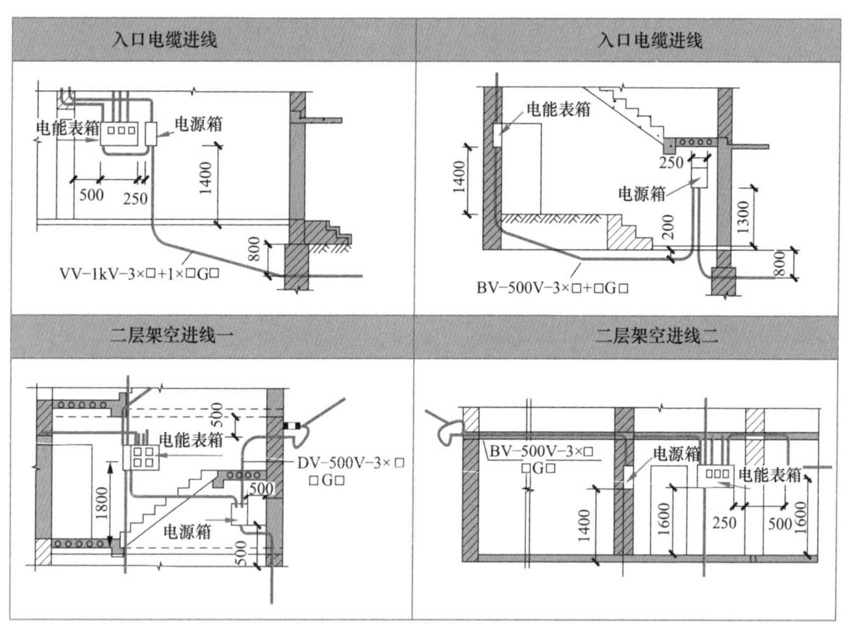

图 2-126 电缆进入民用住宅的方式

内部连接导线的选择：家用强配电箱内部连接导线截面的选择必须按电器元件的额定电流相应的导线截面来选择。如果采用绝缘铜导线，一般采用绝缘多股软铜导线。

强配电箱的安装与连接如图 2-127 所示。

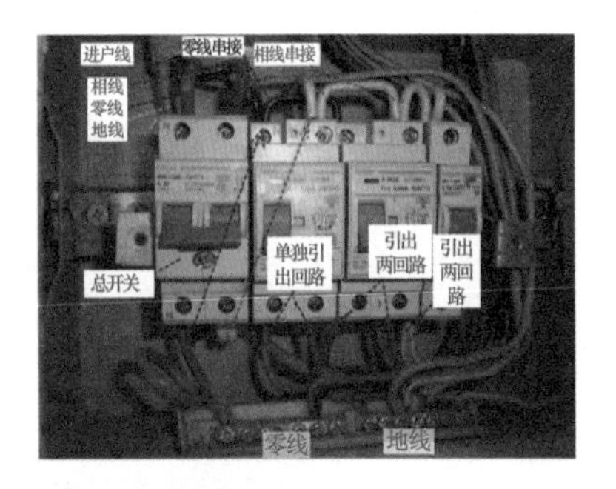

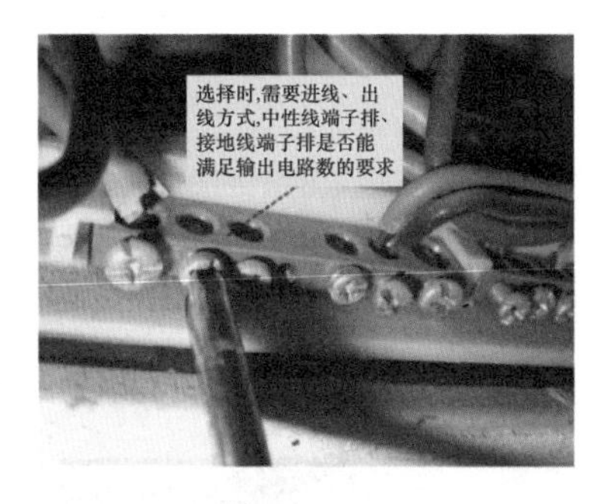

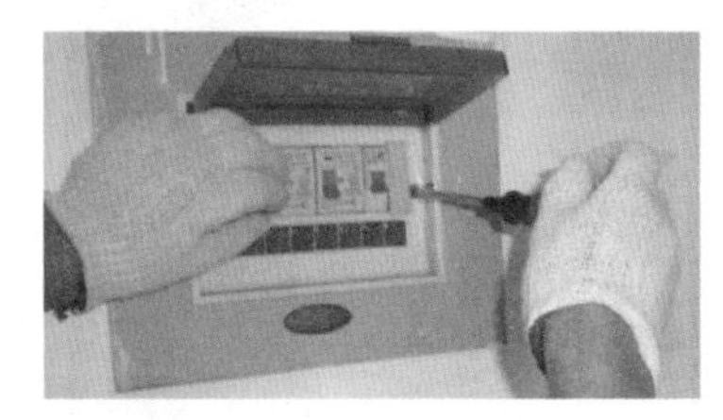

图 2-127 强配电箱的安装与连接

2.52 强配电箱内部断路器的安装

断路器安装（见图 2-128）要求：

图 2-128 强配电箱内部的断路器安装

（1）一般断路器均要垂直安装，并且垂直面倾斜度一般不超过 ±5°（除另有规定除外）。

（2）断路器如果横向叠装，则会使断路器温升过高，将影响保护特性，以及分断能力。

（3）断路器一般不允许倒进线，如果倒进线将会严重影响断路器，短路分断能力或分断能力没有保证。

（4）断路器的接线，应按具体产品的要求进行接线，如果没有说明的，则应接相应标准规定的截面导线。

2.53 灯具的暗装

灯具的暗装如图 2–129 所示。暗装的线需要配合最终灯具的安装需要。

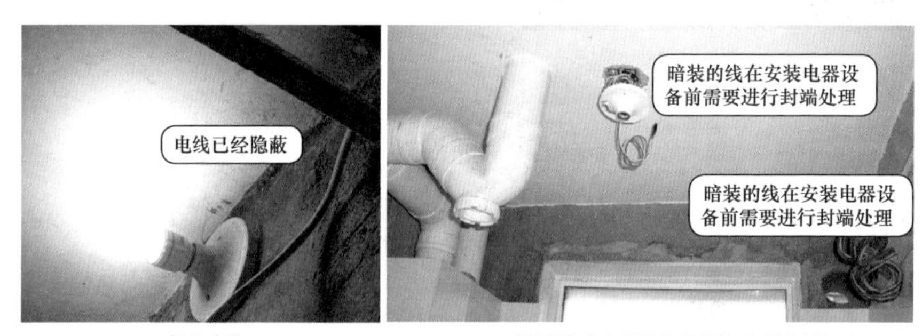

(a) 灯具暗装　　(b) 暗装的线在安装设备电器前需要封端处理

(c) 灯具暗装预留的电线

图 2–129　灯具的暗装

2.54 普通灯具的暗装

普通灯具的暗装一般是灯具的线路隐蔽，而灯具是明装的。普通灯具的安装盒可以采用膨胀螺栓来固定，其电源引线通过普通灯具的安装盒隐蔽，见图 2–130。

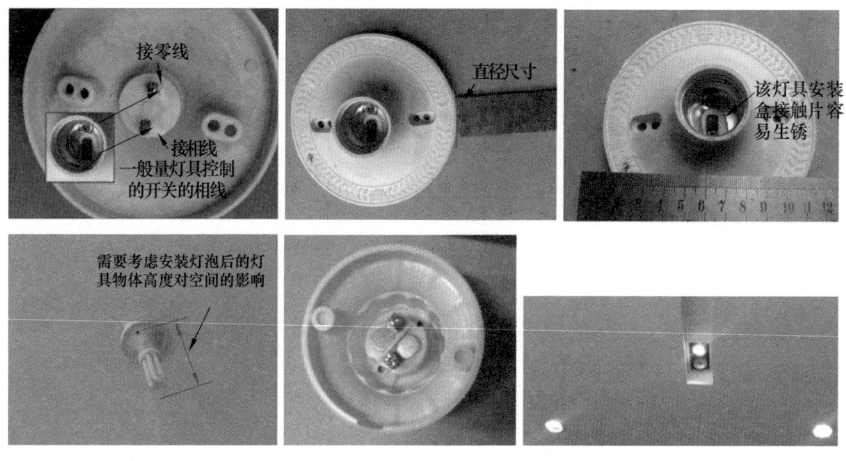

图 2-130　普通灯具的暗装

普通灯具暗管预留的电线一般是 2 根：一根相线、一根零线。如果有串接，或者并接情况，则预留的电线有差异（见图 2-131）。

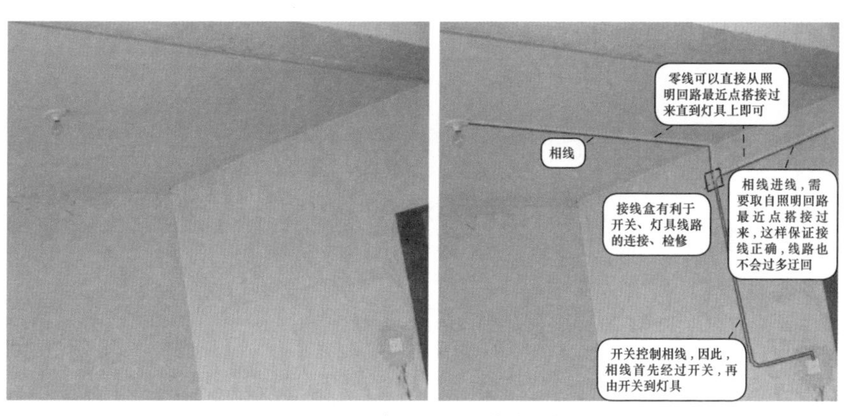

图 2-131　灯具 + 开关接线案例

第3章

弱电与智能化暗装全掌握

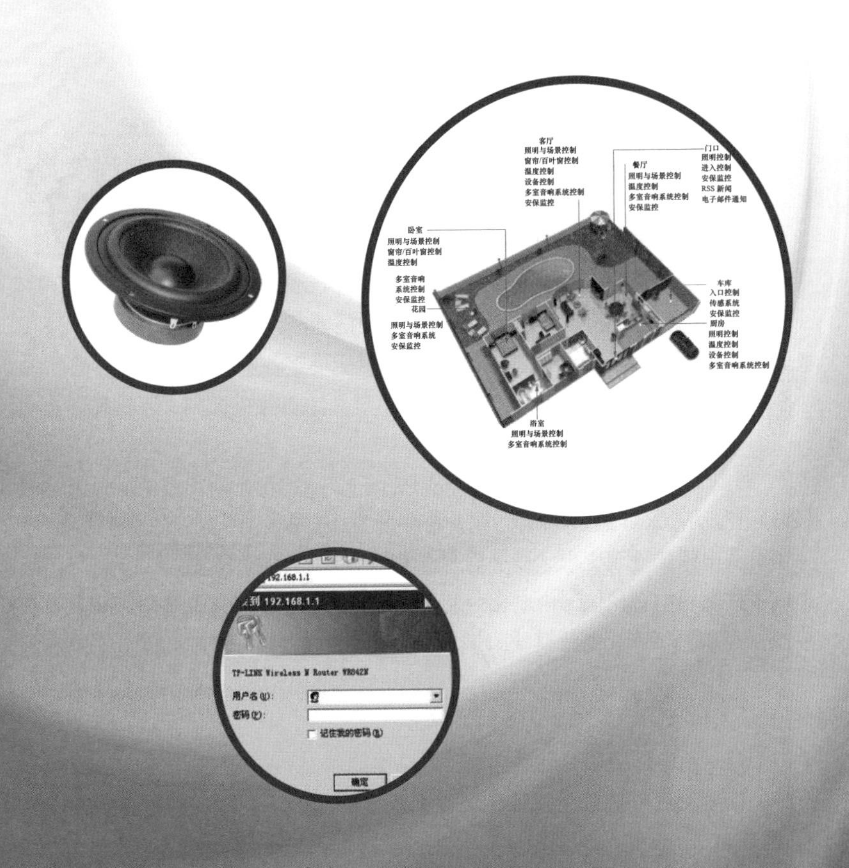

3.1 家装弱电与智能化的要求

家装弱电图例如图 3-1 所示。

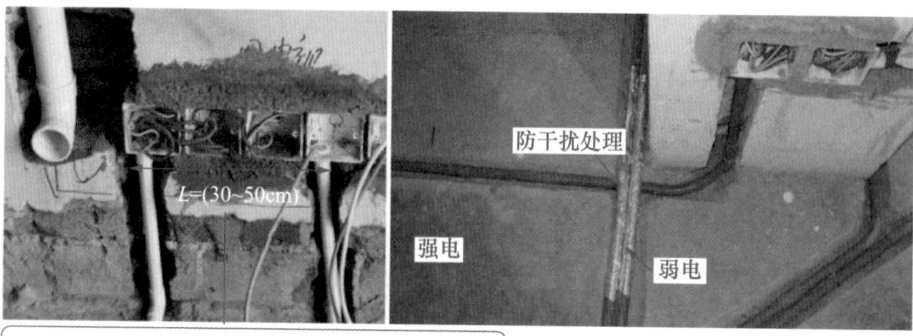

图 3-1　家装弱电图例

家装弱电与智能化的要求：

（1）选择家用弱电综合布线箱时，需要考虑以后的升级。

（2）弱电施工规范主要步骤：确定点位→开槽→布线→连接→调试。

（3）安装信息插座前，需要确认所有装修工作完成以及核对信息口编号是否正确。

（4）装修前，用网络测试仪测试网线、电话线的通断。

（5）装修前，用万用表测试有线电视线、音视频线、音响线的通断。

（6）装修前，用相应专业仪表测试其他线缆的通断。

（7）测量出从配线箱到各点位端的长度，以便确定各点位用线长度。

（8）弱电开槽的原则：路线最短原则、不破坏原有强电原则、不破坏防水原则等。

（9）弱电开槽深度：如果选择外径为 16mm 的 PVC 管，则开槽深度为 20mm。如果选择外径为 20mm 的 PVC 管，则开槽深度为 25mm。

（10）弱电线槽外观要求：横平竖直、大小均匀。

（11）控制箱电视模块：由电视分配器组成，可以分别转接几台电视机。

（12）控制箱 AV 音视频模块：该模块可将几路 DVD、电视机顶盒、卫星电视解码器的图像与声音分配到每一个有电视机的房间以达到共享。每个终端可以自由控制输入信号。

（13）控制箱电话模块：电话进线，可以连接几个不同的接点。

（14）控制箱红外遥控：该功能可以在家里的几个不同的房间实现对客厅的 DVD、机顶盒、卫星电视的遥控。

（15）控制箱家用局域网：可以实现多台电脑上网，以及适配网络电视。

（16）如果弱电的墙插出线位置可以遮挡，则布线时可以多预留一些长度，直接接入设备。这样可以减少信号的损耗。

（17）所有信息插座根据标准要求，可以进行卡接。

（18）信息插座安装在墙体上时，一般距离地面 30cm。

（19）目前 HDMI 已经成为主流数字高清端子，但是在铺设入墙的视频线缆时，还是需要考虑日后的升级需要。

（20）穿线管需要选择内径较大的 PVC 管，弯头部分采用窝弯而不是 90° 直弯，同时内部提前穿入一根铁丝或钢丝绳，以便换线需要。

（21）一般有线电视分频器都没有放大功能。

（22）卫星电视的预埋线最好事先询问有关卫星电视公司，以免布线错误。

（23）弱电布线常见的器材：一分多的 AV 信号分配模块、电话多路分配器、网络交换机、有线电视多路分配器、卫星信号二路分配器、卫星信号放大器、背景音乐切换面板及控制器、红牙接收、发射面板、红牙主机等。

（24）卫星接收天线解决方法：在阳台预置卫星天线接口，再通过卫星信号分配器将信号分配到各个房间。如果需要收看卫星电视，则需要在房间设置卫星电视接受器。或者把卫星信号混入房内的有线电视信号里，然后做有线布线，即通过有线收看卫星电视。

（25）卫星电视信号线最好直接接到接收器上，不要用接线面板，以防信号衰减。

（26）二分配器是无源器材，单向传输，不会干扰到邻居。

（27）有些射频调制器质量不好，会对其他频道的有线电视产生干扰。

（28）数字电视机顶盒共享：共享电视机顶盒需要采用 AV 布线，需要配合能够红外控制。

（29）弱电暗盒高度一般与原强电插座一致，背景音乐调音开关的高度需要与原强电开关的高度一致。如果多个暗盒在一起，则暗盒间的距离至少为 10mm。

（30）内嵌式布线箱位置的确定：在所采用弱电布线箱尺寸上宽、高各增加 10mm，在深度方向上减少 10mm。

（31）外置式布线箱位置的确定：根据具体型号尺寸标注固定孔位置。

（32）内置式布线箱位置的确定：根据具体型号确定管线的进入。

（33）确定标好签，以及两端分别贴上。

（34）管内线的横截面积不得超过管的横截面积的 80%。

（35）前左环绕音箱、前右环绕音箱、中置音箱、超重低音音箱都可以摆放在同一面墙壁前面，则可以不用埋线。要埋线的，一般有后环绕音箱。

（36）标准5.1声道，需要使用一对前左环绕、前右环绕、一只中置、一只超重低音、一对后左后右环绕，共6只音箱。因此，采用标准5.1声道时，需要多设一组后环绕的喇叭线，以备升级。

（37）超重低音不是摆在聆听者前面墙的，一般需要埋线。

（38）埋线的引出部分，要预留足够的长度。

（39）没有用得上的喇叭线的外露部分，可用安装白板盒的方式，将线收藏。

（40）埋线时，无论是在地板刨坑，还是墙上凿槽，一般用塑料套管或黄蜡管将喇叭线套上，做好保护工作。

（41）音频线缆的铺设主要为环绕声道音箱准备。线缆选择正规品牌入门级线缆也可以。

（42）铺装音频线缆时需要注意线缆的方向，以及尽量保证每一根线缆的长度相等。

（43）使用家庭影院时不敢开太大声音，以免影响周围邻居。因此，需要进行隔音处理。

（44）一般AV布线的分量线可以用三根普通视频线加上音频线，一般在8～10m内信号传输地衰减可以不计。

（45）音响线与AV线线的结构是不同的，AV线是屏蔽结构，音响线没有屏蔽结构。

（46）AV线中的视频线的要求比音响线要高一些。

（47）S端子线材随距离衰减较为大，因此，长距离传输不推荐使用S端子线材。

（48）如果用功放的另一路独立输出作背景音乐，则需要从功放后面接音频线一直到需要安装背景音乐喇叭的地方。如果采用立体声音乐，则需要同时接两根线。音频线也就是常接VCD/DVD的信号线，接头一般是莲花插。

（49）功放一般放在客厅（或者卧室）里，音频线需要连接到卫生间、厨房的吸顶音箱上。

（50）家装音箱可以选择35～2kHz、50W汽车音箱替代普通音箱。但是，需要注意汽车音箱的安装方式与吸顶音箱安装方式是不同的。

（51）家装音箱可以都用有源音箱。因此，音频线需要布线，以及需要设置带开关的电源插座。

（52）如果对音响要求不高，则音响布线不复杂，只要确定好电视机与音响的摆位，然后将环绕音箱的线预先埋在墙里，两头用接线柱接出即可，一路声道只需用两个柱，两个环绕音箱四个即可。主音箱、中置音箱、超重低音一般都是放在正面，不需要埋线。

（53）音箱线（见图 3–2）一般选择透明的多股铜芯线，高级发烧线选择无氧铜的线，一般芯越多越好。

（54）除了考虑 PC、平板电脑、手机使用网络外，也需要考虑一些家用电器也支持网络功能。例如多数平板电视、AV 功放等具备网络接口。因此，布置网线时需要考虑给 PC 预留端口，也要考虑为电视机、功放、高清播放机、PS3/XBOX 等设备预留网络端口。

（55）对网络应用要求不高，也可以考虑使用 WIFI 接入。

庭院音响如图 3–3 所示。

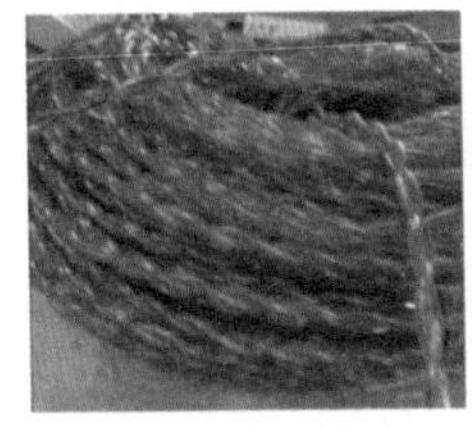

图 3–2　音箱线

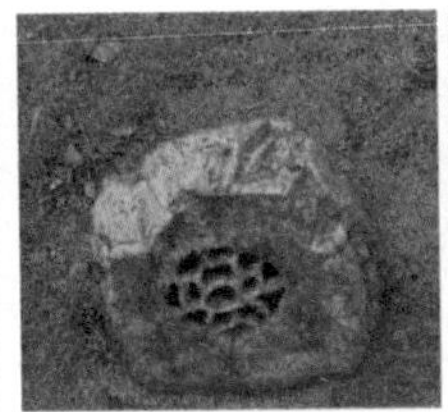

(a) 庭院音响

(b) 庭院音响布暗线

图 3–3　庭院音响

3.2 弱电常见的线材

弱电常见的线材见表 3–1。

表 3–1　弱电常见的线材

名称	解说
MIDI 线材	MIDI 是 Musical Instrument Digital Interface（乐器数字接口）的缩写。它规定了电子乐器与计算机间进行连接的硬件、数据通信协议，已成为电脑音乐的代名词。MIDI 线材是使用在 MIDI 应用上的线材，常用五芯线来传送有关 MIDI 上的信息
背景音乐线	背景音乐线可以选择标准 $2 \times 0.3mm^2$ 线
电话线	电话线就是用于实现打电话用的线，有 2 芯电话线、4 芯电话线两种。家庭里一般用 2 芯电话线。网络线也可以用做电话线。电话线连接时，一般需要用专用的 RJ11 电话水晶头，插在标准的电话连接模块里
电力载波	电力线将电能传到家中的各个房间，同时将家中所有的电灯、电器连成网络。电力载波技术是将低压控制信号加载到电力线上传送到各个位置，合理利用了电力线的网络资源
电器、电料的包装	电器、电料的包装需要完好，材料外观没有破损，附件、备件需要齐全
电源线	单个电器支线、开关线一般需要用标准 $1.5mm^2$ 的电源线，主线用标准 $2.5mm^2$ 电源线，空调插座用 $4mm^2$ 线
光纤	许多 CD、MD 等录放音器材常使用的数位信号传输线材
环绕音响线	环绕音响线可以选择标准 100 ~ 300 芯无氧铜

续表

名称	解说
全开、全关	全开：按一个按键打开所有电灯，家中所要控制的灯光，用于进门时或是夜里有异常声响时； 全关：按一个按键关闭所有电灯和电器，用于晚上出门时以及睡觉前
软启功能	灯光由暗渐亮，由亮渐暗；环保功能，保护眼睛，避免灯丝骤凉骤热，延长灯泡使用寿命
视频线	视频线可以选择标准 AV 影音共享线
塑料电线保护管、接线盒、各类信息面板	1）塑料电线保护管、接线盒、各类信息面板必须是阻燃型产品，外观没有破损、没有变形。 2）金属电线保护管、接线盒外观没有折扁、没有裂缝，管内没有毛刺，管口需要平整。 3）通信系统使用的终端盒、接线盒、配电系统的开关、插座，需要与各设备相匹配
网络开关	网络开关与普通开关有差异。网络开关具有网络功能。网络开关分为 R 型网络开关、T 型网络开关。 1）R 型网络开关——接电灯时，与普通开关一样可以控制电灯的开关。不过，R 型网络开关是电子开关，可以接收控制命令并执行。即 R 型网络开关能够让电灯实现了遥控等网络功能，不再是非走到开关处才能开关灯了。 2）T 型网络开关——不接灯，只接 220V 电源，可以发出控制命令，让 R 型网络开关执行，达到控制目的
网络线	网络线用于家庭宽带网络的连接应用，内部一般有 8 根线。家居常用的网络线有 5 类、超 5 类两种
音频线	音频线主要在家庭影院、背景音乐系统中应用。音频线用于把客厅里家庭影院中激光 CD 机、DVD 等的输出信号，送到功率放大器的信号输入端子的连接
音视频线	音视频线主要用于家庭视听系统的应用。音视频线一般是三根线并在一起，一根细的为左声道屏蔽线，一根细的为右声道屏蔽线，一根粗的为视频图像屏蔽线
音响线	音响线也就是喇叭线。音响线主要用于客厅里家庭影院中功率放大器、音箱间的连接。 话筒线有两芯、三芯、四芯、五芯不等，较专业的话筒多半使用三芯以上的线材，分别接到 XLR 接头的 Ground、+、－ 三个接点
有线电视线、数字电视线等	有线电视同轴电缆主要用于有线电视信号的传输，如果用于传输数字电视信号时会有一定的损耗。数字电视同轴电缆主要用于数字电视信号的传输应用，也能够传输有线电视信号。 同轴电缆线是一般 RCA 接头最常使用的线材，75Ω 的同轴电缆线也是 S/PDIF 数位式信号使用的线材

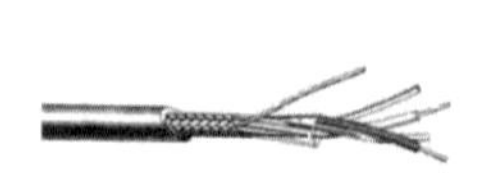
数字音频电缆

摄像机三同轴电缆

2 芯 12 信道话筒线

2 芯 16 信道话筒线

四芯电话线

3.3 家居信息点设置与安装流程

家装信息点设置见表 3–2。

表 3–2　　家装信息点的设置

功能间	信息点的设置
餐厅	宽带一个、背景音乐一个等
厨房	电话一门、背景音乐一个等
儿童房	电话一门、宽带一门、有线电视一个、AV 输出口一个、红牙接收一个等
客厅	电话一门、宽带一门、液晶电视一个、有线电视一门、卫星电视一门、卫星电视宽带一门、AV 输入口一组、环绕音响一对、红牙发射一个、VGA 口一个等
书房	电话一门、宽带两门、有线电视一个、AV 输出口一个、VGA 口两个等
卫生间	电话一门、背景音乐一个等
阳台	宽带一个、背景音乐一个等
主人房	电话一门、宽带一门、有线电视一个、液晶电视一个、AV 输出口一个、VGA 口一个、红牙接收一个等
主卫	电话一门、背景音乐一个等

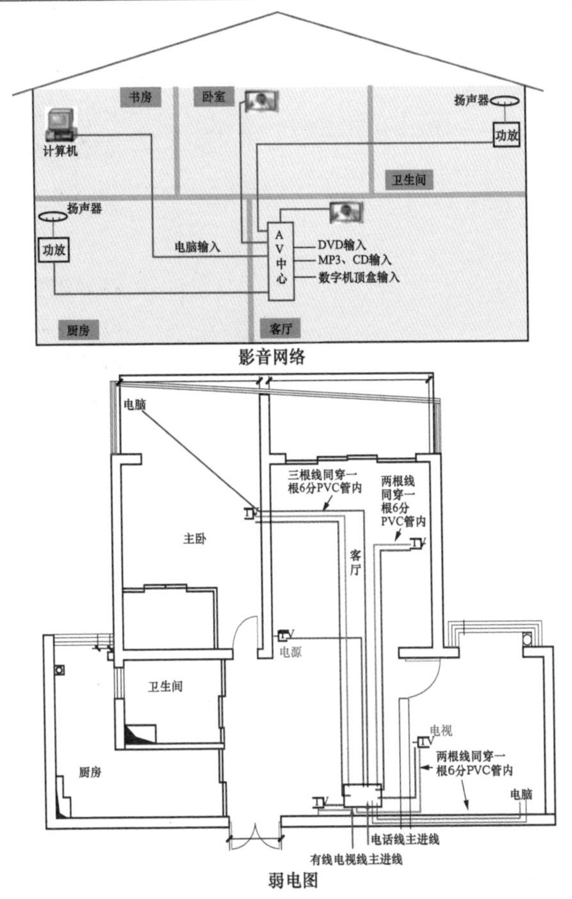

影音网络

弱电图

家装弱电暗装流程：定位（确定线路终端点位、弱电箱位置）→确定走线并开槽→布管穿线封槽。

具体的定位、开槽、布管穿线、封槽可以借鉴强电的方法与技巧。

3.4 家庭控制器的组成

家庭控制器的组成如图 3–4 所示。

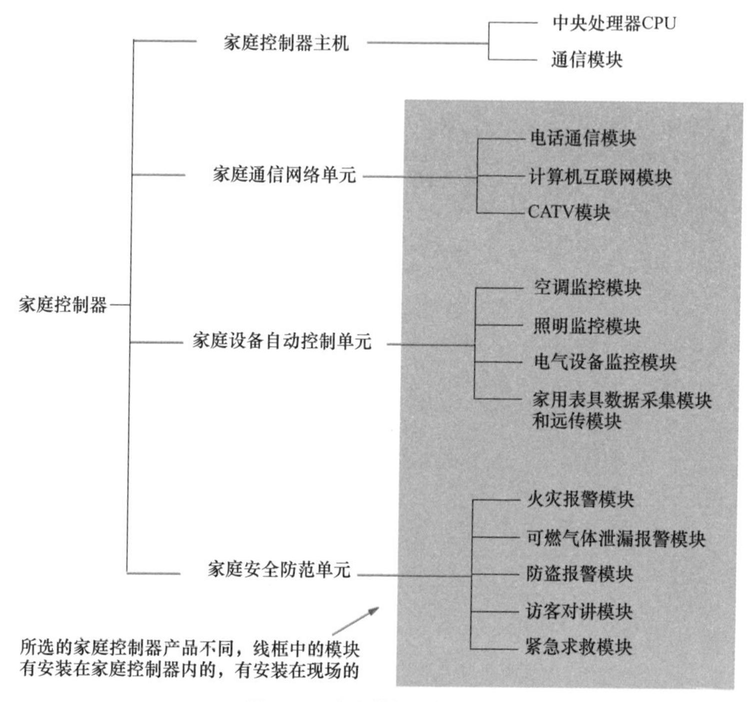

图 3–4 家庭控制器的组成

3.5 家庭控制器与室内设备的连接方式

家庭控制器与室内设备的连接方式如图 3–5 所示。

3.6 家庭控制器在钢筋混凝土墙上的安装

家庭控制器在钢筋混凝土墙上的安装如图 3–6 所示。

3.7 家庭控制器在空心砌块墙上的安装

家庭控制器在空心砌块墙上的安装如图 3–7 所示。

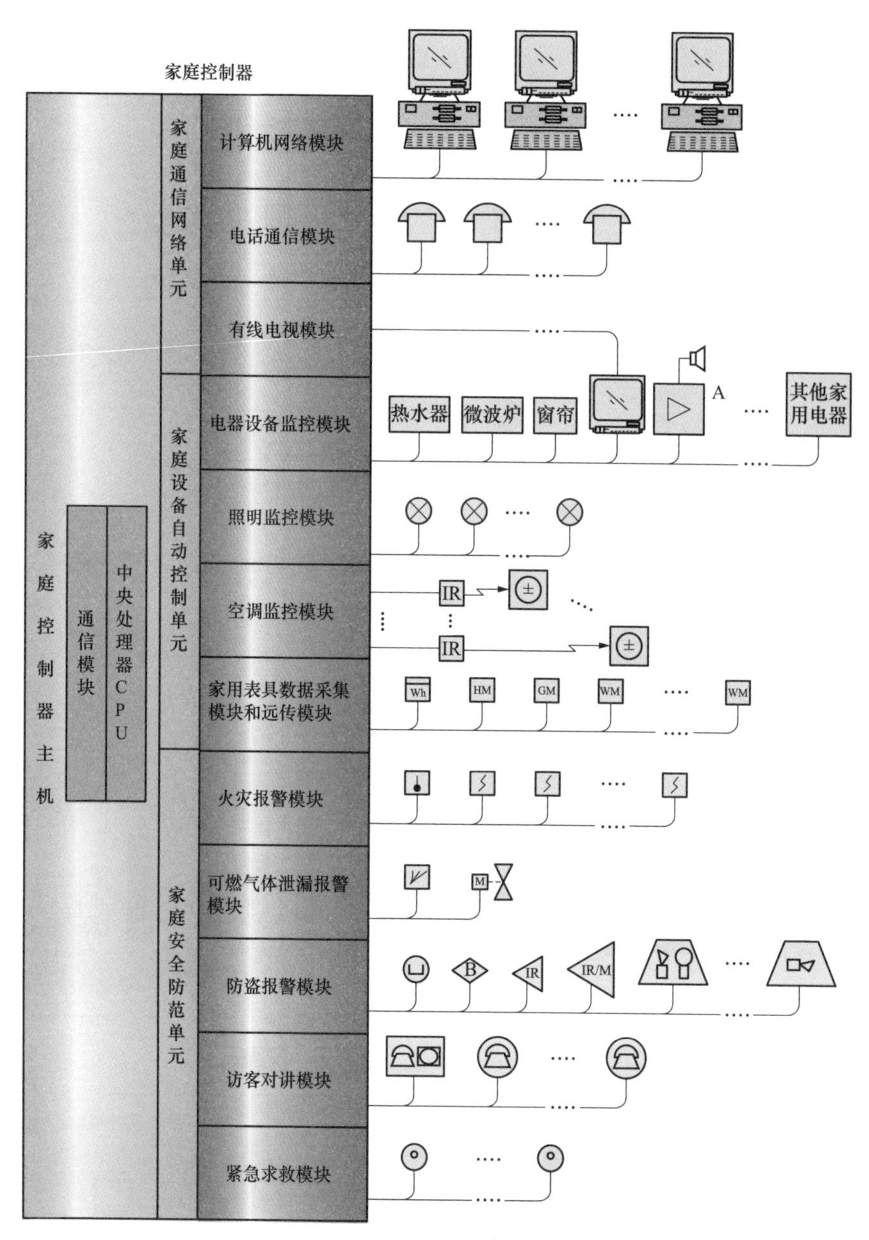

图 3-5　家庭控制器与室内设备的连接方式（一）

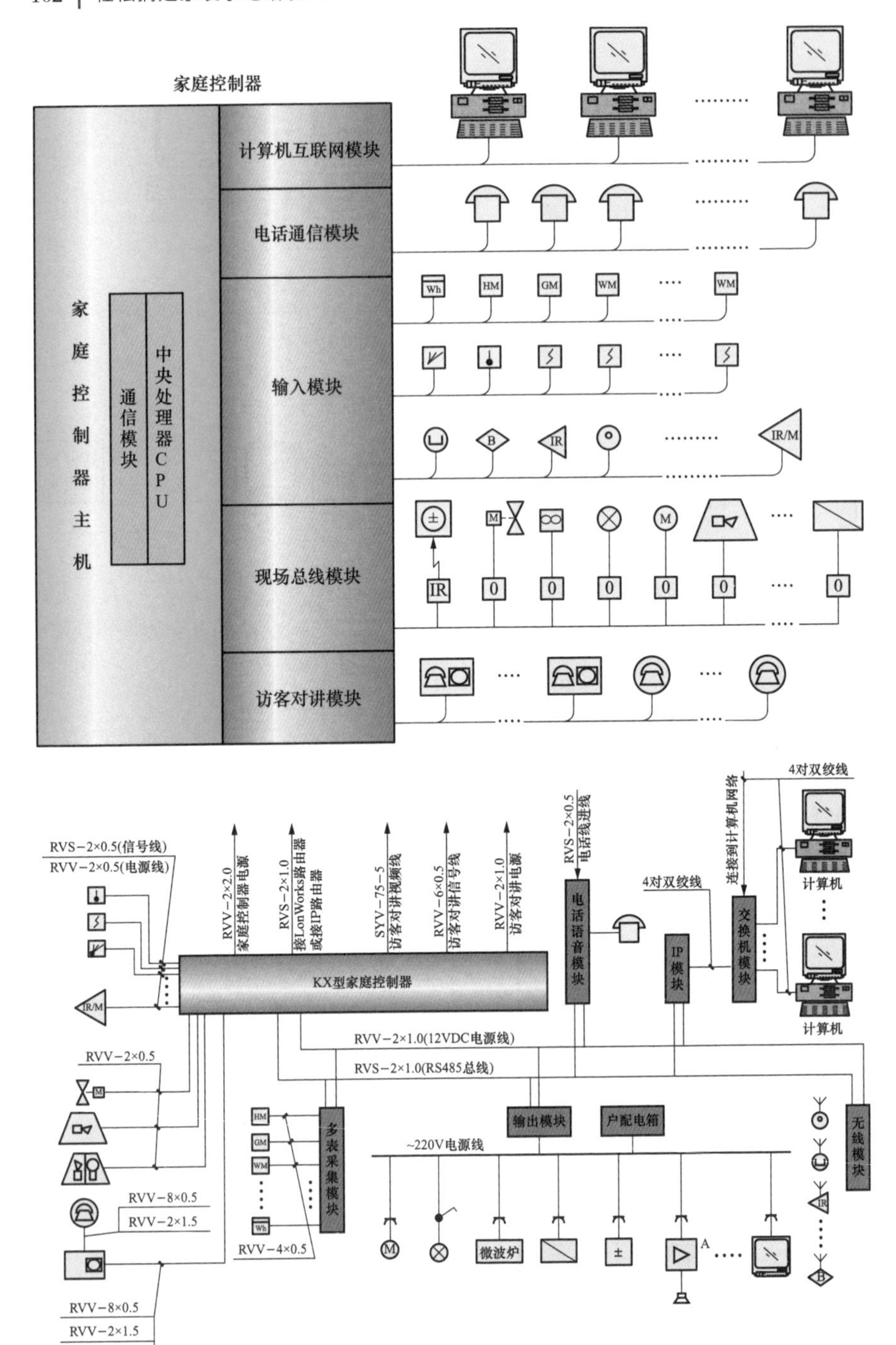

图 3-5　家庭控制器与室内设备的连接方式（二）

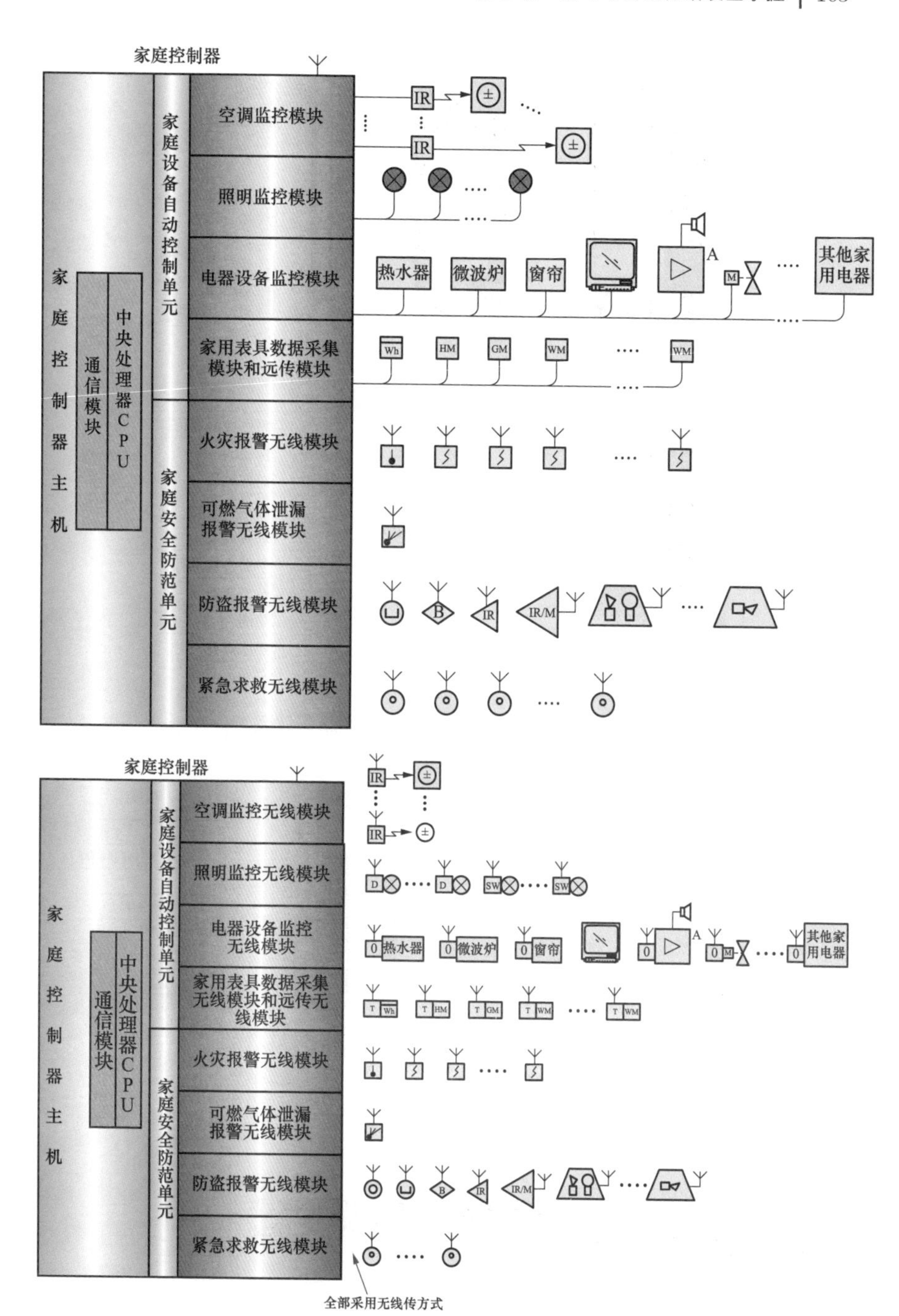

图 3-5　家庭控制器与室内设备的连接方式（三）

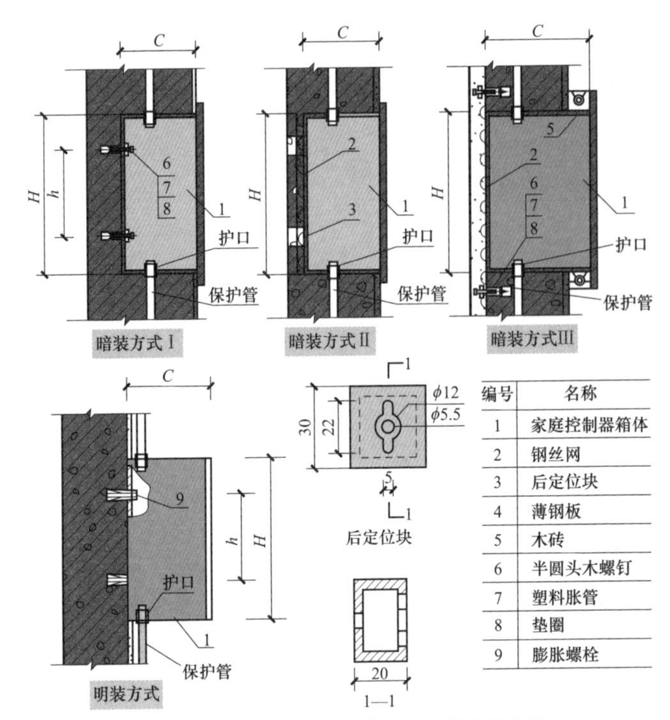

图 3-6　家庭控制器在钢筋混凝土墙上的安装

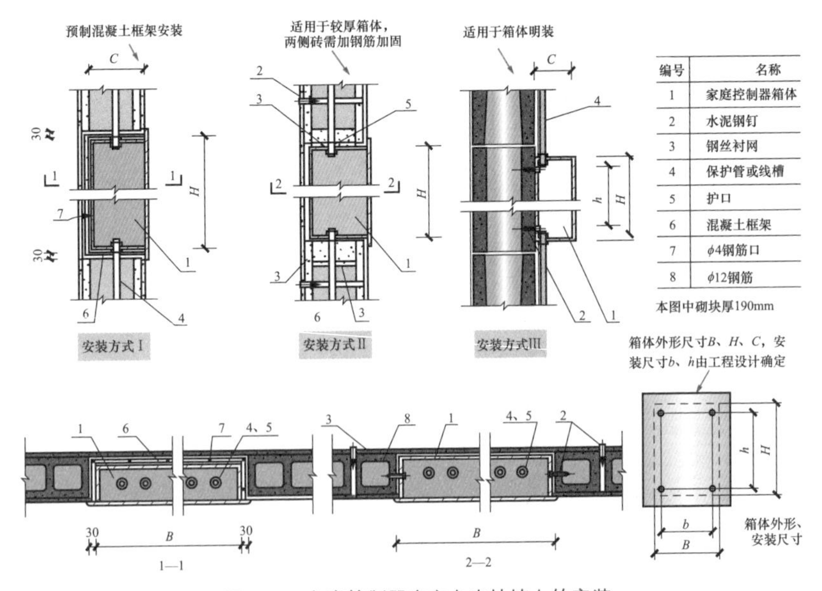

图 3-7　家庭控制器在空心砌块墙上的安装

3.8 RS-232 接口与 VGA 引脚定义

RS-232 接口与 VGA 引脚定义见表 3-3 和表 3-4。接口如图 3-8 所示。

表 3-3　　RS-232 接口引脚定义

25 芯	9 芯	信号方向来自	缩写	描述名
2	3	PC	TXD	发送数据
3	2	调制解调器	RXD	接收数据
4	7	PC	RTS	请求发送
5	8	调制解调器	CTS	允许发送
6	6	调制解调器	DSR	通信设备准备好
7	5		GND	信号地
8	1	调制解调器	CD	载波检测
20	4	PC	DTR	数据终端准备好
22	9	调制解调器	RI	响铃指示器

表 3-4　　VGA 引脚定义

脚号	对应信号	对应焊接	脚号	对应信号	对应焊接
1	红基色	红线的芯线	9	保留	
2	绿基色	绿线的芯线	10	数字地	黑线
3	蓝基色	蓝线的芯线	11	地址码	棕线
4	地址码	ID Bit	12	地址码	
5	自测试		13	行同步	黄线
6	红地	红线的屏蔽线	14	场同步	白线
7	绿地	绿线的屏蔽线	15	地址码	
8	蓝地	蓝线的屏蔽线			

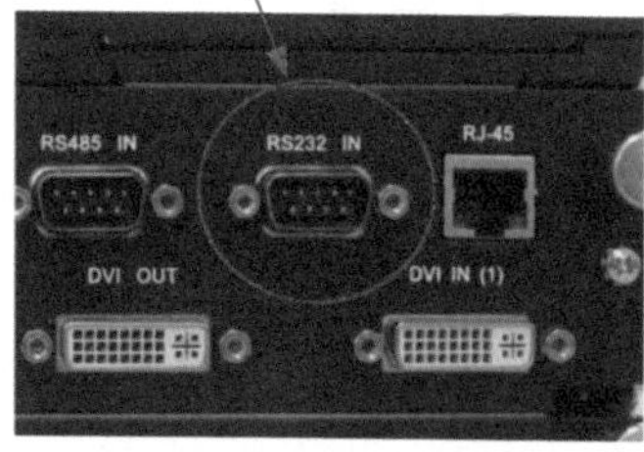

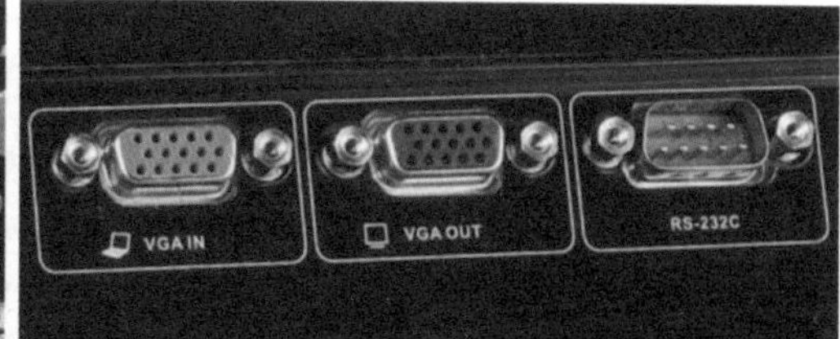

图 3-8　接口

3.9 模数化插座

模数化插座可以采用轨道安装，其适用于终端组合电器，也可用于其他成套电器中，对用电设备进行插接。模数化插座技术参数见表 3-5。

表 3-5　模数化插座技术参数

极数	额定工作 电压（V）	额定工作 电压（A）	额定熔断 短路电流（A）
单相二线	250	250	500
单相三线	220	220	380
三相四线	10	10、16、25	16、25

3.10 保护管进家庭控制器的安装

保护管进家庭控制器的安装如图 3-9 所示。

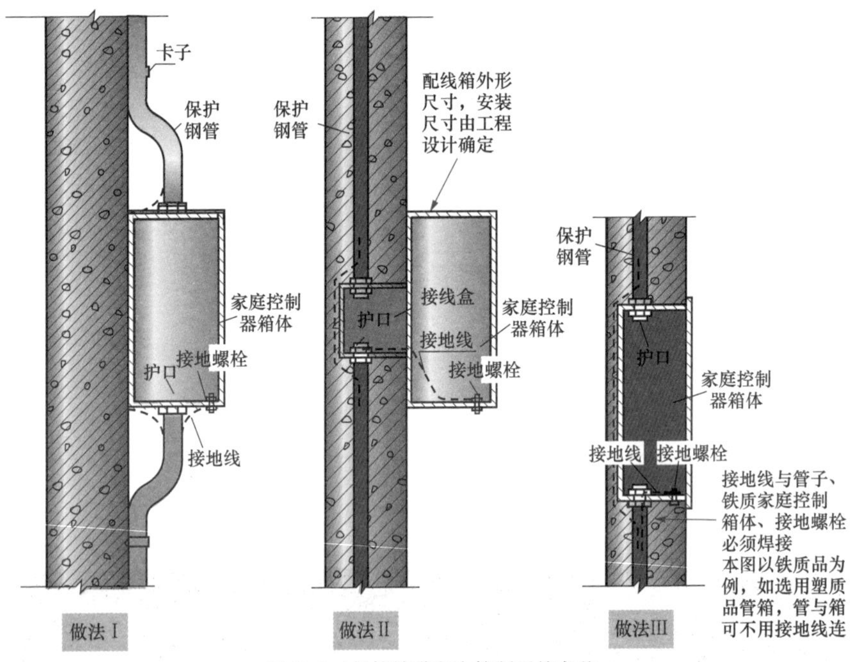

图 3-9　保护管进家庭控制器的安装

3.11 照明手控与遥控接线盒的安装

照明手控与遥控接线盒的安装如图 3-10 所示。

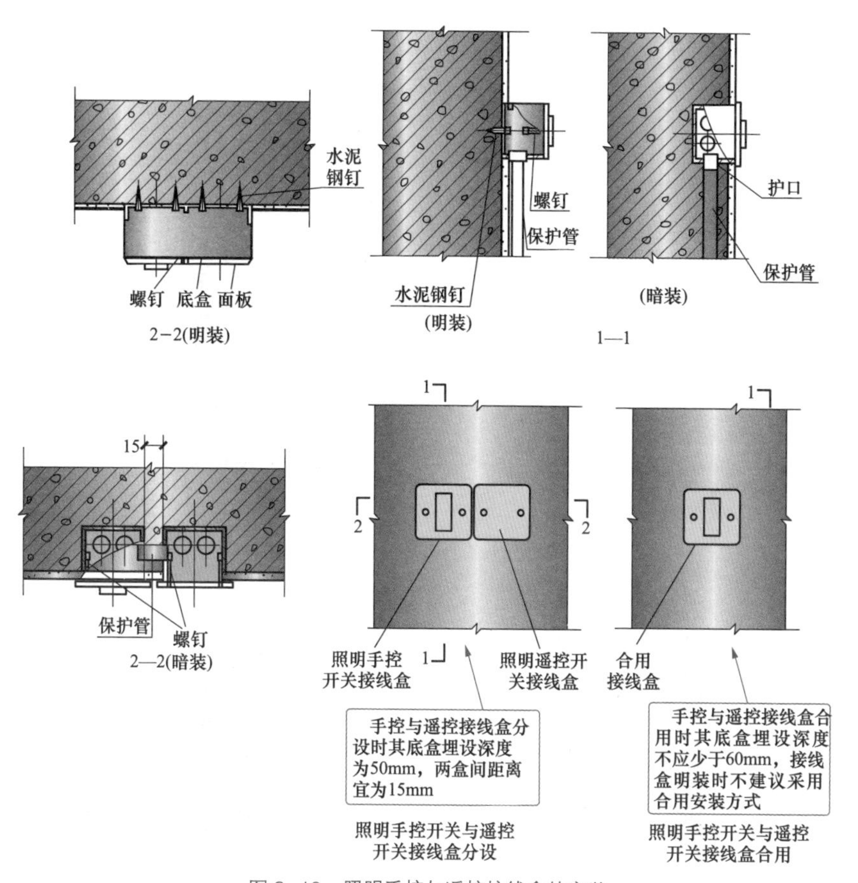

图 3−10　照明手控与遥控接线盒的安装

3.12 空调机控制器与电源插座接线盒的安装

空调机控制器与电源插座接线盒的安装如图 3−11 所示。

3.13 接线盒在空心砌块墙上的暗装

接线盒在空心砌块墙上的暗装如图 3−12、图 3−13 所示。

3.14 USB 墙壁式充电器插座的安装

有的 USB 墙壁式充电器插座为三个 USB 孔位设计，可同时支持 3 台 NPS 系列、PSP 系列、手机、其他数码产品的充电，内部电路经过技术处理，解决一般充电器不能直接给 IPAD 充电的烦恼。USB 墙壁式充电器插座的安装如图 3−14 所示。

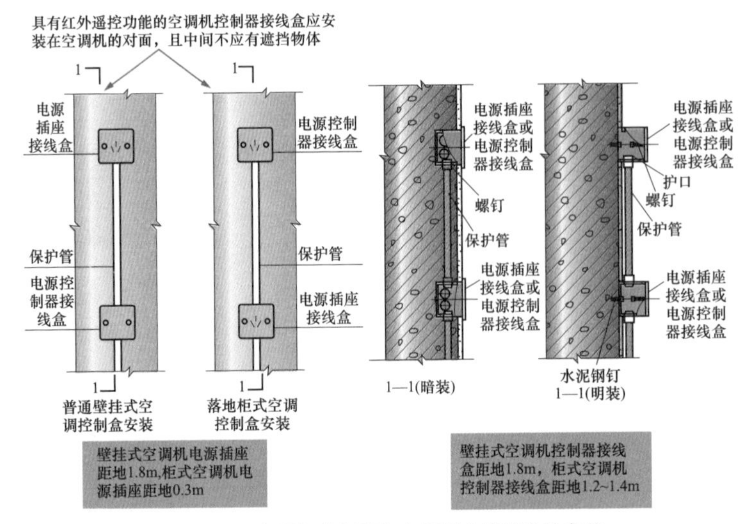

图 3-11　空调机控制器与电源插座接线盒的安装

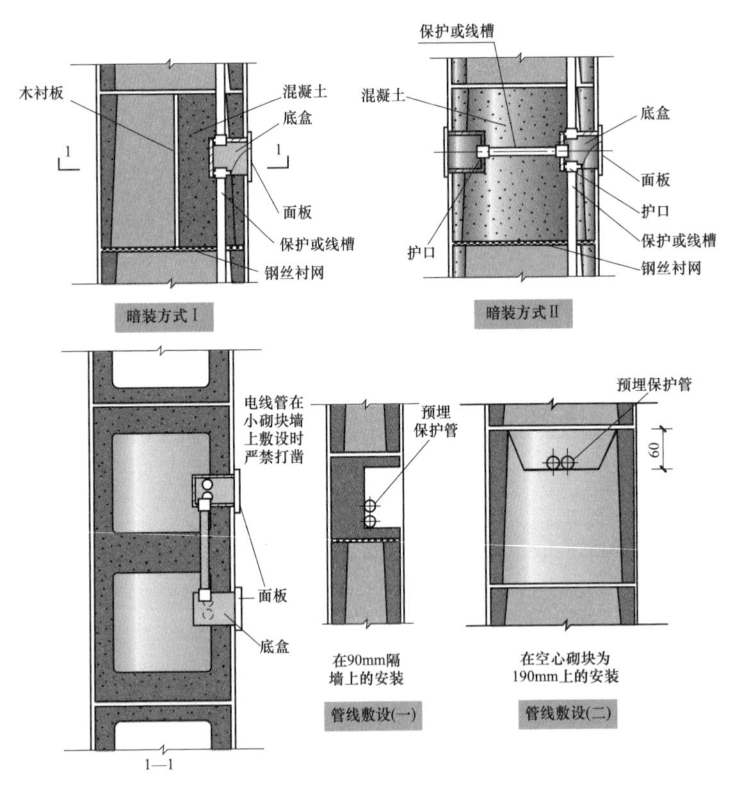

图 3-12　接线盒在空心砌块墙上的暗装

图 3-13 接线盒的暗装

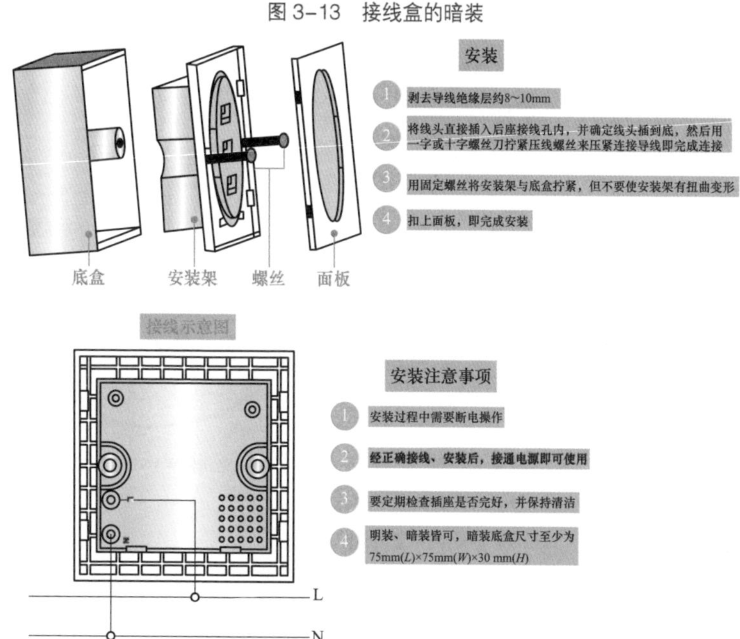

图 3-14 USB 墙壁式充电器插座的安装

3.15 无线路由器的连接

有线连接的电脑连接路由器的 LAN 口，外网过来的网线连接路由器的 WAN 口，无线连接的通过路由器设置后通过无线功能连接到路由器（见图 3-15 ~ 图 3-18）。

图 3-15 无线路由器

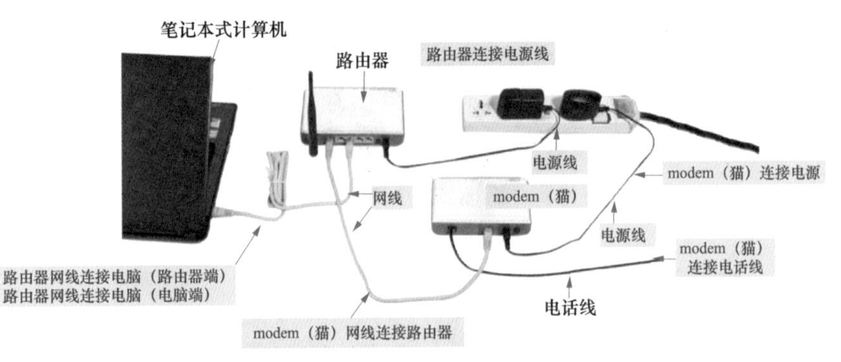

图 3-16　无线路由器的连接（一）

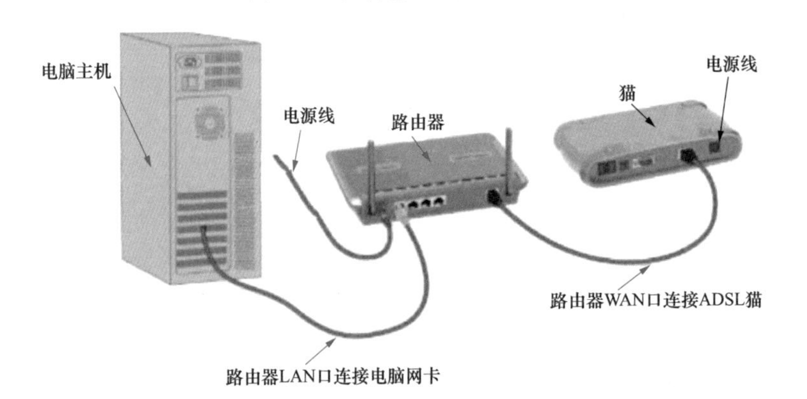

图 3-17　无线路由器的连接（二）

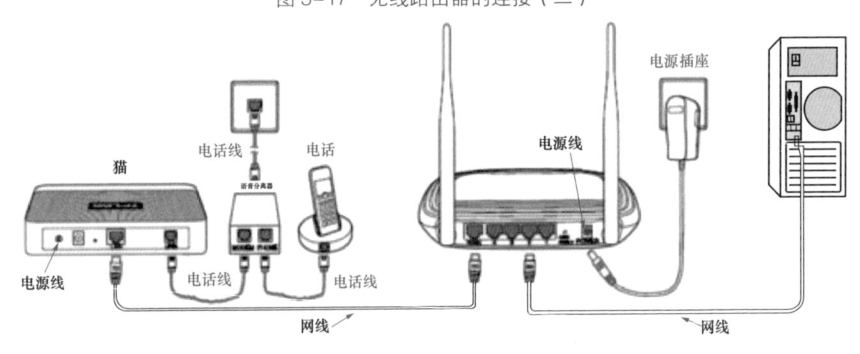

图 3-18　无线路由器的连接（三）

3.16 无线路由器的设置

无线路由器的设置方法（以 TL-WR842N 为例）：

（1）把硬件连接好。

（2）设置计算机：开始→控制面板→本地连接属性→选择，如图 3-19 所示。

然后选择 INTERNET 协议（TCP/IP）→属性（R）→选择自动获得 IP 地址（O）、自动获得 DNS 服务地址，如图 3-20、图 3-21 所示。

（3）设置路由器。打开网页浏览器→在浏览器的地址栏中输入路由器的 IP 地址：192.168.1.1，然后回车，会出现图 3-22 所示的登录界面，再输入用户名与密码，然后按“确定”按钮→进入路由器的管理界面（见图 3-23），选择设置

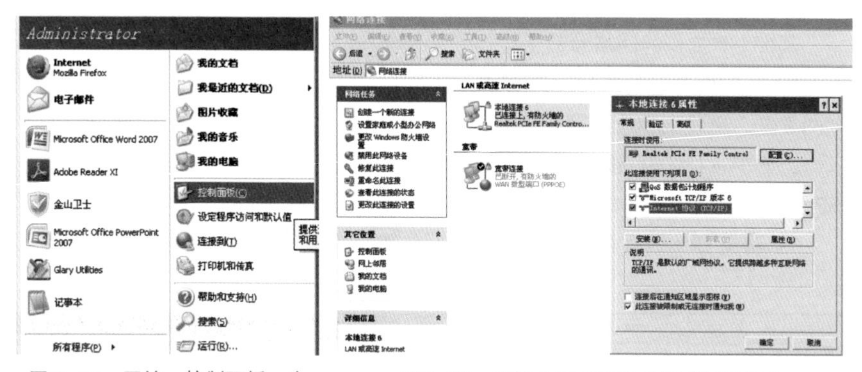

图 3-19　开始→控制面板→本地连接属性→选择

图 3-20　选择 INTERNET 协议（TCP/IP）

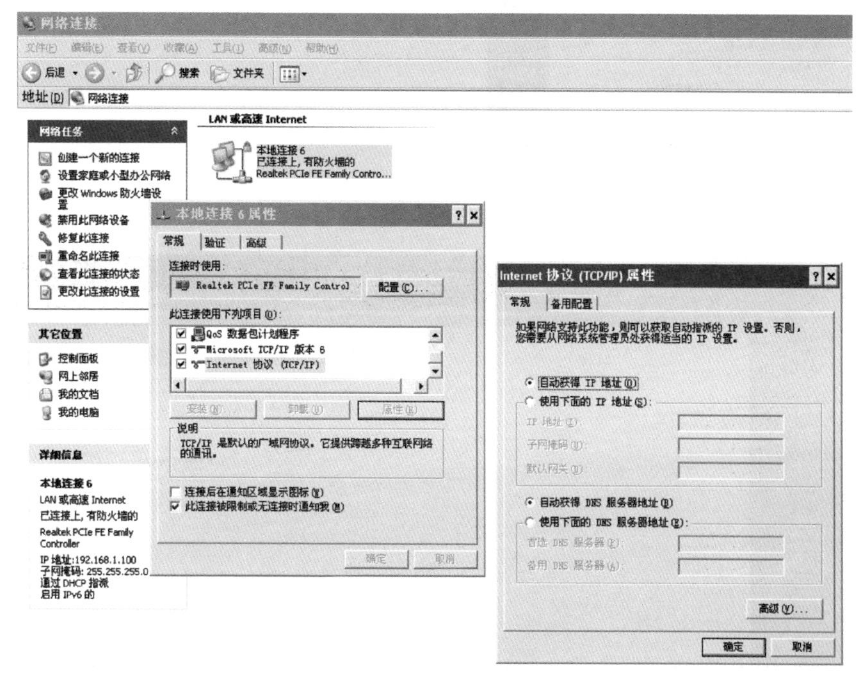

图 3-21　选择 TCP/IP 属性

向导后，按“下一步”，进入图 3-24 所示的上网方式选择页面，根据 ISP 提供的上网方式进行选择，然后单击“下一步”，填写 ISP 提供的网络参数→网络参数设置完成后，单击“下一步”→设置无线参数，单击“下一步”，会出现基本无线网络参数设置页面→设置完成后，单击“下一步”，将弹出设置向导完成界面，单击完成使设置生效。

（4）完成无线网络连接相关操作步骤即可。

其中 ISP 提供的网络参数：

1）让路由器自动选择上网方式（推荐）：选择该选项后，路由器会自动判断上网类型，再跳到相应上网方式的设置页面。

2）PPPoE（ADSL 虚拟拨号）：如果上网方式为 PPPoE，即 ADSL 虚拟拨号方式，ISP 会提供上网账号和口令。

3）动态 IP（以太网宽带，自动从网络服务商获取 IP 地址）：如果上网方式

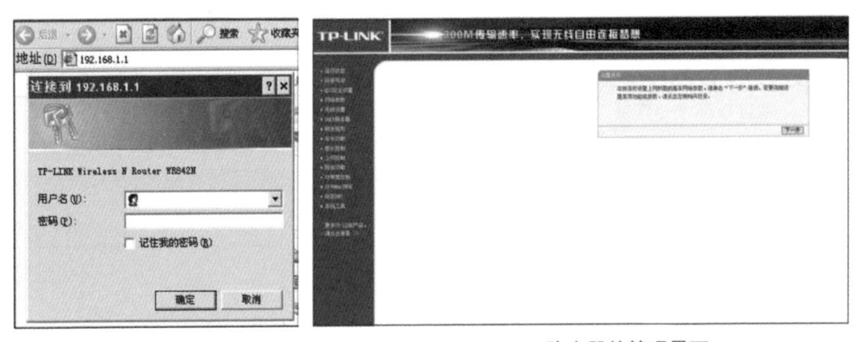

图 3-22 登录界面　　图 3-23 路由器的管理界面

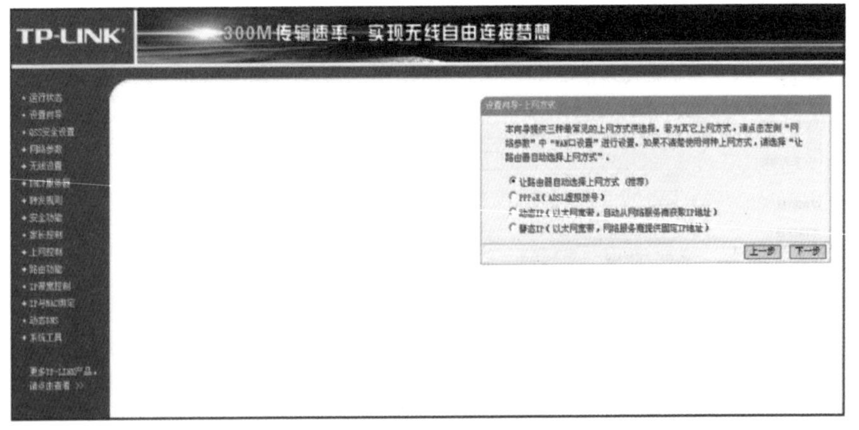

图 3-24 上网方式选择页面

为动态 IP，则可以自动从网络服务商获取 IP 地址，单击“下一步”转到进行无线参数的设置。

4）静态 IP（以太网宽带，网络服务商提供固定 IP 地址）：如果上网方式为静态 IP，网络服务商会提供 IP 地址参数。

其中设置向导—无线设置界面：

1）SSID。设置任意一个字符串来标识无线网络。

2）WPA-PSK/WPA2-PSK。路由器无线网络的加密方式，如果选择了该项，则需要在 PSK 密码中输入密码，密码要求为 8–63 个 ASCII 字符或 8–64 个 16 进制字符。

3）不开启无线安全。关闭无线安全功能，即不对路由器的无线网络进行加密，此时其他人均可以加入该无线网络。

3.17 电话接口

一般在 1 个房子里预留 1 个电话接口即可，有条件的可在卫生间、厨房安装壁挂式的无源电话机（见图 3–25）。

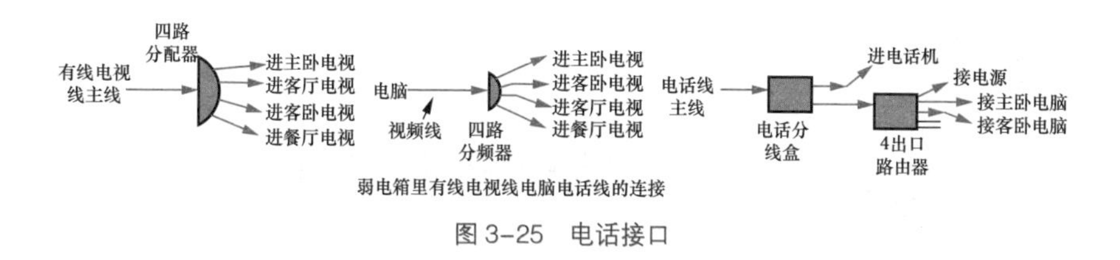

图 3–25　电话接口

另外，随着移动电话的广泛使用，也可以用移动电话代替有线电话。只是需要考虑移动电话的充电与放置地方。

3.18 电视信号的引入

有线电视信号引入的方式：

（1）利用城市有线电视网络，在小区内设电视放大器总箱，再由总箱若干条支路向每栋楼的放大器箱送信号，然后由该箱向本搂的各单元及住户送信号。

（2）主干网采用同轴电缆，小区内设电视放大器总箱，再用同轴电缆送到每栋楼的电视放大器箱，户内采用分支分配器。

（3）干网采用光纤网，小区内设电视放大器总箱，再用同轴电缆送到每栋楼的电视放大器箱，户内采用分支分配器。

有线电视信号的附件如图 3–26 所示。

农村采用室外天线，如果需要暗敷，则需要先预留套管与安放天线。

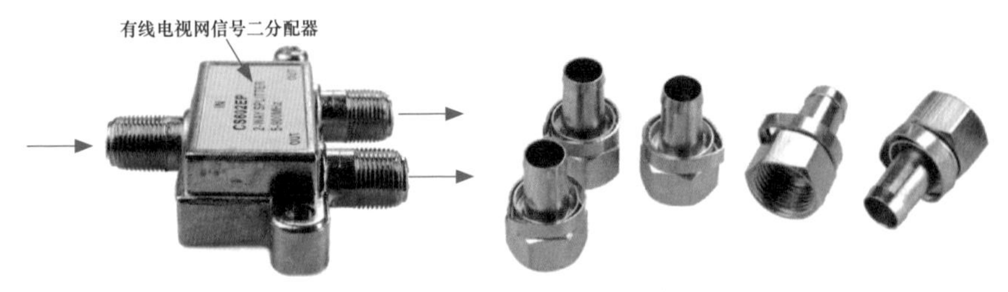

图 3-26　有线电视信号的附件

3.19 电视插座

某些进口宽频电视插座与现在电视连接线不匹配，则需要用转换器来转换。选择电视插座的要点与方法：

（1）电视插座需要配合正确的电视插头。电视线有普通电视线、高清电视线（见图 3-27）。

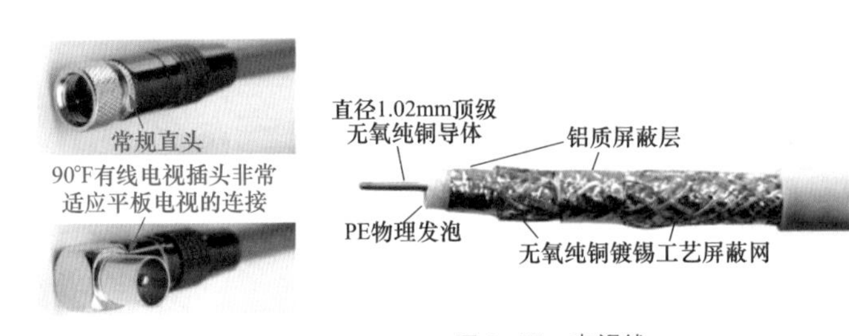

图 3-27　电视线

图 3-28　86 型电视插座

（2）电视插座后座需要选择同轴连接的端子，即 F 头宽频电视插座，以便达到屏蔽抗干扰的作用。

（3）如果有线电视网没有特殊要求，则宽频与普通型插座是通用的。

（4）普通电视插座一般是插入式，是用在有线信号的连接。普通电视插座只可接有线电视（见图 3-28）。

（5）网络电视插座是螺旋的，一般用在数字信号，与电视机无关。网络电视插座里面有转换接头。

3.20 家居电视网络的连接

家居电视网络的连接如图 3-29 所示。

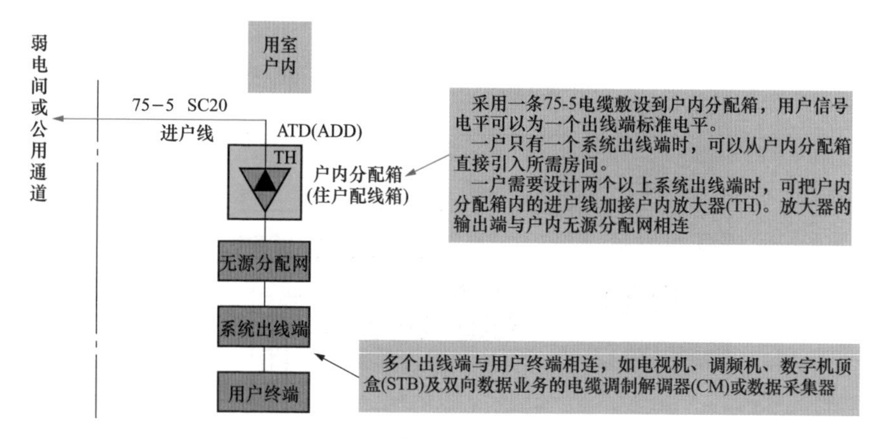

图 3-29　家居电视网络的连接

3.21 家居电视网络串接单元结构

家居电视网络串接单元结构如图 3-30 所示。

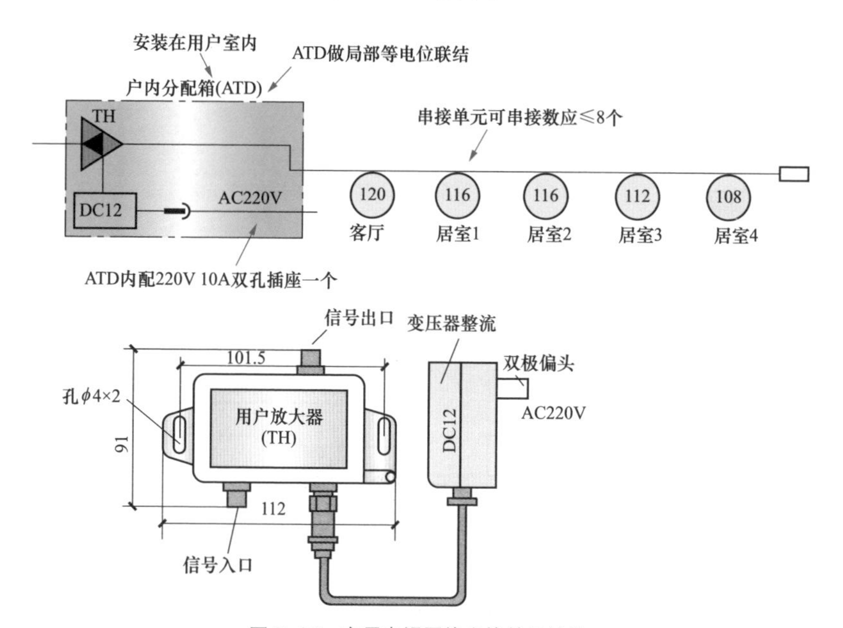

图 3-30　家居电视网络串接单元结构

3.22 家居电视网络分支器组成

家居电视网络分支器组成如图 3-31 所示。

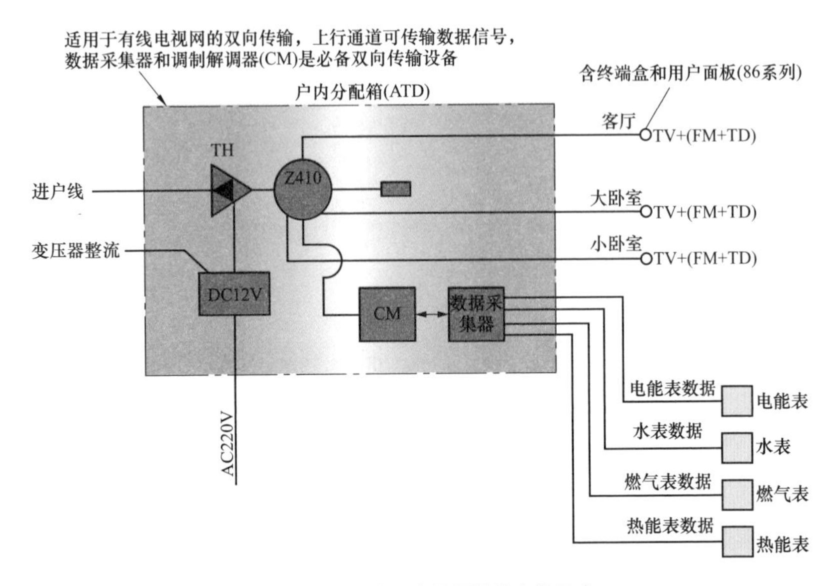

图 3-31　家居电视网络分支器组成

3.23 家居电视网络树枝形布局

家居电视网络树枝形布局如图 3-32 所示。

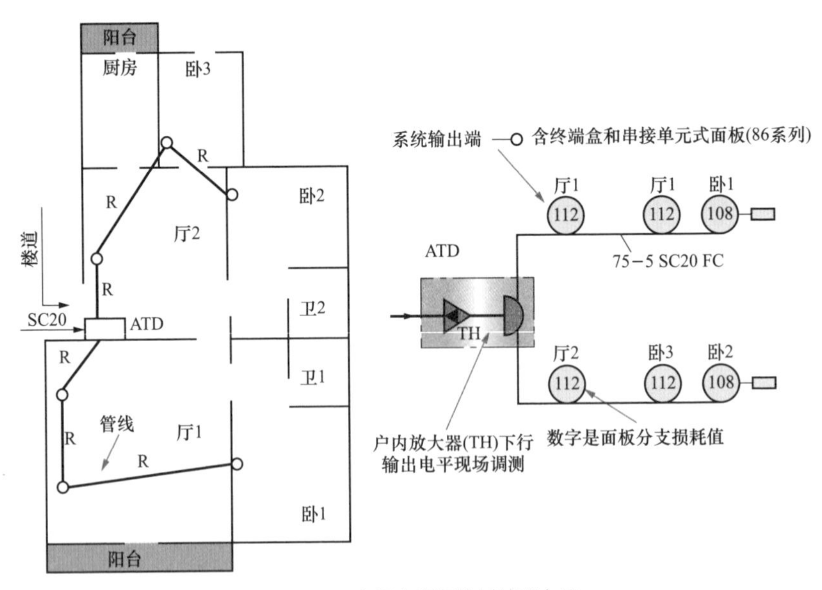

图 3-32　家居电视网络树枝形布局

3.24 家居电视网络星形布局

家居电视网络星形布局如图 3-33 所示。

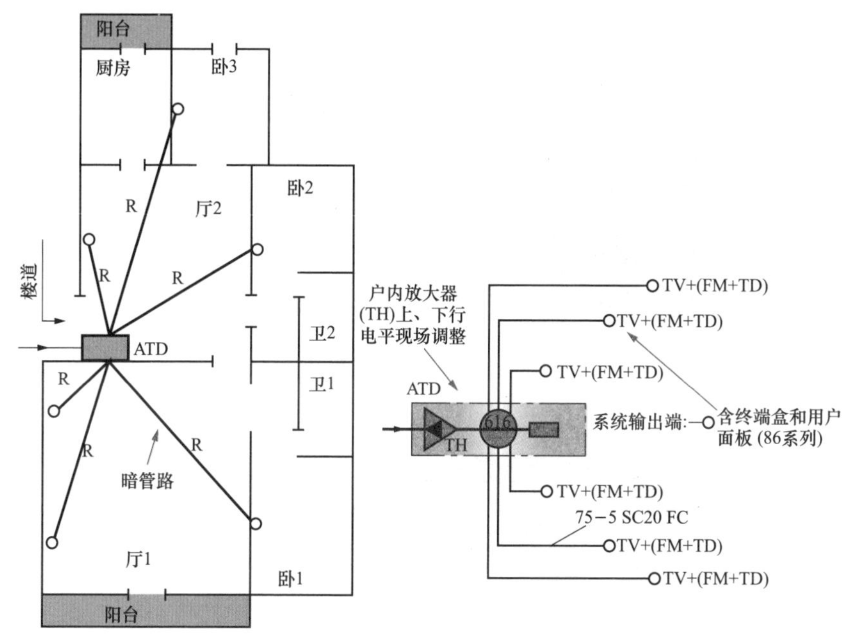

图 3-33 家居电视网络星形布局

3.25 HFC 双向网家居终端接线

HFC 双向网家居终端接线如图 3-34 所示。

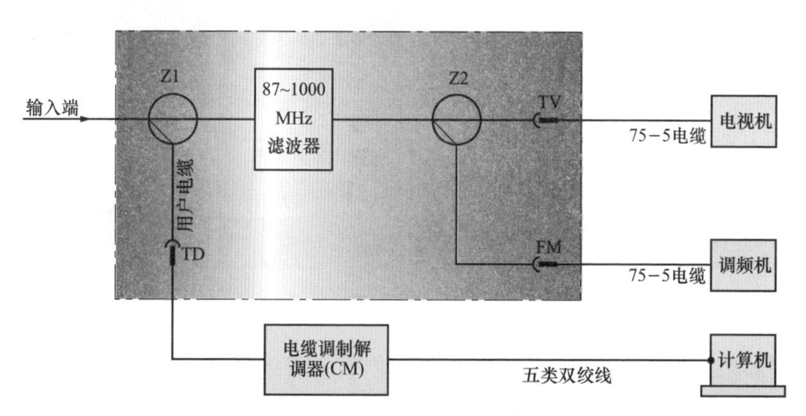

图 3-34 HFC 双向网家居终端接线

3.26 家居电视网络终端接线盒在实墙中的安装

家居电视网络终端接线盒在实墙中的安装如图 3-35、图 3-36 所示。

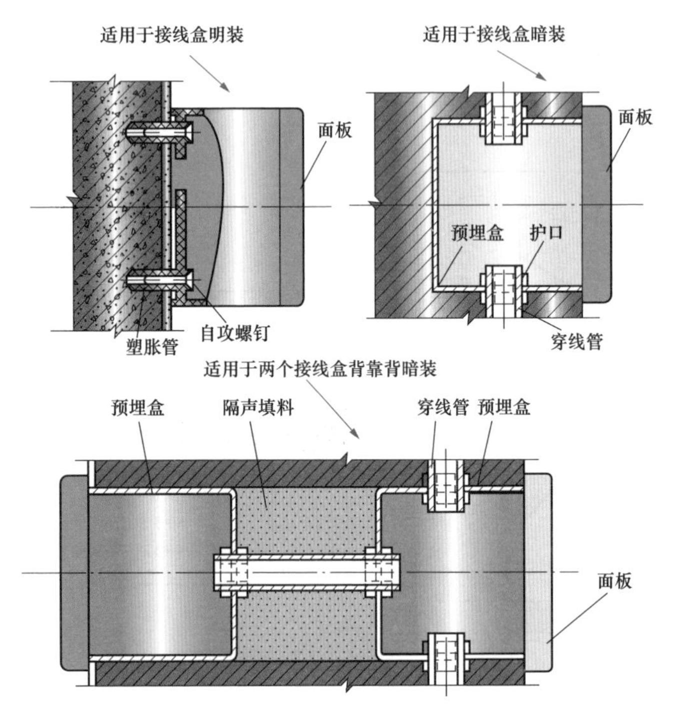

图 3-35 家居电视网络终端接线盒在实墙中的安装（一）

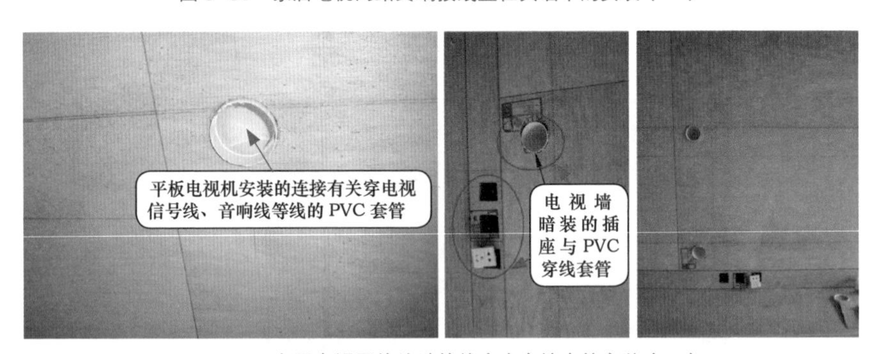

图 3-36 家居电视网络终端接线盒在实墙中的安装（二）

3.27 二孔音响与四孔音响的外形与作用

二孔音响与四孔音响的外形与作用如图 3-37 所示。

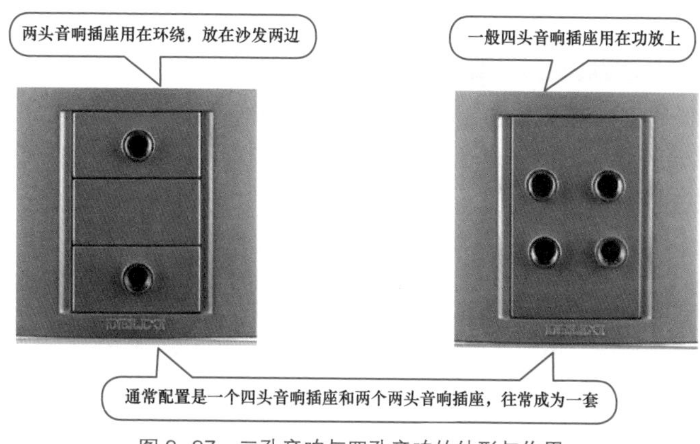

图 3-37　二孔音响与四孔音响的外形与作用

3.28　6.35 转卡侬母头

6.35 单声转卡侬母头需要接触紧密良好，令信号高保真传输到设备中。6.35 转卡侬母头适用于麦克风、音响器材、调音台、周边器材连接音频信号（见图 3-38）。

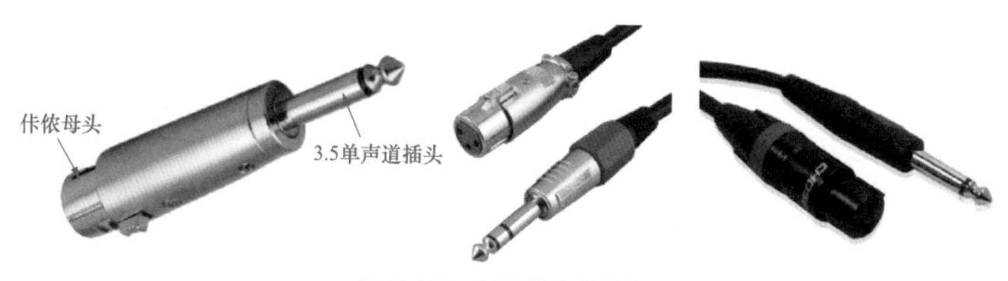

图 3-38　6.35 转卡侬母头

3.29　AV 音视频直插模块

AV 音视频直插模块适用于 VCD、DVD 与电视机、投影仪间的连接，也可以根据用途自定义。AV 音视频直插模块使用范围为（左右道）立体声音频传输。AV 音视频直插模块外框，不同的 AV 音视频直插模块搭配不同的外框（见图 3-39）。

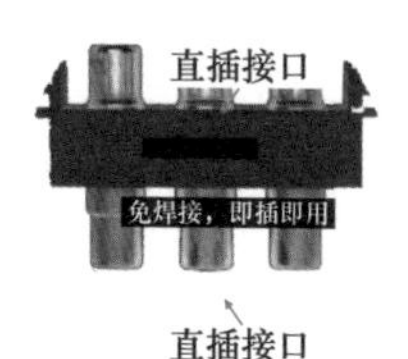

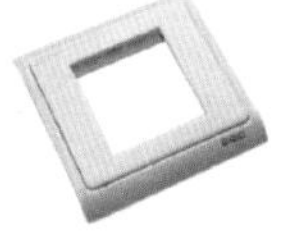

图 3-39　AV 音视频直插模块与其外框

3.30 HDMI 插座

HDMI 插座（见图 3-40、图 3-41）适用于高清影音传输，一般用于电脑连接电视、投影仪、等离子电视等带有 HDMI 接口的高清输出设备，也可根据用途自定义。

国内标准 86 型的 1.4 版 HDMI 墙插，支持 1.4 版的 3D 功能、以太网功能、音频回传等。1.4 新技术的所有功能，支持所有的 HDTV 格式（1080p、1080i、720p、480p）HDMI 插座安装时需要使用一字螺钉旋具（小号）。

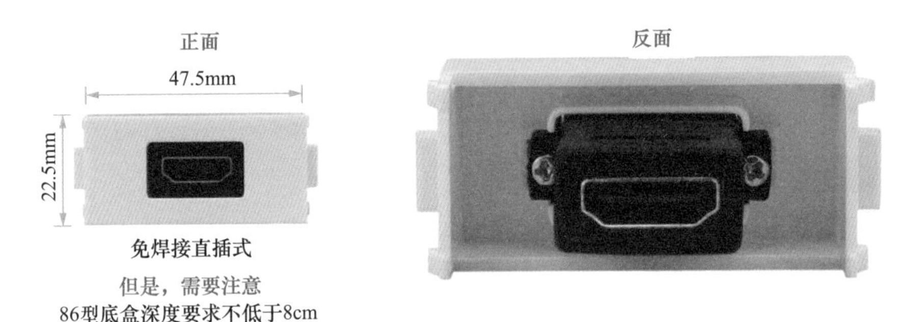

图 3-40　HDMI 插座外形

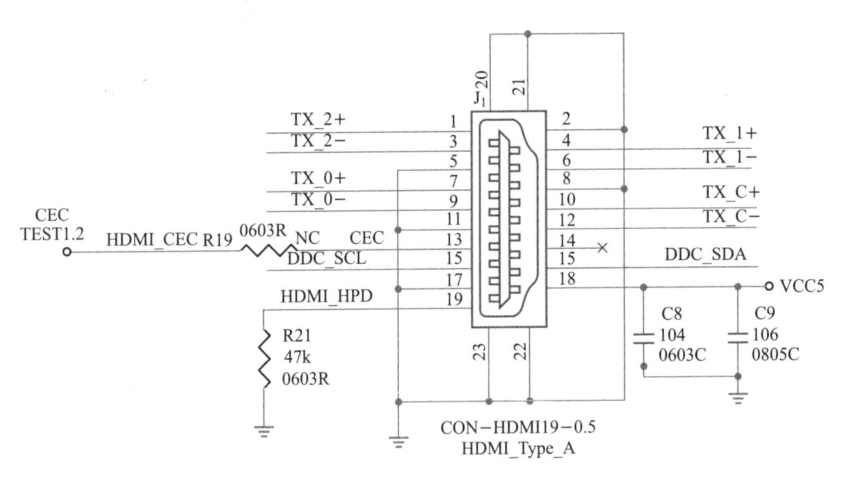

图 3-41　HDMI 插座管脚定义

3.31 轻点多媒体连接器安装

轻点多媒体连接器的安装主要步骤见表 3-6。

表 3–6 轻点多媒体连接器的安装主要步骤

步骤	图例	解说
第 1 步骤	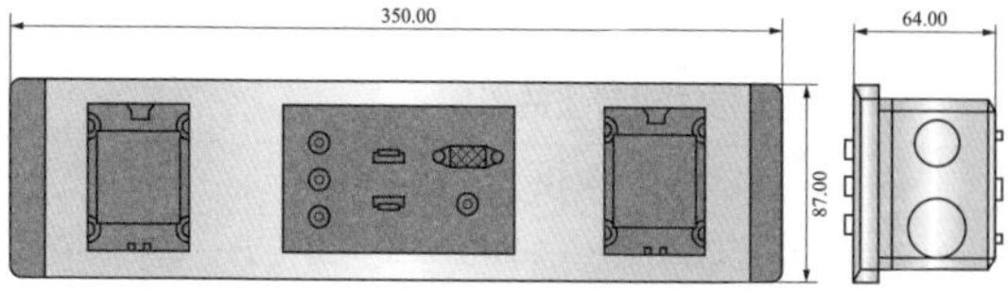 350.00 64.00 87.00	根据轻点多媒体连接器安装尺寸开孔
第 2 步骤	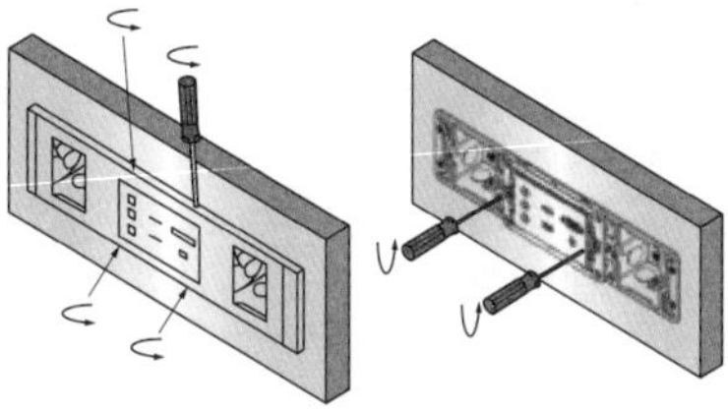	把轻点多媒体连接器拆卸，装饰面盖拆下后，再使用十字螺钉旋具将其左右两侧的螺钉卸下
第 3 步骤	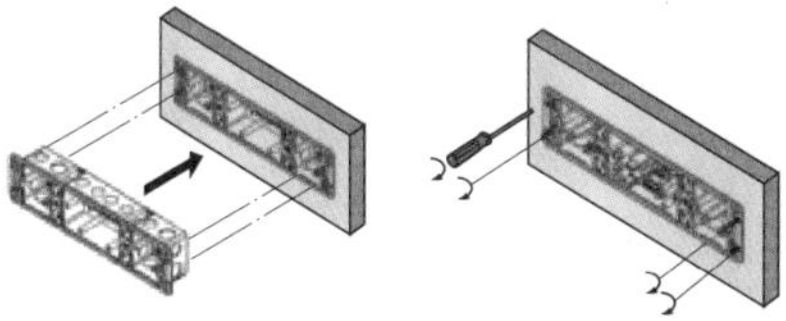	将轻点多媒体连接器安装到墙面，然后左右钻孔，以便安装。再将底盒与框架一体件放入开孔中，然后通过左右螺钉固定
第 4 步骤	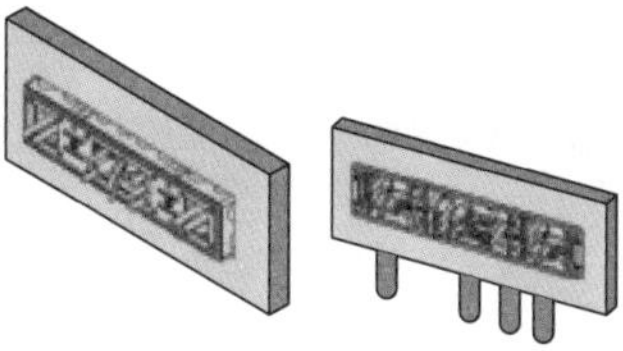	进线，如果为人工墙安装，则所有安装线缆均从盒底部大孔进入。如果为实体墙安装，则所有安装线缆均从上（或下）敲漏孔进入
第 5 步骤	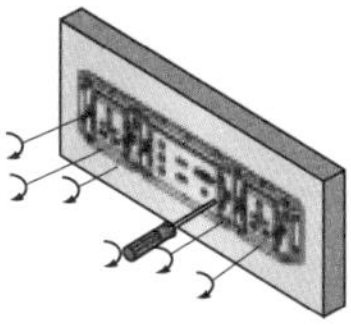	将线缆接头接插到模块背部接口，以及将模块安装回位
第 6 步骤	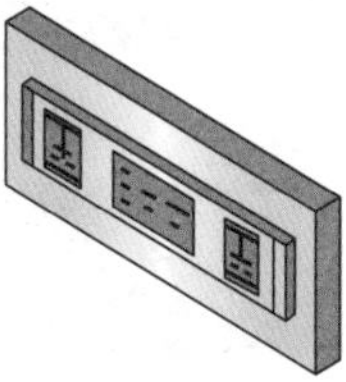	将装饰面盖安装到原位

3.32 背景音乐的频谱特性对音质的影响

背景音乐特性对音质的影响见表 3–7。背景音响系统如图 3–42 所示。

表 3–7 频谱特性对音质的影响

频段	解说
低频	1）声音的低频成分多、录放系统低频响应（200Hz 以下）有提升——声音有气魄、厚实、有力、丰满。 2）声音的低频成分过多、录放系统的频率响应的低频过分提升——声音浑浊、沉重、有隆隆声。 3）声音的低频成分适中、录放系统的低频频率响应平直扩展——声音丰满、有气魄、浑厚、低沉、坚实、有力、可能有隆隆声。 4）声音的低频成分少、录放系统的低频响应有衰减——声音可能比较干净、单薄无力
中频	1）声音的中频成分多、录放系统的中频响应有提升——声音清晰、透亮、有力、活跃。 2）声音的中频成分少、录放系统的中频响应有衰减——声音圆润、柔和、动态出下来、松散（500 ~ 1000Hz）、沉重（5kHz）、浑浊（5kHz）。 3）声音的中频成分过多、录放系统的中频响应过分提升——声音动态出不来、浑浊、有号角声、鸣声（500 ~ 800Hz）、电话声（1kHz）、声音硬（2 ~ 4kHz）、刺耳（2 ~ 5kHz）、有金属声（3 ~ 5kHz）、“咝咝”音（4 ~ 7kHz）。 4）声音的中频成分适中、录放系统的中频响应平直——声音圆滑、悦耳、自然、中性、和谐、有音乐性但声音可能无活力
高频	1）声音的高频成分多、录放系统高频响度有提升——声音清晰、明亮、锐利。 2）声音的高频成分少、录放系统高频响应有衰减——声音动态出不来、沉重、浑浊、圆润、柔和、丰满、声音枯燥、受限制、放不开、有遥远感。 3）声音的高频成分过多、录放系统高频响应过分提升——声音刺耳、有“咝咝”音、轮廓过分清楚、呆板、缺乏弹性、有弦乐噪声。 4）声音的高频成分适中、录放系统的高频响应平直扩展——声音开阔、活跃、透明、清晰、自然、圆滑、可能细节过分清楚
整个音频段	1）录放系统的频响有深谷——声音不协调。 2）整个频响的频带窄——声音单薄、无力、平淡。 3）在整个音频范围内各频率成分均匀、录放系统的总体频率响度应平直——声音自然、清晰、圆滑、透明、和谐、无染色、柔和、有音乐味、清脆。 4）声音的某些频率成分多，另一些频率又少，或录放系统频响多峰多谷——声音粗糙、刺耳、有染色

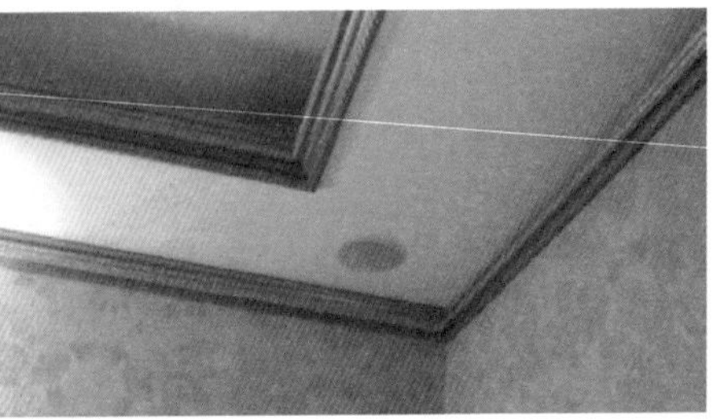

图 3–42 背景音响系统（一）

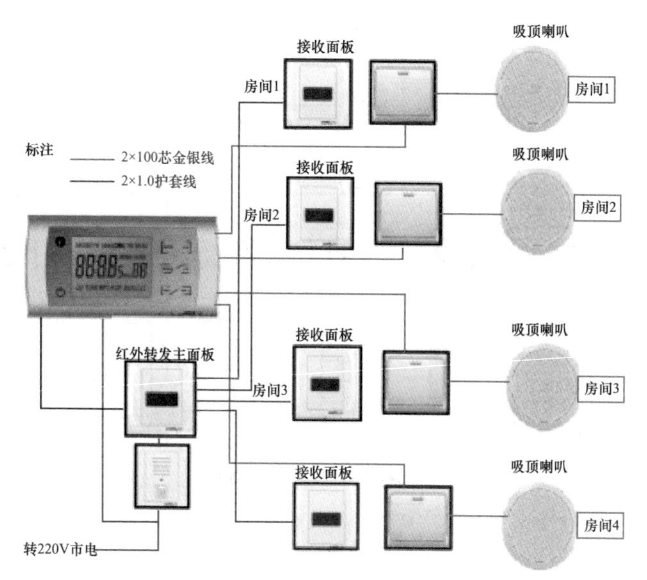

图 3-42　背景音响系统（二）

3.33 背景音乐点位表

背景音乐点位表见表 3-8。家庭背景音响系统如图 3-43 所示。

表 3-8　背景音乐点位表

房间	说明
餐厅	一般在餐桌四周各安装一个喇叭，达到环绕立体声音乐效果。控制面板一般安装在餐桌旁边墙壁，便于控制
茶室	一般在茶桌四周安装喇叭，控制面板一般安装在便于控制的位置
车库	一般两侧各安装一个喇叭
过道	一般安装两个喇叭
户外花园	一般安装两个防水喇叭，控制面板一般安装在门口
健身房	一般在健身器材周围安装四个喇叭
客厅	一般情况下不打开家庭影院系统，在沙发四周安装吸顶喇叭，客厅开关位置安装控制面板
书房	一般在书桌两侧各安装一个喇叭，达到最佳立体声效果
卧室	一般在床头两侧各安装一个喇叭，达到最佳立体声效果，床头便于控制的墙壁安装控制面板
主卫	一般在卫生间并联两个喇叭，墙壁并联一个控制面板（安装在防水盒内）
主卧	一般在床头与床尾两侧各安装一个喇叭，达到最佳立体声效果，床头便于控制的墙壁安装控制面板

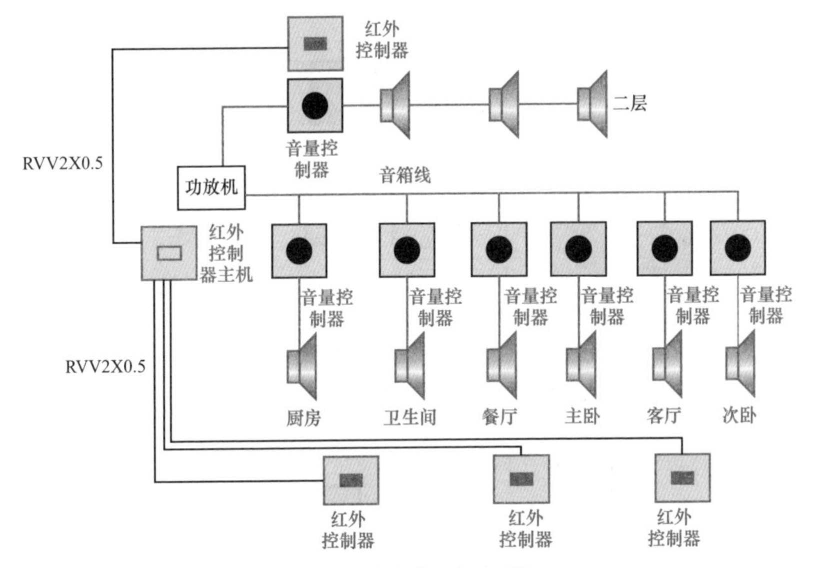

图 3-43 家庭背景音响系统

3.34 背景音响系统安装方法与要求

（1）背景音响系统布线有的采用星形连接，有的采用树形连接等不同的类型。

（2）背景音响系统的中心是控制主机。

（3）背景音响系统布线主要包括控制网线、音箱线。

（4）DVD 与智能主机尽量摆在一起，红外控制器与主机间一般不需要布线。

（5）智能液晶控制面板的控制线的接线顺序一定要与控制主机的接线顺序对应起来。

（6）为了保证立体声效果，安装喇叭时需要考虑人在房间的活动特点。例如，卧室一般将喇叭安装在床头两侧；书房一般将喇叭安装在书桌两侧；餐厅考虑将喇叭安装在餐桌两侧。

（7）一般情况下，喇叭间的距离保持在层高的 1.5 倍左右就有比较好的立体声效果。

（8）智能控制主机需要选择合适的安装位置，以保证布线的方便、美观。

XBPA-2100/2000 系统如图 3-44 所示。

3.35 扬声器传输电缆允许距离

扬声器传输电缆允许距离见表 3-9。扬声器结构如图 3-45 所示。

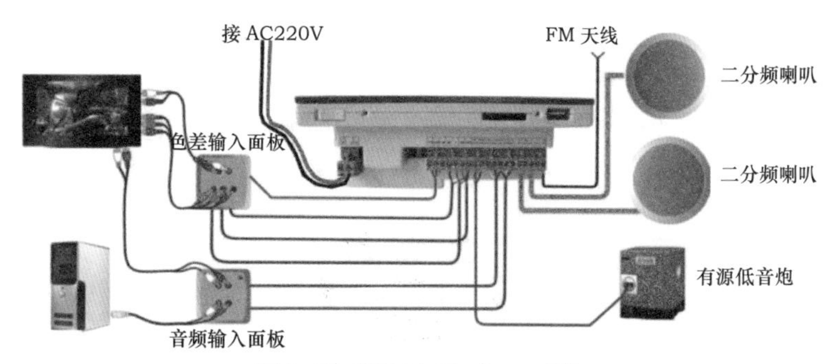

图 3-44 XBPA-2100/2000 系统

表 3-9 扬声器传输电缆允许距离

电缆规格（mm^2）		不同扬声器总功率允许的最大线缆长度（m）			
二线制	三线制	30W	60W	120W	240W
2×0.5	3×0.5	400	200	100	50
2×0.75	3×0.75	600	300	150	75
2×1.0	3×1.0	800	400	200	100
2×1.2	3×1.2	1000	500	250	125
2×1.5	3×1.5	1300	650	325	165
2×2.5	3×2.5	—	1100	550	280

注 表中电缆选用 RVS 或（RVS+RV）。

图 3-45 扬声器结构

3.36 单只扬声器扩声面积

单只扬声器扩声面积见表 3-10，扬声器实物图如图 3-46 所示。

表 3-10 单只扬声器扩声面积

型号	规格（W）	名称	扩声面积（m^2）	备注
ZTY-1	3	天花板扬声器	40 ~ 70	吊顶安装
ZTY-2	5	天花板扬声器	60 ~ 110	较高吊顶安装
ZQY	3	球形扬声器	30 ~ 60	吊顶、无吊顶安装
	5	球形扬声器	50 ~ 100	特殊装饰效果的场合
ZYX-1A	3	音箱	40 ~ 70	壁装
ZYX-1	5	音箱	60 ~ 110	壁装
ZSZ-1	30	草地扬声器	80 ~ 120	室外座装
ZMZ-1	20	草地扬声器	60 ~ 100	室外座装

注 扬声器安装高度 3m 以内。

图 3-46 扬声器实物图

3.37 86 型背景音乐接线

86 型背景音乐接线如图 3–47 所示。

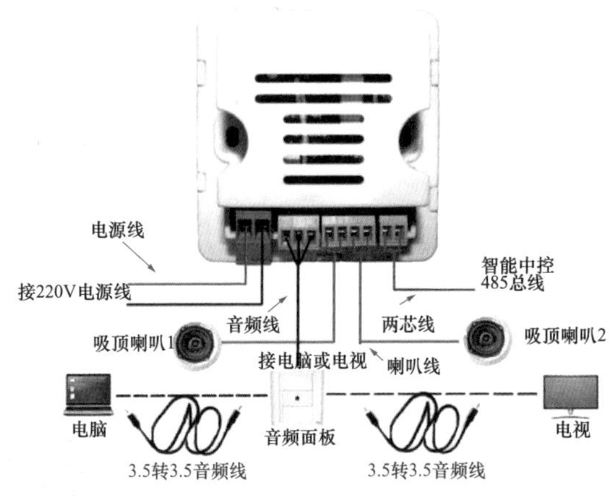

图 3–47　86 型背景音乐接线

3.38 带蓝牙 USB SD 插口背景音乐系统主机控制器的接线

带蓝牙 USB SD 插口背景音乐系统主机控制器的接线如图 3–48 所示。

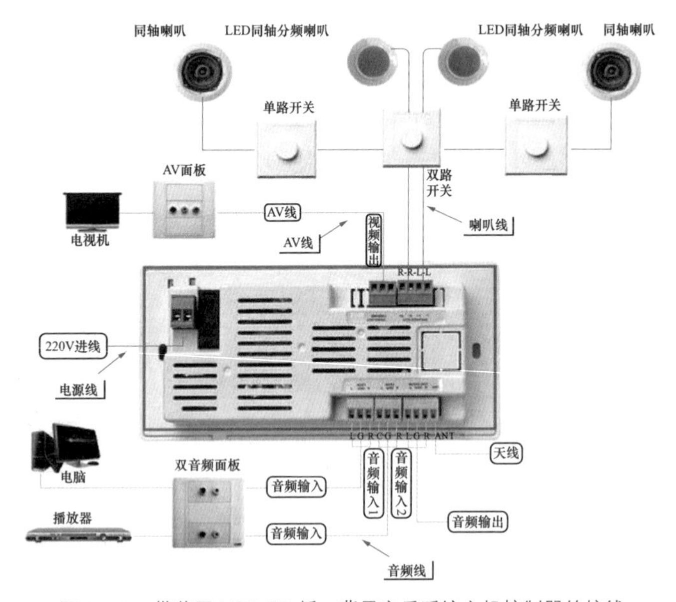

图 3–48　带蓝牙 USB SD 插口背景音乐系统主机控制器的接线

3.39 USB SD 插口背景音乐控制器的接线

USB SD 插口背景音乐控制器的接线如图 3–49 所示。

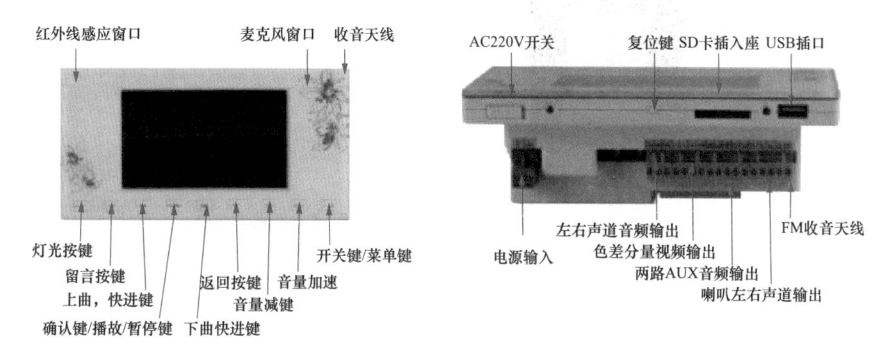

图 3–49　USB SD 插口背景音乐控制器的接线

3.40 嵌入式背景音乐主机的接线

嵌入式背景音乐主机的接线如图 3–50 所示。

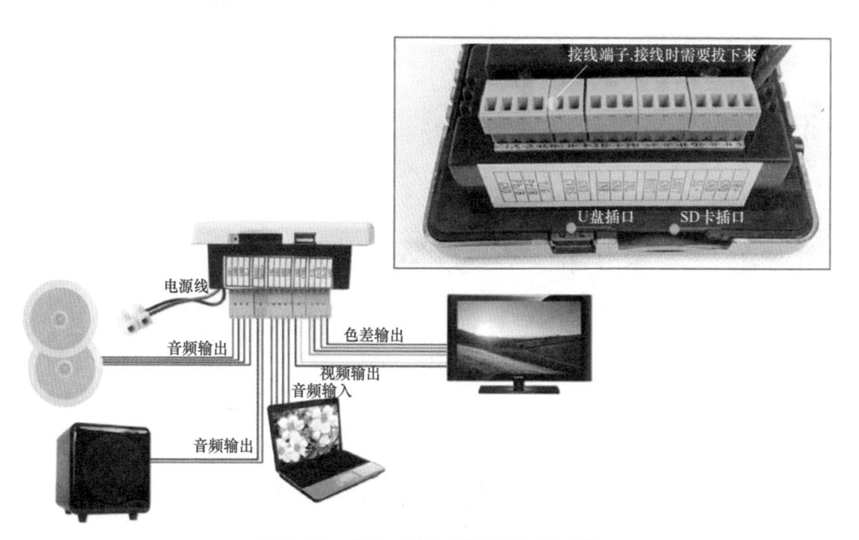

图 3–50　嵌入式背景音乐主机的接线

3.41 其他背景音乐主机的接线

其他背景音乐主机的接线如图 3–51、图 3–52 所示。

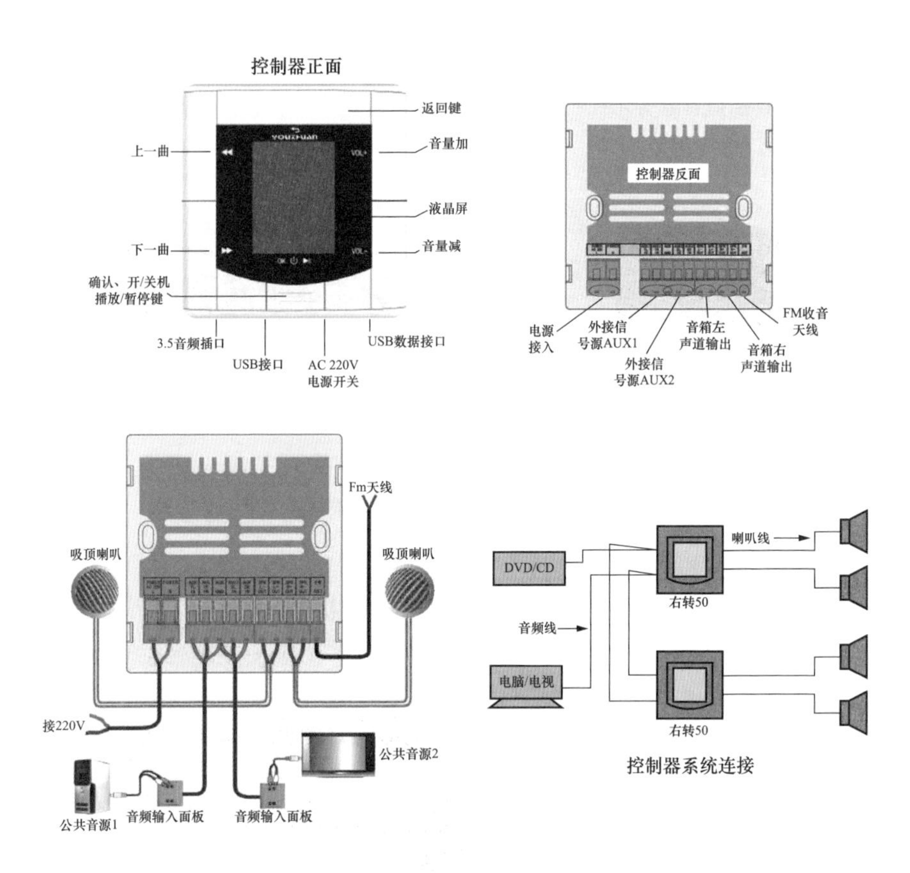

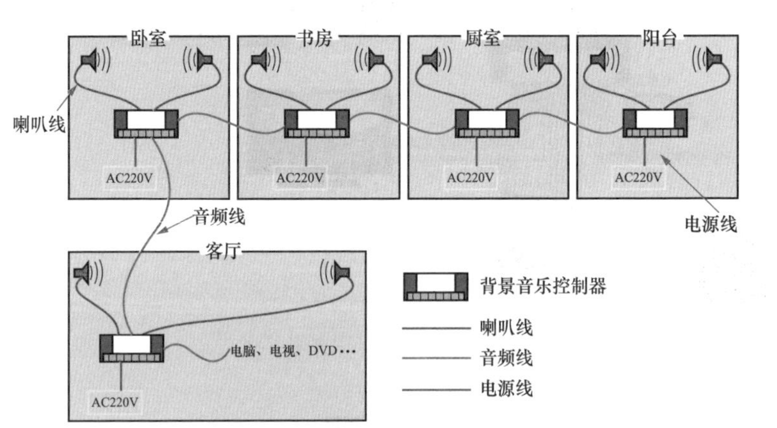

图 3-51　背景音乐音响系统控制器（一）

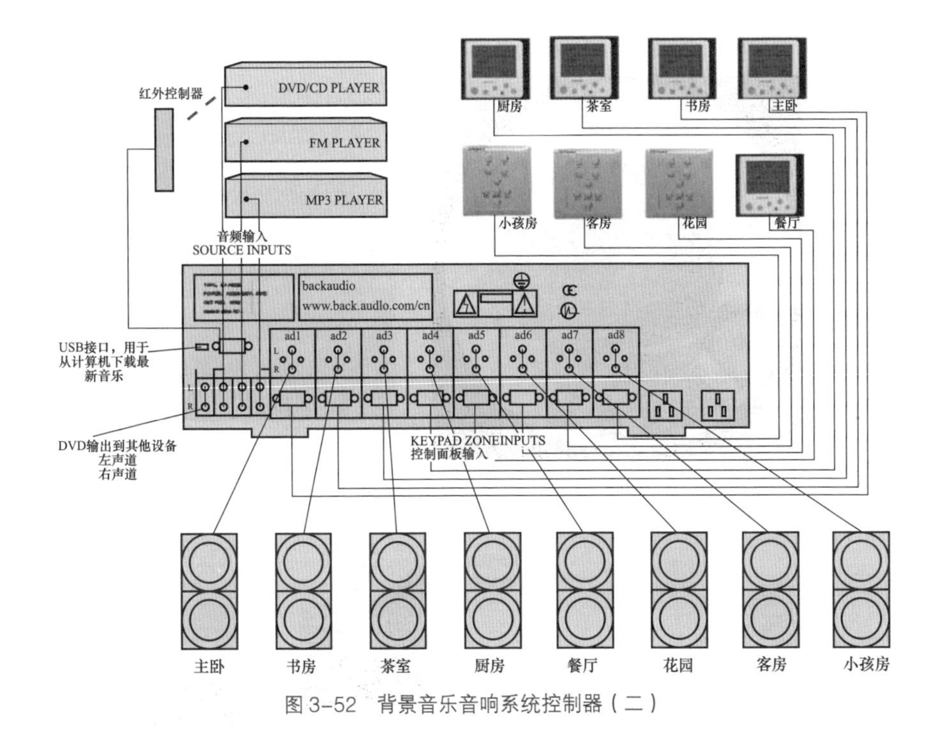

图 3-52　背景音乐音响系统控制器（二）

3.42 吸顶喇叭的螺钉紧固

吸顶喇叭，也就是天花喇叭、吸顶式扬声器。其可以适用于别墅、客厅、楼中楼、洗手间、厨房、咖啡厅、高级酒店、电教会议室、背景音乐广播系统、业务广播、消防广播等场所的应用。

选择吸顶式扬声器需要考虑额定功率、灵敏度、频率响应、扬声器的辐射角、分布位置。目前大多数厂家生产的吸顶扬声器辐射角大约是 90°。

一般天花板高度为 3 ~ 4m，扬声器间距为 6 ~ 8m，覆盖面积达 30 ~ 50m^2。

吸顶喇叭的安装方法与要点：先根据选择的吸顶喇叭的开孔尺寸在天花板上开好孔，然后安装好支架（木板天花板不需要安装支架），见图 3-53、图 3-54。

3.43 吸顶喇叭的活动夹、弹片夹安装

吸顶喇叭的活动夹、弹片夹安装方法要点：先根据喇叭开孔尺寸在天花板上凿一个孔，然后将天花喇叭装入，再卡住即可，见图 3-55。

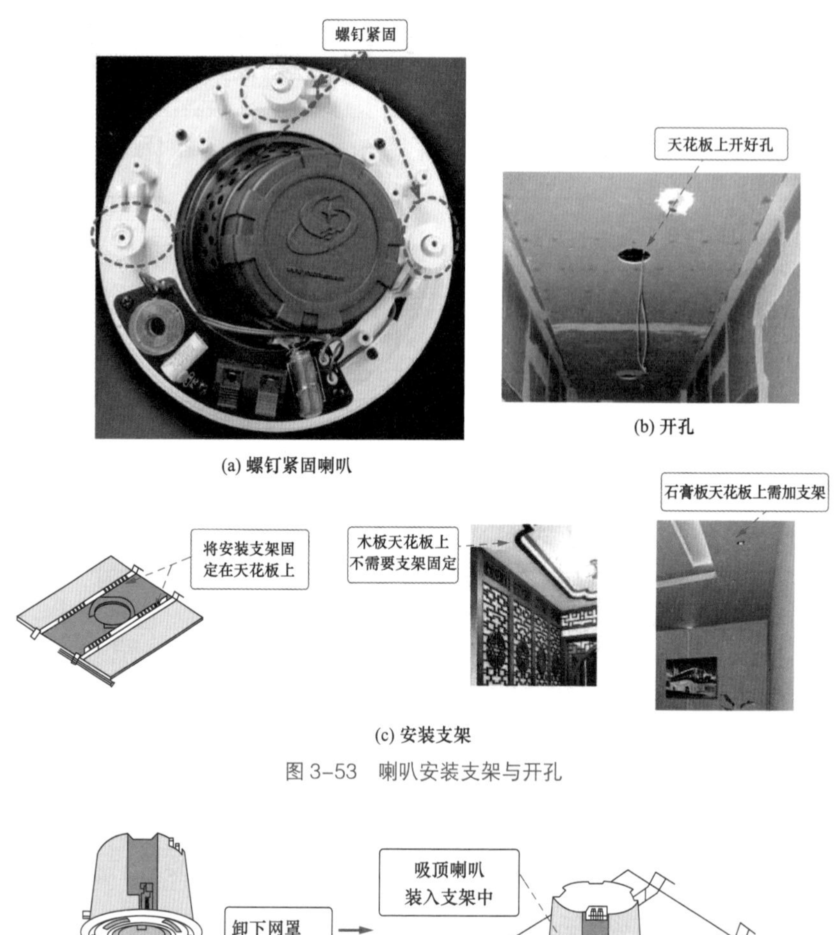

(a) 螺钉紧固喇叭

(b) 开孔

(c) 安装支架

图 3-53　喇叭安装支架与开孔

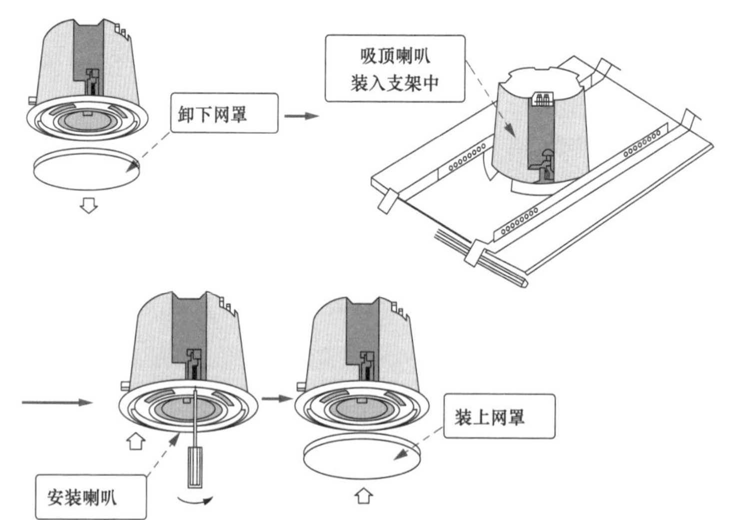

图 3-54　安装吸顶喇叭

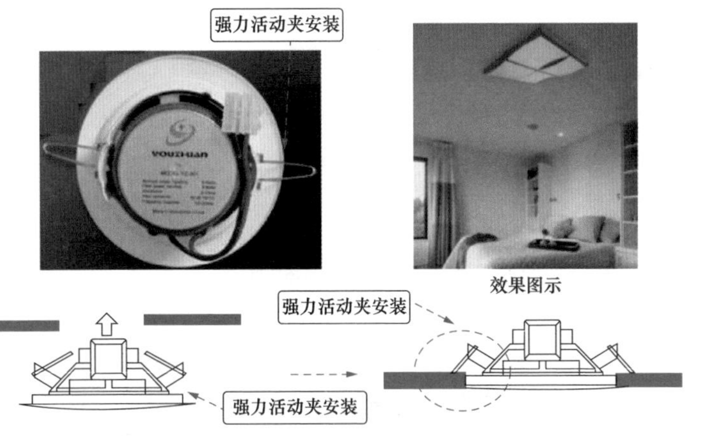

图 3–55　活动夹、弹片夹的安装

3.44 墙挂喇叭的安装

墙挂喇叭的安装如图 3–56 所示。

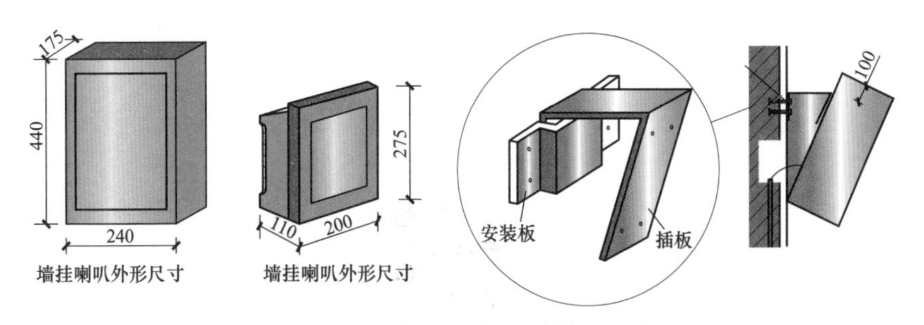

图 3–56　墙挂喇叭的安装（单位：mm）

3.45 吸顶喇叭的压脚安装

吸顶喇叭的压脚安装如图 3–57 所示。

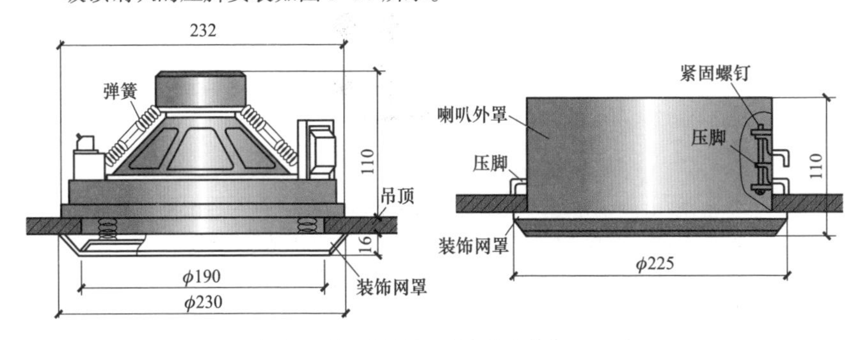

图 3–57　吸顶喇叭的压脚安装（单位：mm）

3.46 扬声器（音箱）的连接

音箱的联机需要注意极性，也就是正极端子（+）只能与正极端子（+）连接，负极端子（-）只能与负极端子（-）连接。如果音箱连接不正确，会出现声音不同步或声音失真的现象，以及造成正负极短路，也会对DVD/AV接收器造成损害。

扬声器（音箱）的连接如图3-58、图3-59所示。

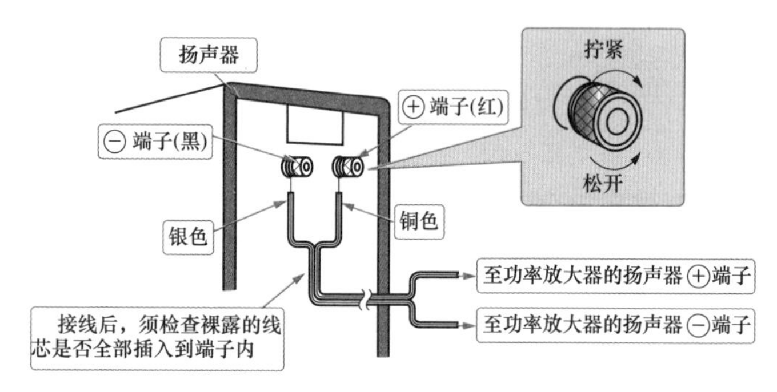

图3-58 传统方法

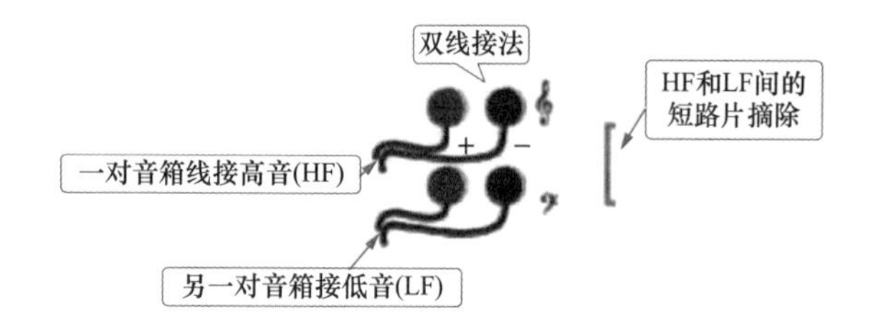

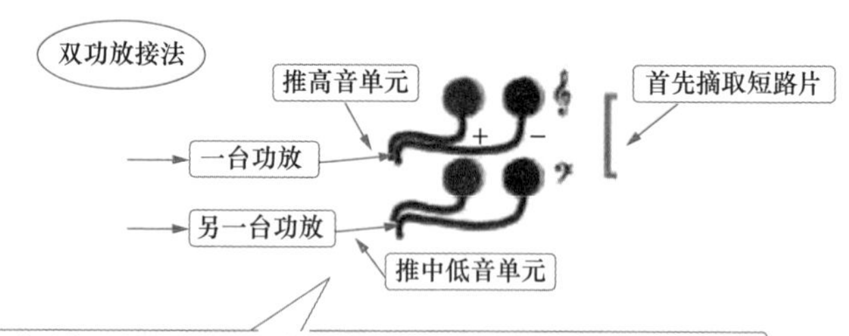

图3-59 扬声器（音箱）的连接有关图例（一）

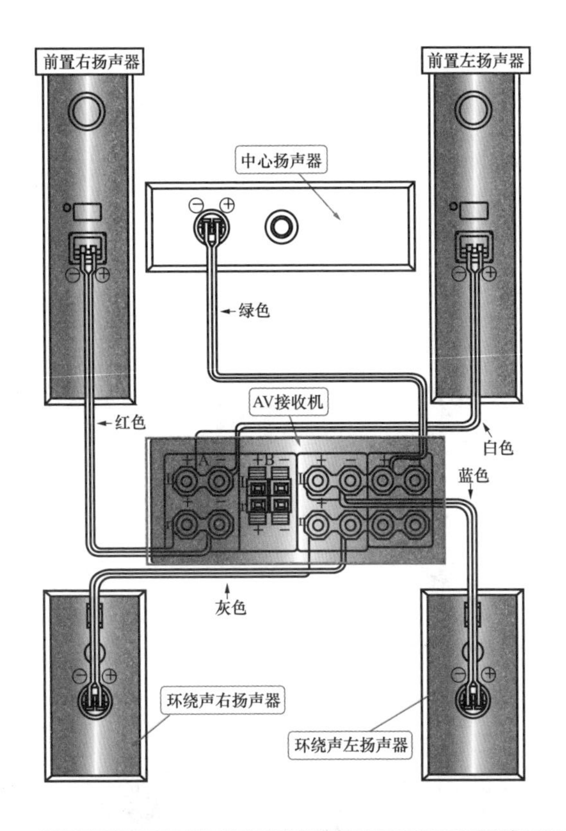

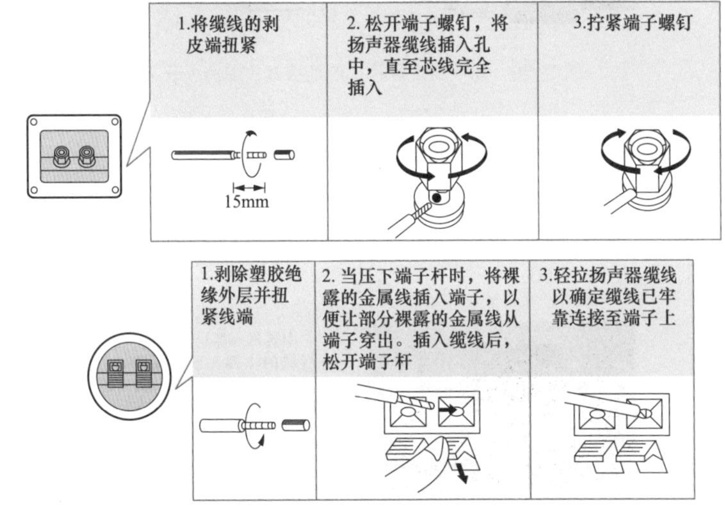

图 3-59　扬声器（音箱）的连接有关图例（二）

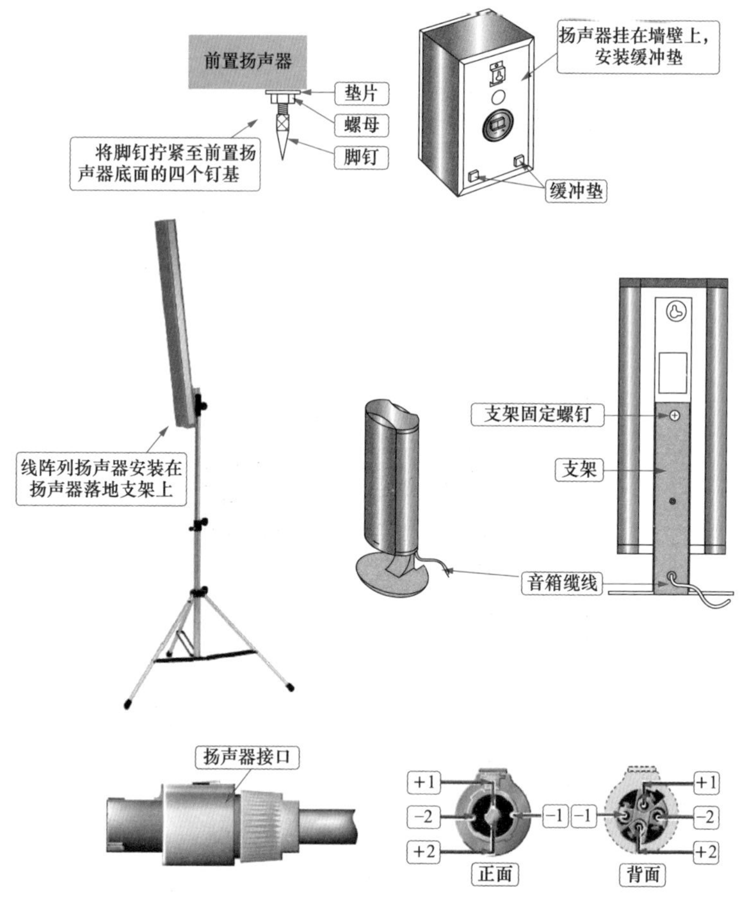

图 3-59　扬声器（音箱）的连接有关图例（三）

3.47 前中置扬声器的摆放安装

前中置扬声器能够加强荧屏中的动作与对白的定位感，从而使声音听起来像由画面中发出。前中置扬声器尽可能靠近荧屏的垂直中心线，从而保证对白的精确与可靠重现（见图 3-60）。

图 3-60　前中置扬声器的摆放安装图例

3.48 超重低音音箱的摆放安装

超重低音音箱可以处理低频效果信道的低音。从超重低音音箱输出的低音音量与音质由其所在的位置、聆听室的形状、聆听者的位置综合决定。

一般而言，将超重低音音箱安装在图例所示的前墙角或墙的 1/3 处，这样可以获得较好的低音效果，见图 3-61。

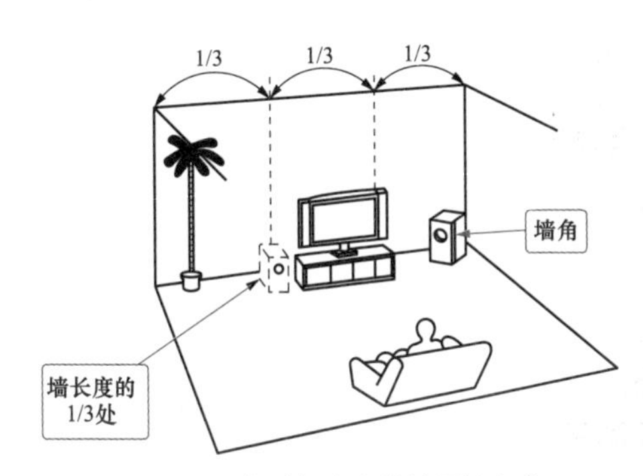

图 3-61　超重低音音箱的摆放安装

3.49 左右前置扬声器的摆放安装

左右前置扬声器能够使来自荧屏的音像更加宽广，从而让观看者无论坐在房间哪一位置均能够感觉自然。

左右前置扬声器可以放在电视机附近，也就是不会产生画面干扰的地方（见图 3-62）。

左前与右前音箱的定位需要处于面对聆听者，并且与耳部高度齐平位置的地方，以及需要与电视机相隔距离一致。

左前与右前音箱一般根据向内的角度摆放。

图 3-62　左右前置扬声器的摆放安装

3.50 沙发后面音响的安装

环绕扬声器、后置扬声器可以增加声音的分离与特殊效果，扩展视像，把观者带入逼真的画面中。另外，环绕扬声器还能够很好地驾驭对白。因此，家居客厅音响常需要设计环绕扬声器、后置扬声器。

客厅音响沙发后面的 2 个环绕喇叭位置一般比坐在沙发上的人耳略高。如果沙发后有位置安放环绕支架，则可以把线留在沙发后地面或墙角。安装时，只需要把线穿在环绕支架里，再连接到音箱上即可（见图 3-63）。

图 3-63　沙发后面安装音响的图例

左右后置扬声器的摆放需要使声音能够反射到观看者的两边，而不是直接反射到背后。另外，后置扬声器的高度也可以与耳齐或超过耳朵（以坐姿为准）。

旋转后置音箱的顶部或底部需要能够使声音朝向聆听者的前方或后方。

3.51 智能家居系统与功能间控制

智能家居系统与功能间控制如图 3-64、图 3-65 所示。

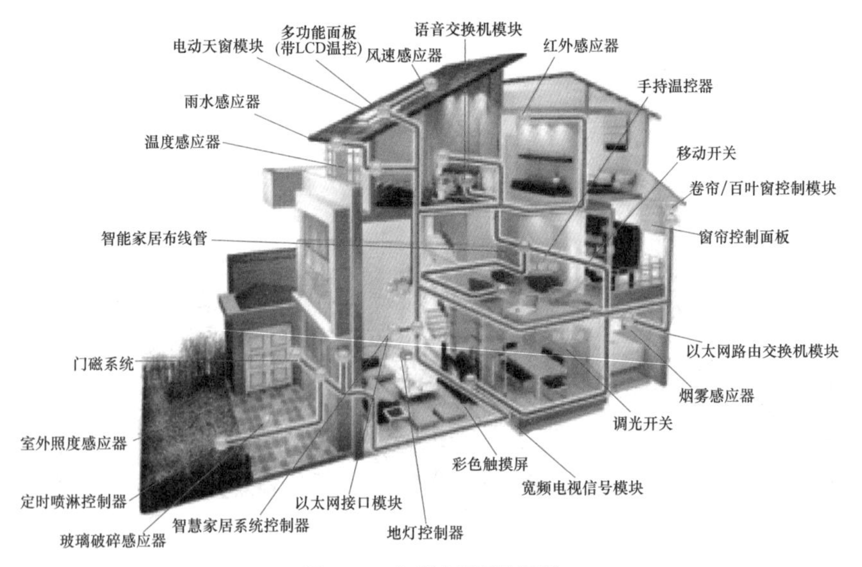

图 3-64　智能家居系统图例

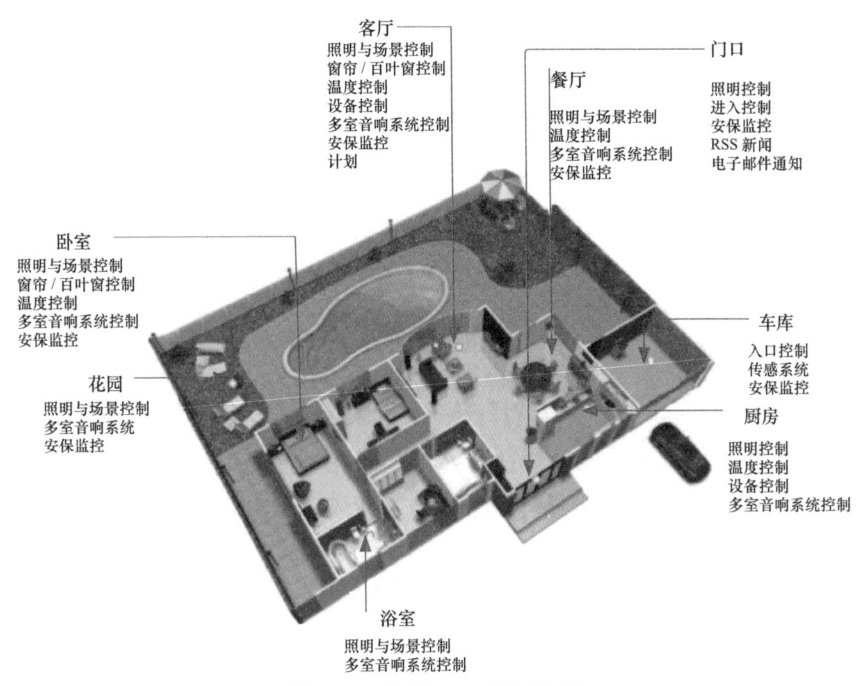

图 3–65　智能家居功能间控制图

智能家居的分类见表 3–11。

表 3–11　　智能家居的分类

中文	英文
控制主机（集中控制器）	Smarthome Control Center
智能照明系统	Intelligent Lighting System（ILS）
电气控制系统	Electrical Apparatus Control System（EACS）
家庭背景音乐	Whole Home Audio（WHA）
家庭影院系统	Speakers，A/V & Home Theater
对讲系统	Video Door Phone（VDP）
视频监控	Cameras and Surveillance
防盗报警	Home Alarm System
电锁门禁	Door Locks & Access Control
智能遮阳（电动窗帘）	Intelligent Sunshading System/Electric Curtain
暖通空调系统	Thermostats & HVAC Controls
太阳能与节能设备	Solar & Energy Savers

续表

中文	英文
自动抄表	Automatic Meter Reading System（AMR）
智能家居软件	Smarthome Software
家居布线系统	Cable & Structured Wiring
家庭网络	Home Networking
厨卫电视系统	Kitchen TV & Bathroom Built-In TV System
运动与健康监测	Exercise and Health Monitoring
花草自动浇灌	Automatic Watering Circuit
宠物照看与动物管制	Pet Care & Pest Control

3.52 无线门磁

无线门磁是由无线发射模块与磁块两部分组成（见图 3-66）。无线发射模块中的箭头处有钢簧管，当磁体与钢簧管的距离保持在 1.5cm 内时，钢簧管处于断开状态。如果磁体与钢簧管分离的距离超过 1.5cm 时，钢簧管就会闭合造成短路，报警指示灯亮，以及向主机发射报警信号。

无线门磁的主要结构特点如下：

（1）金属制磁体：一般需要安装在可以上下移动的门板上，以及需要与门板的底部保持平行。

（2）金属制钢簧管：一般安装在地下，与金属制磁体需要保持在同一个水平上。它们之间要保持一定的距离，但不能超过 21cm。

（3）无线发射传感器：其与金属制钢簧管间是有线连接的，一般安装在距离主机通信范围内的位置，信号线需要沿着地面安装，信号线的长度需要根据实际的需要而决定。

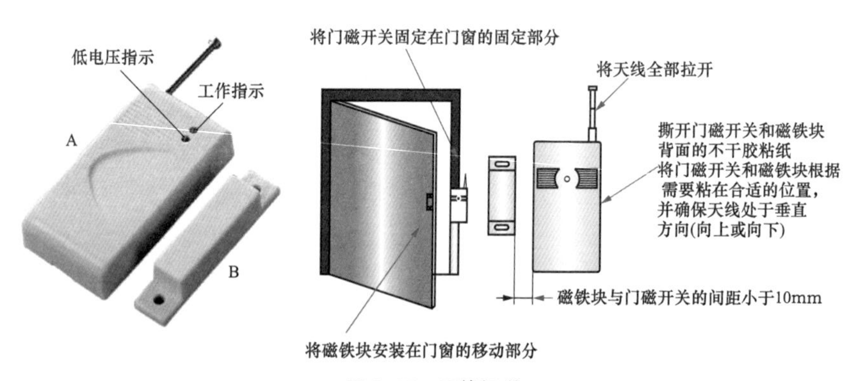

图 3-66 无线门磁

无线门磁动点一般安装固定在门上，发射点一般固定在门框对应的位置即可。但是，需要注意以下事项：

（1）无线发射器与磁块需要相互对准、相互平行，间距不大于 15mm。

（2）如果所安装的门窗形状特殊，不便于安装门磁，则需要制作安装基架，以满足安装要求。

（3）安装的位置要正确。

（4）尽量缩短无线发射传感器与主机间的距离，减少与主机间的钢筋混凝土墙、电器等干扰体 。

（5）无线发射器安装的位置需要在避免雨水、潮湿的地方。

（6）安装好后，需要把接收天线拉出。

（7）天线的方向尽量向主机的方向。

3.53 灯光控制模块

无线智能灯光控制模块根据灯光布线特点分为零线—相线布线、单相线布线等种类。为适应该两种布线方式，有两种无线智能灯光控制模块，即零线—相线方式无线智能灯光控制模块（必须工作在零线—相线布线系统中）。另外一种是单相线方式无线智能灯光控制模块（能够工作在零线—相线或者单相线布线系统中）。

单相线方式无线智能灯光控制模块接线方法：通过单相线直接接入开关接点，即相线与控制线直接接入端子即可，无需零线。接线后直接安装在墙壁普通的 86 暗盒上即可。

灯光控制器的相关图例如图 3-67 所示。

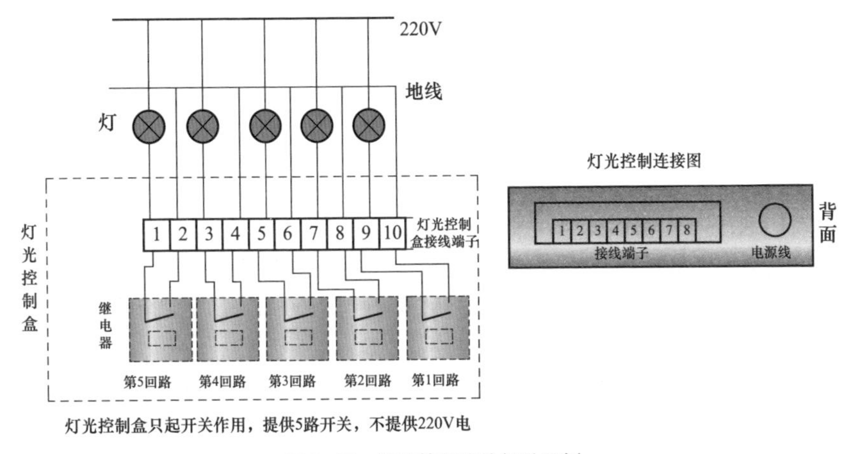

图 3-67　灯光控制器的相关图例

3.54 红外探测器

红外探测器的安装方法与注意事项：

（1）红外线热释电传感器对人体的敏感程度、人的运动方向有很大的关系：红外线热释电传感器对于径向移动反应不灵敏，对于横切方向移动最为敏感。因此，选择合适的安装位置是避免红外探头误报的注意事项之一。

（2）红外探测器需要远离空调、冰箱、火炉等空气温度变化敏感的地方。

（3）红外探测器与被探测区域间不能隔家具、大型盆景、玻璃等其他物体。

（4）红外探测器不能够直对窗口，以防止窗外的热气流扰动与人员走动引起误报。

（5）无线红外控制器的撤、布防等工作状态也可以由控制器进行设置。

红外探测器的相关图例如图 3-68 所示。

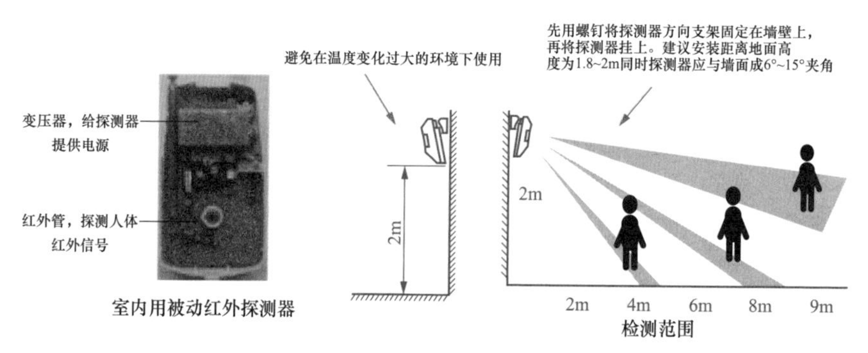

图 3-68　红外探测器的相关图例

3.55 无线烟雾感应器

无线烟雾感应器（见图 3-69）的安装方法与注意事项：

（1）烟雾感应器的类型有独立型（直接用碱性电池供电）、联网型（有的为黄线接 COM 公共端子、蓝线接 NC 常闭端子、绿线接 NO 常开端子）、无线型（根据报警主机的配置要求，工作频率 315M 或 433MHz 可选，在发射模块上编好地址码与数据码，直接使用碱性电池供电等）。

（2）安装烟雾感应器时，需要避免在气流速度大、有大量粉尘、水雾滞留或可能发生无烟火灾的场所。

（3）选择合适的安装区域安装烟雾感应器。

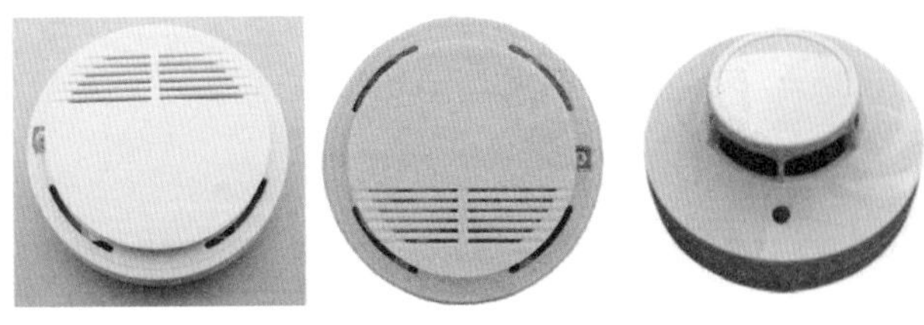
图 3-69　无线烟雾感应器

（4）有的烟雾感应器的安装可以用两颗膨胀螺钉将安装支架的背面固定在墙面。

（5）有的烟雾感应器是一种密闭型装置，不允许打开。

（6）避免把烟雾感应器安装在太接近门口、窗户、风扇等地方，一般较快的流通气流可能影响探测器的正常工作。

（7）避免把烟雾感应器安装在高潮温度的地点，例如浴室，厨房等。

（8）无线烟雾感应报警器需要防尘和防潮。

（9）烟雾感应器不要安装在室外。

（10）烟雾感应器理想的安装位置有别墅、家居、商铺、写字楼、仓库、车库等地方。

（11）烟雾感应器如果安装在走廊，走廊与墙的距离不应超过 4m，两个相邻探测器不应超过 8m。

（12）烟雾感应器如果安装在墙上，第一个探测器需要与天花板最小有 15cm，最大 30cm 的距离，两个相邻探测器最少应相隔 60cm。

（13）不要把无线烟雾感应报警器安装在超出 10 ~ 50℃的温度，或者比较潮湿的地方。

（14）无线烟雾感应器一般距离地面 3m 内安装，房间较大的情况下考虑分散布置探头，保证清洁无尘。

3.56 GSM 智能网关

GSM 智能网关如图 3-70 所示。

图 3-70　GSM 智能网关（一）

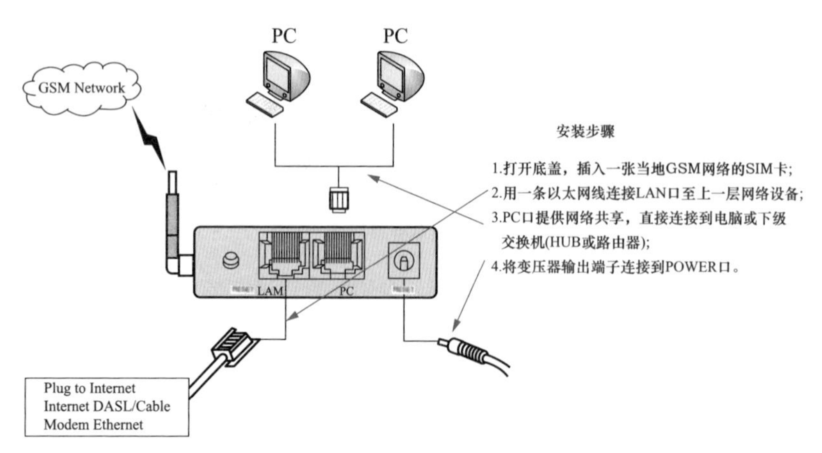

图 3-70　GSM 智能网关（二）

寻找电话网络良好的位置进行悬挂固定 GSM 智能网关，然后接通电源即可。网络连接接口插头如图 3-71 所示。

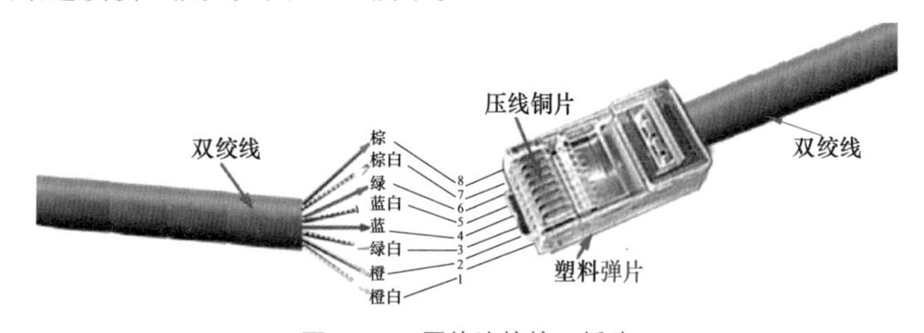

图 3-71　网络连接接口插头

3.57 TCP-IP 转 8 口 485 网络转换器

TCP-IP 转 8 口 485 网络转换器的特点与连接如图 3-72 所示。

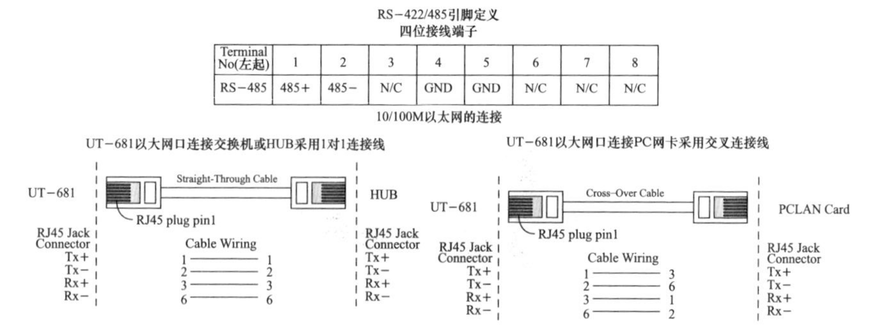
RS-422/485引脚定义
四位接线端子

Terminal No(左起)	1	2	3	4	5	6	7	8
RS-485	485+	485-	N/C	GND	GND	N/C	N/C	N/C

图 3-72　TCP-IP 转 8 口 485 网络转换器的特点与连接

3.58 窗帘控制器

窗帘控制器系统由电动机、百叶片、顶槽、卷绳器、梯绳等组成。有的窗帘控制器接线方式为：相线接 L 位置，零线接 N 位置。输出端 1 接电动机正转相，2 接电动机反转相。如果是微型窗帘控制器，则需要把控制尾线接机械开关上（见图 3–73、图 3–74）。

窗帘控制器的固定方式如下：

（1）微型窗帘控制器。将微型电动窗帘控制器放在 86 标准暗盒中，再把开关固定在开关盒上。

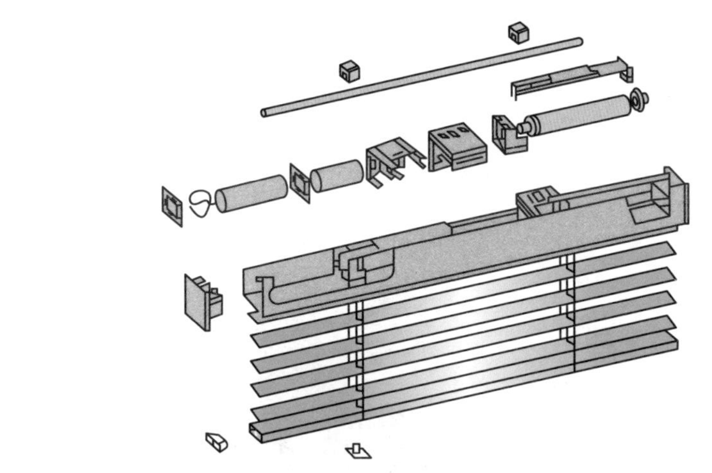

图 3–73　窗帘控制器

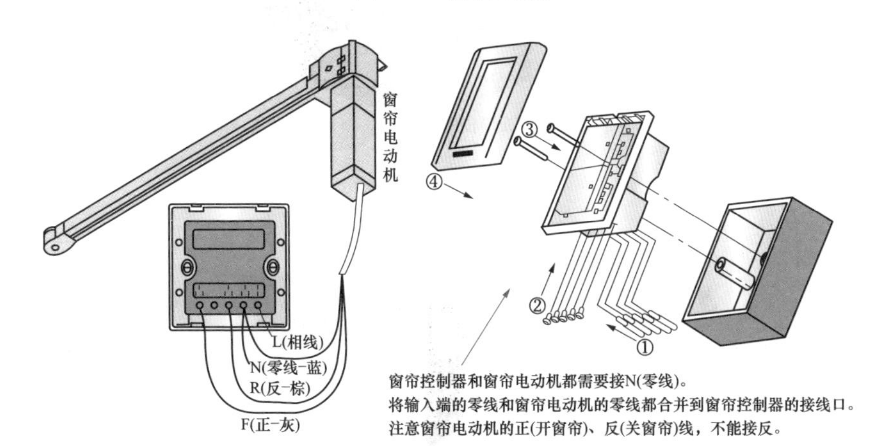

图 3–74　另外一窗帘控制器的特点

（2）水晶面板的控制。打开水晶面板，再用螺钉固定在标准 86 暗盒上，然后安装上水晶面板即可。

3.59 彩信眼

彩信眼的外形与应用特点如图 3-75 所示。

有的彩信眼的接线方式：将开关电源一头插在电源插座上，另一端插进彩信眼的电源插口。有的彩信眼带有内置电池，当外部电源断电时可以改由电池供电。

彩信眼的固定方式：先选择合适的安装位置，然后调整好镜头，使监控区域在镜头的拍摄范围内。安装时，需要避免将镜头正对强烈光源。另外，还需要选择 GSM 网络信号接收良好的位置安装。

彩信眼的安装方式如下：

（1）拉开底座上的槽扣，抓住主机的两端向两边拉开，再向上立起彩信眼头部，然后将彩信眼平放在适当的位置，然后调节好镜头，对准监控区域即可。

（2）彩信眼底座上有挂孔，可以用螺钉固定在墙壁上，然后调节好镜头，对准监控区域即可。

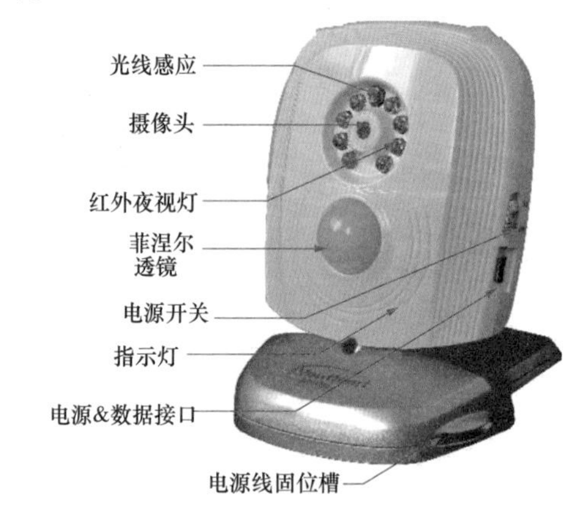

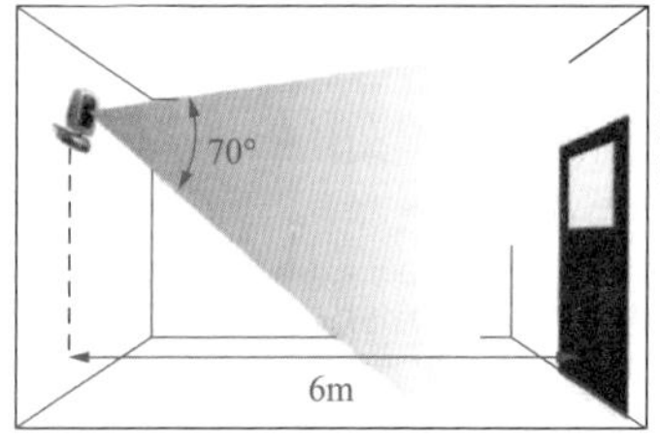

图 3-75　彩信眼的外形与应用特点

3.60 网络摄像机

典型网络摄像机的外形与接线如图 3-76 所示。

典型网络摄像机的接线方式：用网络摄像机自带电源给摄像机接通电源，然后用网线把网络摄像机直接连接到计算机上，或利用路由器连接到局域网上。

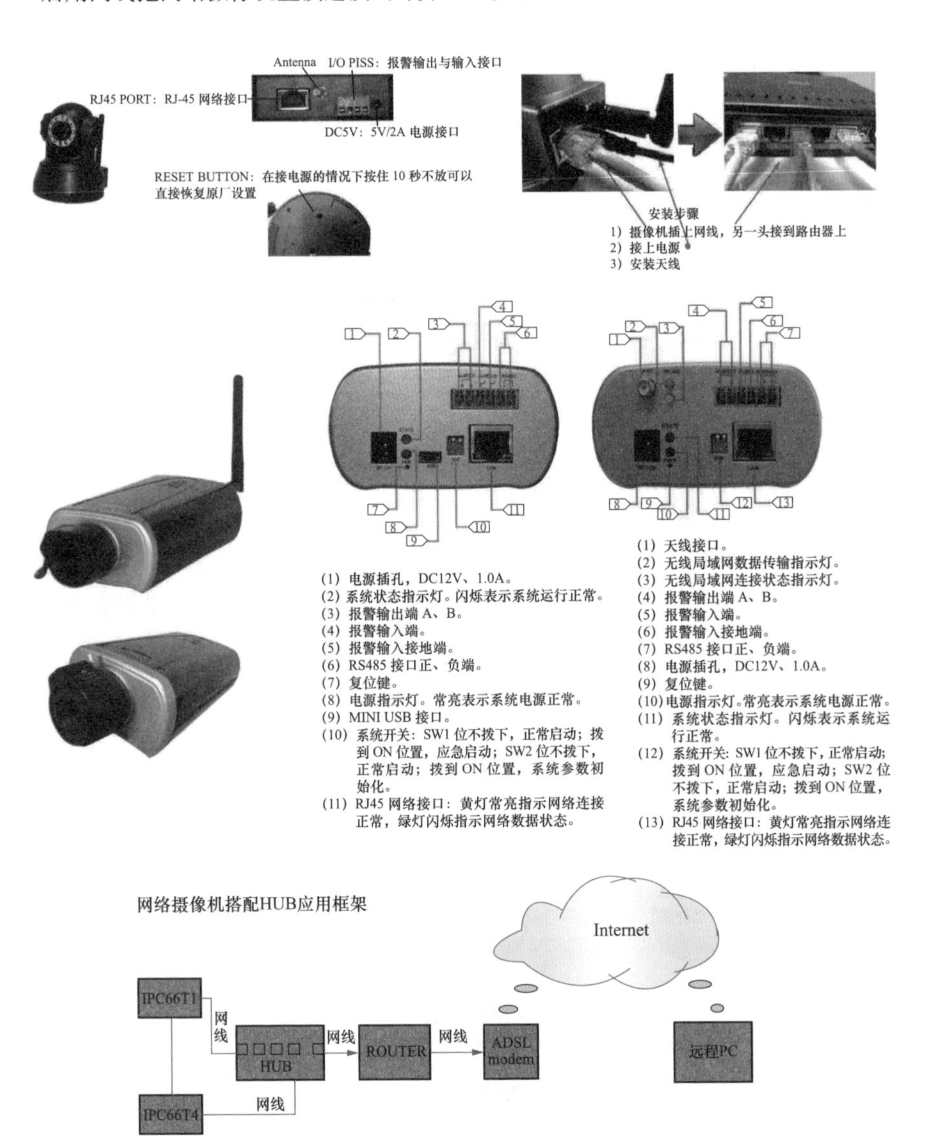

图 3-76 典型网络摄像机的外形与接线（一）

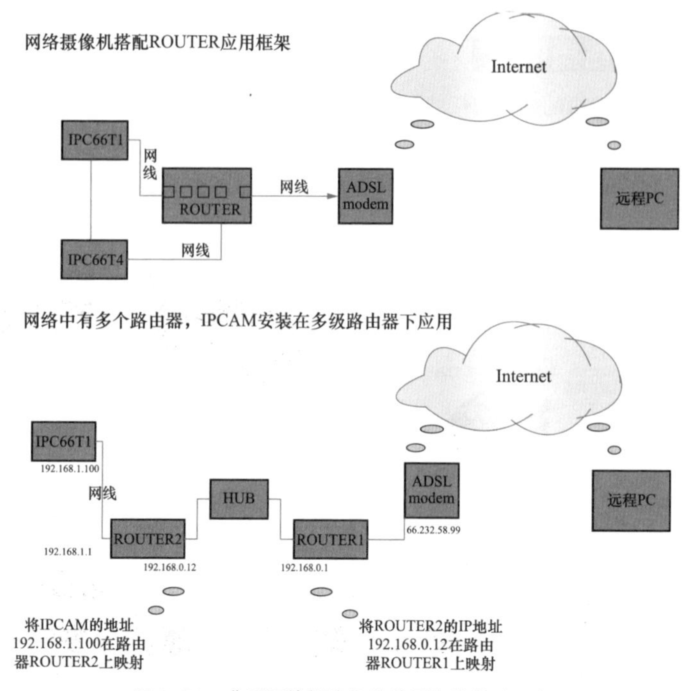

图 3-76　典型网络摄像机的外形与接线（二）

典型网络摄像机的固定方式：有的网络摄像机终端机壳的上面有一个标准的摄像机安装固定座，因此，选择好安装位置后，进行固定安装即可。如果安装在室外，需要考虑加装防水外罩与防雷设备。

3.61 视频安防监控系统的构成

视频安防监控系统基本构成如图 3-77 所示。

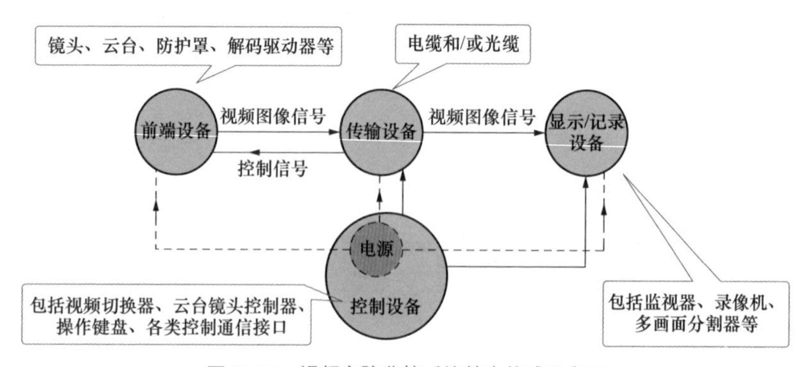

图 3-77　视频安防监控系统基本构成示意图

3.62 探测器的安装

探测器的安装方法如图 3–78 所示。

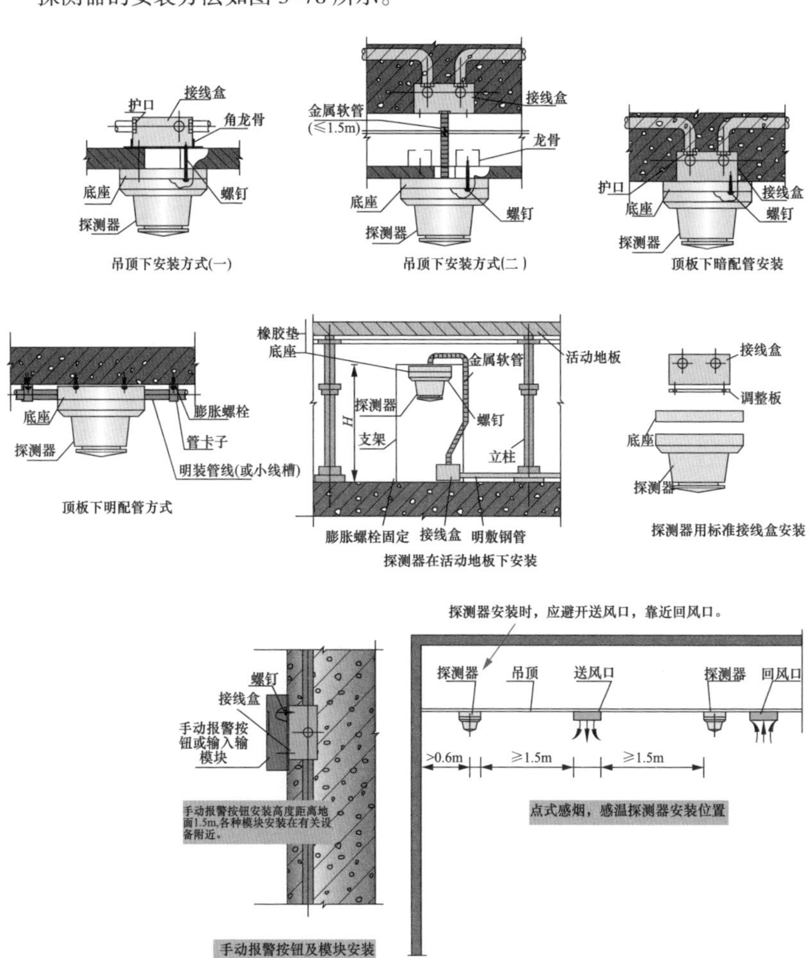

图 3–78　探测器的安装方法

第4章

给水暗装速精通

4.1 给水暗装主要工序

给水暗装主要工序：选择好水管→看施工图与交底、定位→划线→开槽→焊接、布管→检查→测试→封槽→最后检查（见图 4-1 ~ 图 4-3）。

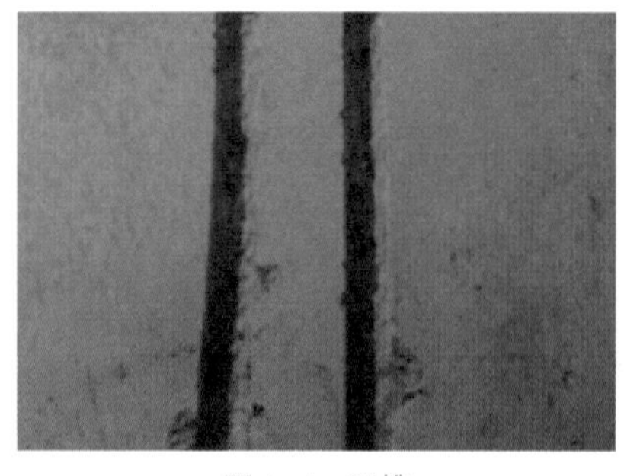

图 4-1 开槽

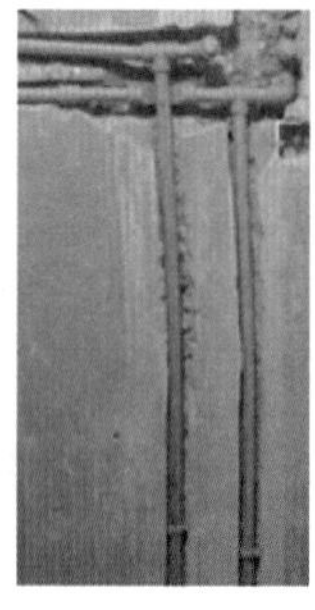

图 4-2 布管

图 4-3 试压

测试：手动试压泵打到 0.8MPa（8kgf，自来水在 3 ~ 4 kgf 左右）24h 压力下降不超过 0.05MPa 为合格。

安装给水管的要求与规范（见图 4-4）：

（1）使用的水管必须是合格的产品。

（2）遇有地面管路发生交叉时，次路管必须安装过桥在主管道下面，使整体水管分布保持在水平线上

（3）通阳台的水管，必须埋在原毛坯房的地面或墙面凿深 4cm 的槽内，然后用水泥砂浆将槽口封平。

（4）管道分布到位后，必须用管卡在转弯处用管卡固定。

（5）管道嵌墙暗敷时，对墙体开槽深度与宽度应不小于管材直径加 20mm。

（6）开槽的槽房平整不得有尖角突出物。

（7）管卡位置及管道坡度等均应符合规范要求。

（8）各类阀门安装应位置正确且平正，便于使用和维修。

（9）进水应设有室内总阀，安装前必须检查水管及连接配件是否有破损、砂眼、裂纹等现象。

（10）管道试压合格后，墙槽应用 1:2 水泥砂浆填补密实。

（11）给水横管宜设 0.002 ~ 0.005 的坡度坡向泄水装置。

（12）给水管道穿过承重墙或基础处，应预留洞口，且管顶上部净空不得小于建筑物的沉降量，一般不宜小于 0.1m。

（13）给水管道外表面如可能结露，应根据建筑物的性质和使用要求，采取防结露措施。

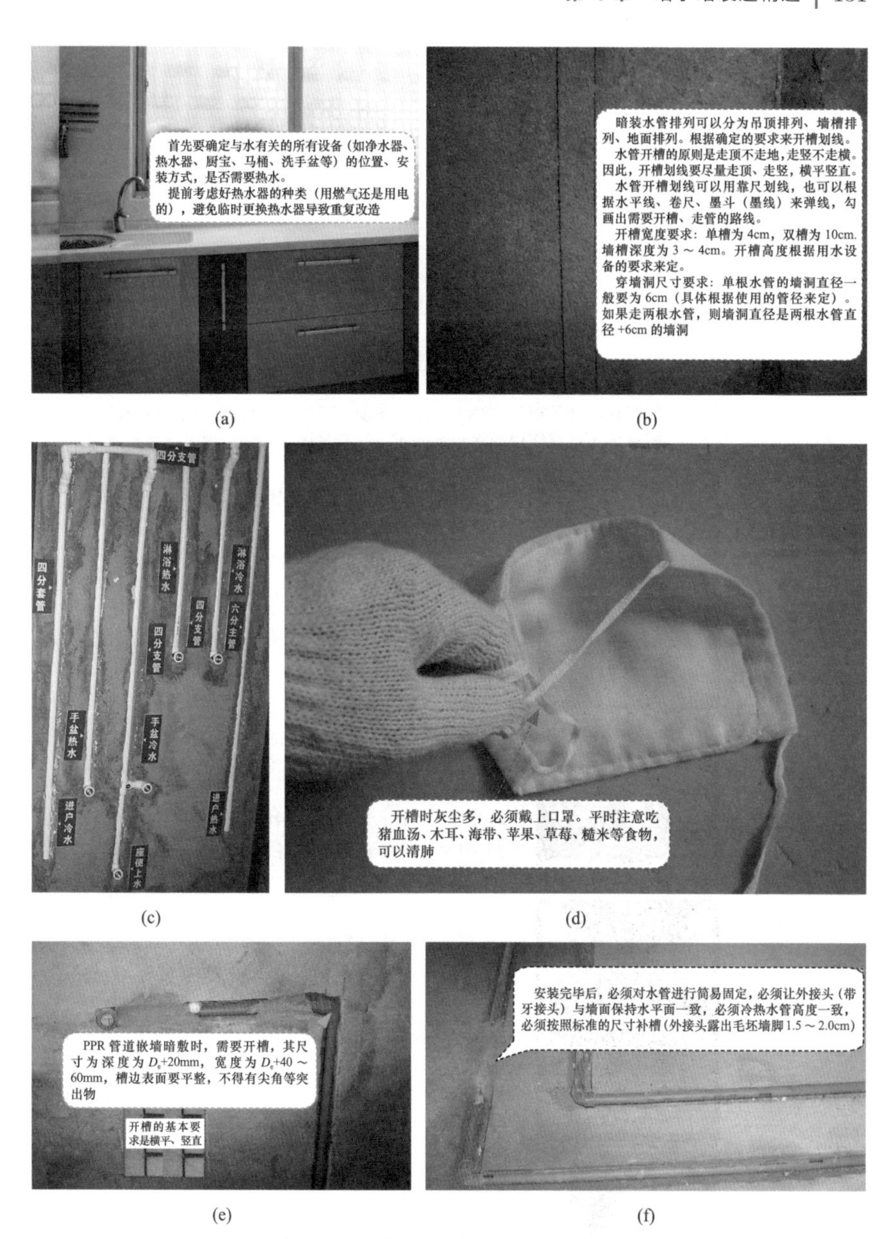

(a) (b) (c) (d) (e) (f)

图 4-4 安装给水管的要求与规范

（14）热水管尽量走最短路线这样热水会很快到达末端。淋浴用内丝弯头尽量用联体的，以防定位不好造成淋浴开关无法安装。水管尽量走顶以后即使出问题也好维修。

4.2 PPR 的熔接

PPR 的熔接方法见表 4-1。

表 4-1 PPR 的熔接方法

步骤	项目	图解	解说
1	安装前的准备	（1）需要准备熔接机、直尺、剪刀、记号笔、清洁毛巾等。 （2）检查管材、管件的规格尺寸是否符合要求。 （3）熔接机需要有可靠的安全措施。 （4）安装好熔接头，并且检查其规格要正确、连接要牢固可靠。安全合格后才可以通电。 （5）一般熔接机红色指示灯亮表示正在加温，绿色指示灯亮表示可以熔接。 （6）一般家装不推荐使用埋地暗敷方式，一般采用嵌墙或嵌埋天花板暗敷方式	
2	清洁管材、管件熔接表面		（1）熔接前需要清洁管材熔接表面、管件承口表面。 （2）管材端口在一般情况下，需要切除 2 ~ 3cm，如果有细微裂纹需要剪除 4 ~ 5 cm
3	管材熔接深度划线		熔接前，需要在管材表面划出一段沿管材纵向长度不小于最小承插深度的圆周标线
4	熔接加热		（1）首先将管材、管件均速的推进熔接模套与模芯，并且管材推进深度为到标志线，管件推进深度为到承口短面与模芯终止端面平齐即可。 （2）管材、管件推进中，不能有旋转、倾斜等不正确的现象。 （3）加热时间需要根据规定执行，一般冬天需要延长加热时间 50%
5	对接插入、调整		（1）对接插入时，速度尽量快，以防止表面过早硬化。 （2）对接插入时，允许不大于 5° 的角度调整
6	定型、冷却		（1）在允许调整时间过后，管材与管间，需要保持相对静止，不允许再有任何相对移位。 （2）熔接的冷却，需要采用自然冷却方式进行，严禁使用水、冰等冷却物强行冷却
7	管道试压	（1）管道安装完毕后，需要在常温状态下，在规定的时间内试压。 （2）试压前，需要在管道的最高点安装排气口，只有当管道内的气体完全排放完毕后，才能够试压。 （3）一般冷水管验收压力为系统工作压力的 1.5 倍，压力下降不允许大于 6%。 （4）有的需要先进行逐段试压，然后各区段合格后再进行总管网试压。 （5）试压用的管堵属于试压用。试压完毕后，需要更换金属管堵	

常见的 PPR 熔接器为加热器 + 铁箱 + 模头、加热器 + 铁箱 + 大金漆加厚模头，并且一般有模头固定螺钉两颗、六角扳手一个（见图 4–5）。

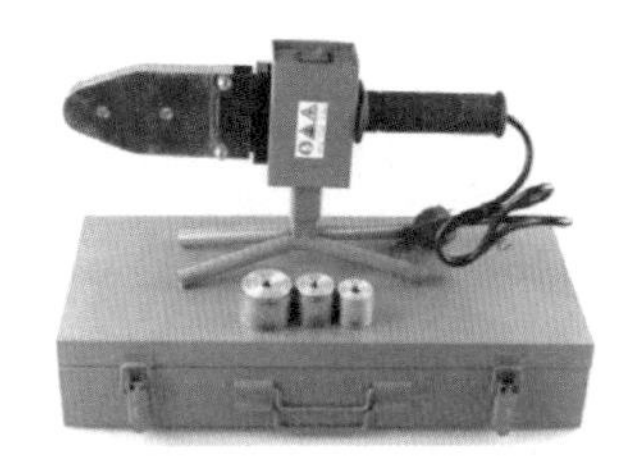

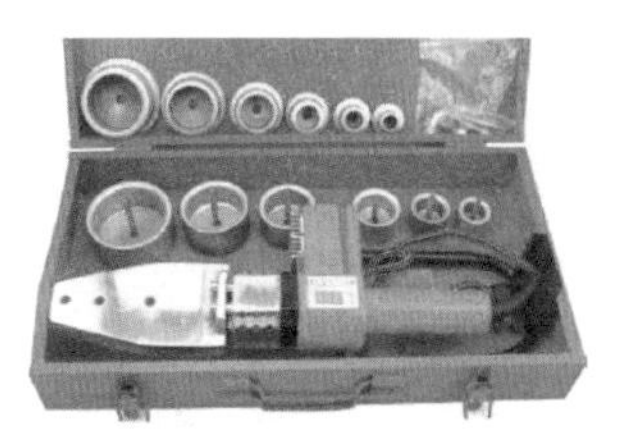

图 4–5　PPR 的熔接器

使用 PPR 熔接器的注意事项：

（1）有的采用单相三极安全扁插头，一般不得擅改插头，使用时必须把插头插入有接地的插座上。

（2）在使用过程中，手及易燃物不能触及加热部分，以免发生意外。

（3）非专业人员不得打开，以防触电及破坏仪器的安全性能。

（4）一般如红色、绿色指示灯长时间不出现跳变，则说明仪器已出现故障，应立即停止工作，并切断电源。

（5）熔接器出厂时，温度一般已经调整好，非专业人员不得随意调整，以免影响熔接器的正常使用及寿命。

4.3 PPR 开槽

用开槽机开出管外经稍大的沟槽，然后用热熔机焊接每个 PPR 接头，焊接时注意焊接顺序，焊接最好两人操作。封槽前最好先洒水湿润沟槽防止以后开裂。水管封槽最好分两次封，封槽时注意内丝弯头的上下水平位置（见图 4–6）。

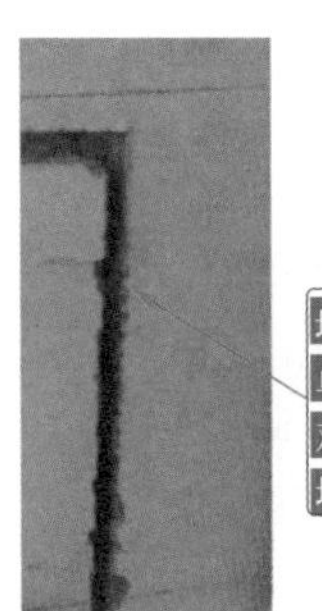

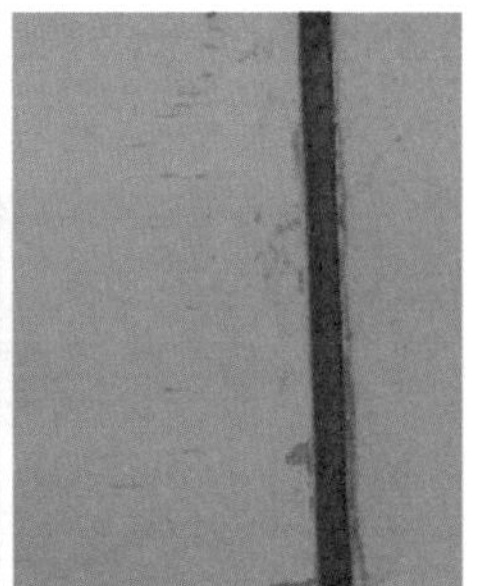

图 4–6　PPR 开槽封槽

4.4 PPR暗装要求

PPR暗装要求图例见表4–2。

表4–2　　　　PPR暗装要求图例

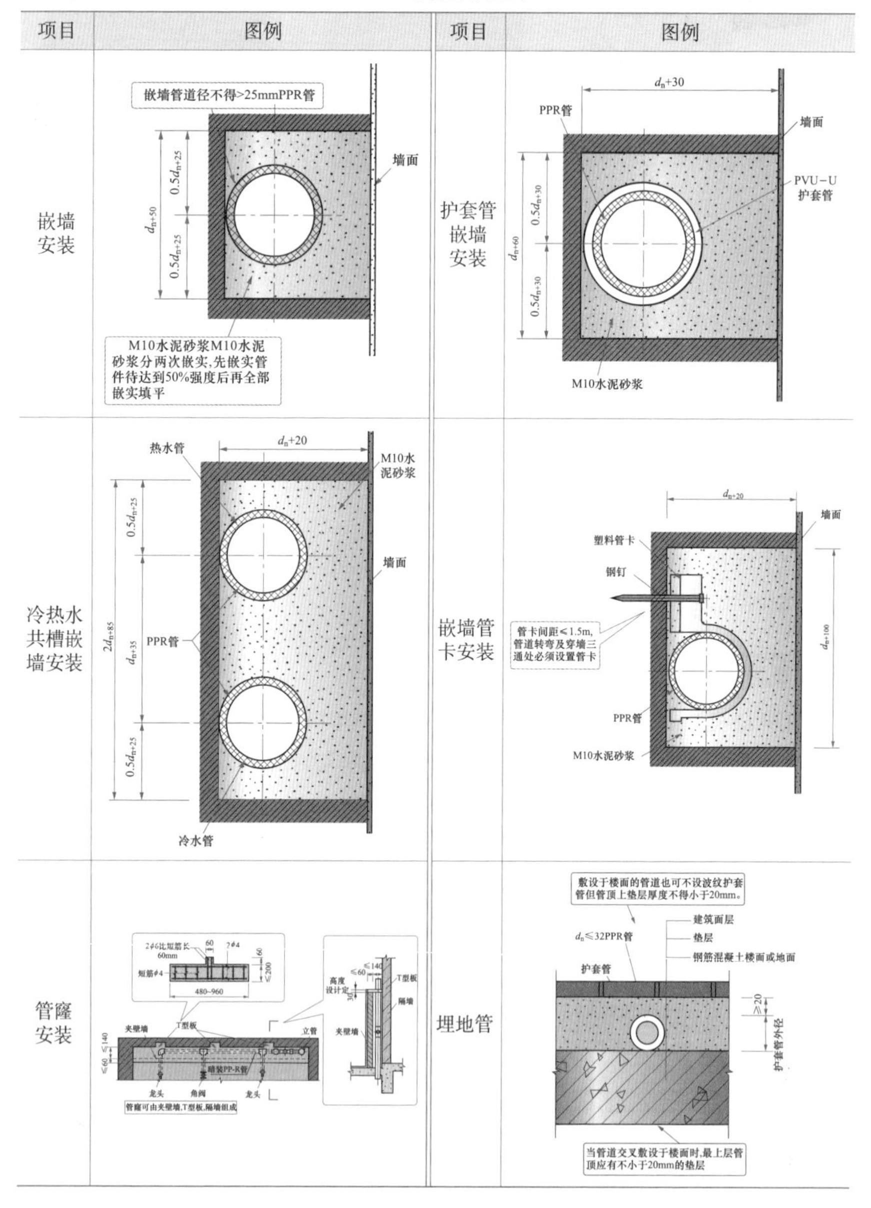

续表

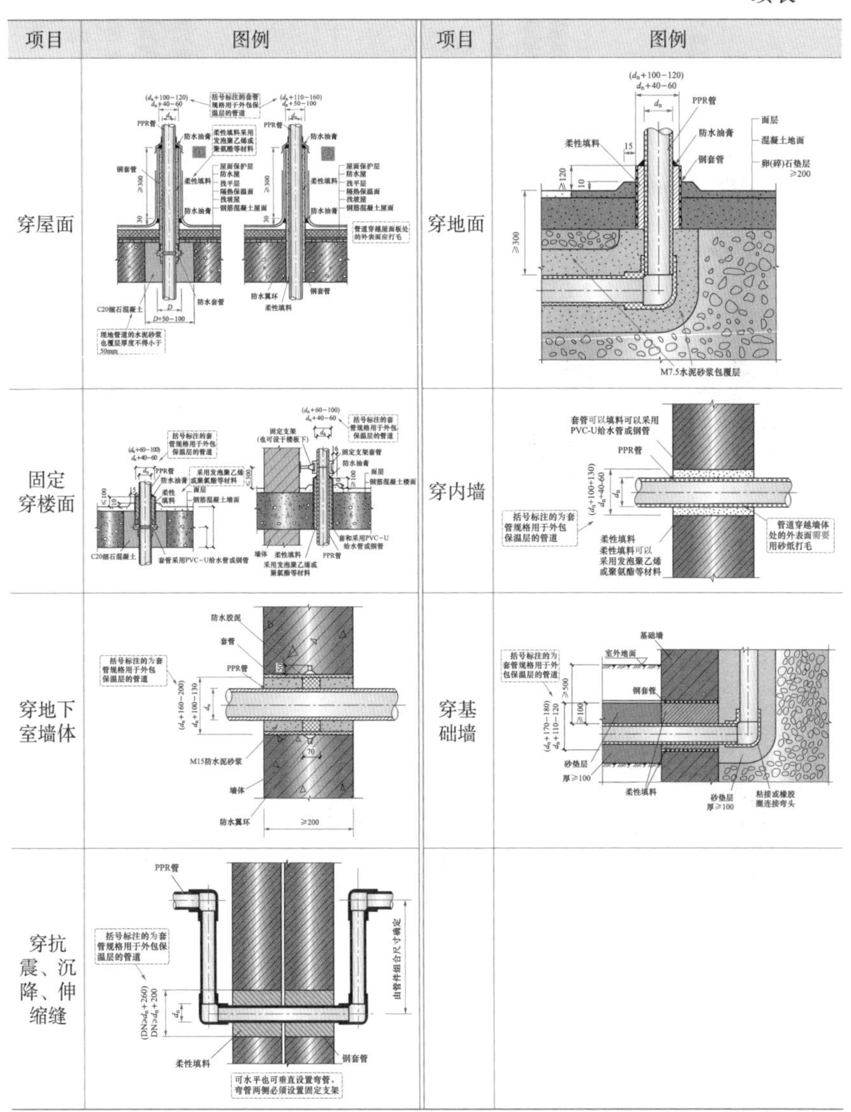

项目	图例	项目	图例
穿屋面		穿地面	
固定穿楼面		穿内墙	
穿地下室墙体		穿基础墙	
穿抗震、沉降、伸缩缝			

4.5 PPR 龙头的安装

PPR 龙头的安装要求图例如图 4–7 所示。

利用固定板安装龙头的方法与要求如图 4–8 所示。

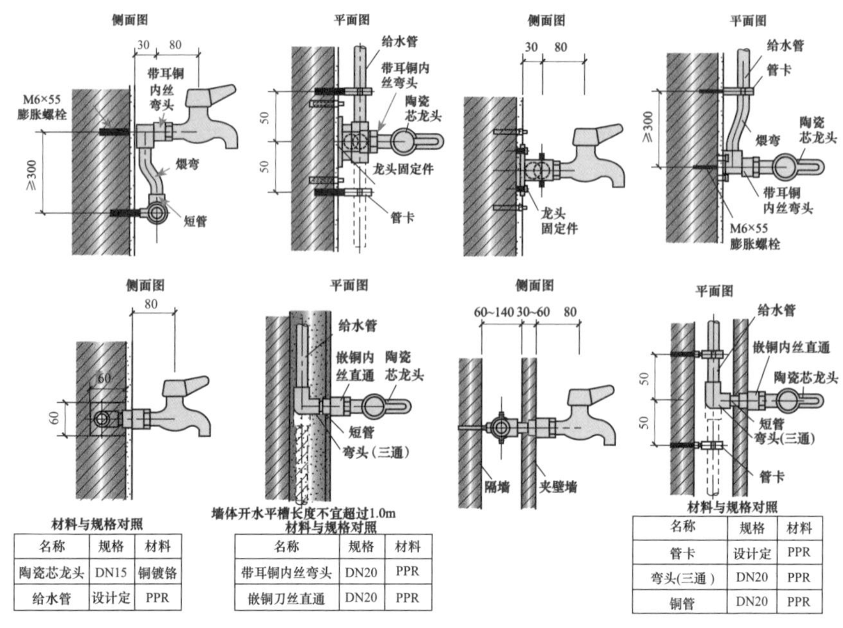

材料与规格对照

名称	规格	材料
陶瓷芯龙头	DN15	铜镀铬
给水管	设计定	PPR

材料与规格对照

名称	规格	材料
带耳铜内丝弯头	DN20	PPR
嵌铜刀丝直通	DN20	PPR

材料与规格对照

名称	规格	材料
管卡	设计定	PPR
弯头(三通)	DN20	PPR
铜管	DN20	PPR

图 4-7　PPR 龙头的安装要求图例

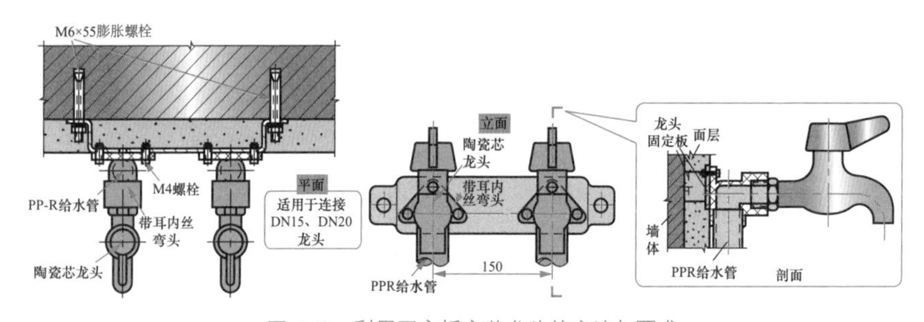

图 4-8　利用固定板安装龙头的方法与要求

4.6 PPR 自闭式冲洗阀的安装

PPR 自闭式冲洗阀的安装方法与要求如图 4-9 所示。

4.7 PPR 角阀的安装

PPR 角阀的安装方法与要求如图 4-10 所示。

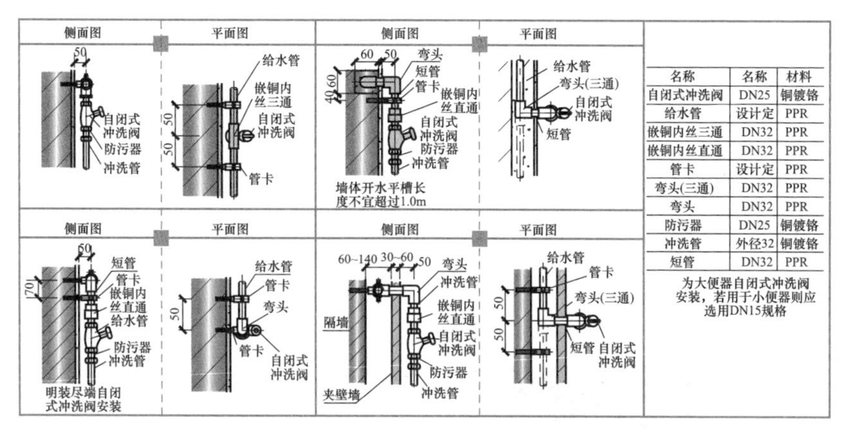

名称	名称	材料
自闭式冲洗阀	DN25	铜镀铬
给水管	设计定	PPR
嵌铜内丝三通	DN32	PPR
嵌铜内丝直通	DN32	PPR
管卡	设计定	PPR
弯头(三通)	DN32	PPR
弯头	DN32	PPR
防污器	DN25	铜镀铬
冲洗管	外径32	铜镀铬
短管	DN32	PPR

为大便器自闭式冲洗阀安装，若用于小便器则应选用DN15规格

图 4-9 PPR 自闭式冲洗阀的安装方法与要求

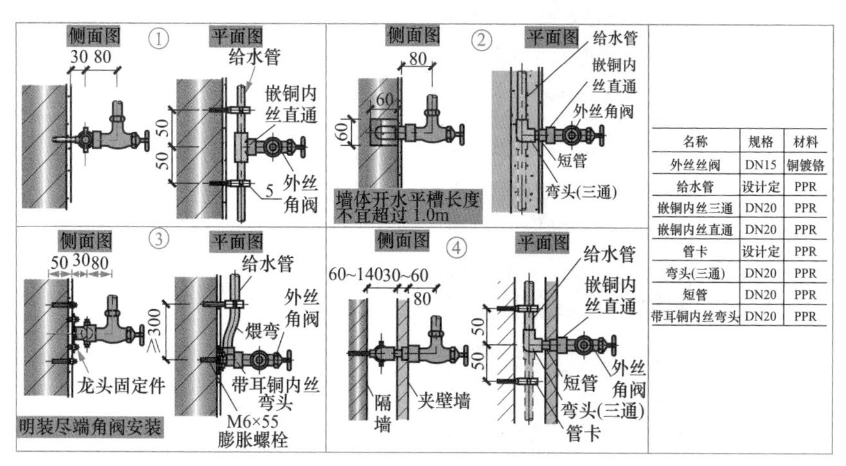

名称	规格	材料
外丝丝阀	DN15	铜镀铬
给水管	设计定	PPR
嵌铜内丝三通	DN20	PPR
嵌铜内丝直通	DN20	PPR
管卡	设计定	PPR
弯头(三通)	DN20	PPR
短管	DN20	PPR
带耳铜内丝弯头	DN20	PPR

图 4-10 PPR 角阀的安装方法与要求

4.8 PPR 热水管托架、支架的安装

PPR 热水管托架、支架的安装方法与要求如图 4-11 所示。

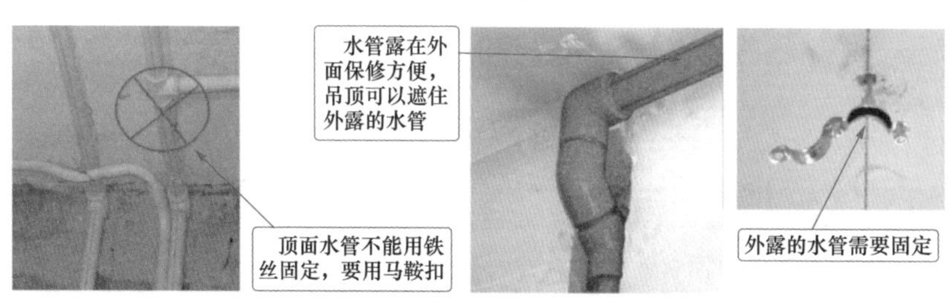

图 4-11 PPR 热水管托架、支架的安装方法与要求

4.9 不锈钢管的连接

不锈钢管的连接见表 4–3。

表 4–3 不锈钢管的连接

步骤	项目	图解	解说
1	安装前的准备	(1) 安装前，需要准备氩弧焊机、氩气、清洁毛巾等。 (2) 氩弧焊机需要可靠接地，氩气瓶需要配备气压表，并且需要远离热源，以及避免阳光的直晒。 (3) 使用前，还需要检查焊枪是否符合要求	
2	清洁管材、管件焊接表面		(1) 焊接前，需要用干净的毛布擦拭管材、管件的焊接表面，除去各种污渍。 (2) 检查管材、管件的端口是否与中心线垂直。如果超过允许偏差，则需要切除，使端口与中心线保持垂直
3	焊接		(1) 将氩气连接到氩弧焊机后，将焊接电缆与管材连接，然后打开焊机电源。 (2) 将氩气气压、焊接电流等参数调到适当值后，开始焊接。 (3) 采用无焊丝焊接，则将管件承口端台阶熔解后覆盖连接面
4	冷却		整圈焊接完成后，可以采用自然冷却方式或使用湿毛巾擦拭冷却
5	管道试压	(1) 管道安装完毕后，需要在常温下状态、规定的时间进行试压。 (2) 试压充水时，需要在管道最高点安装排气口，只有当管道内的气体安全排放完毕后，才能够进行试压。 (3) 一般冷水管验收压力为系统工作压力的 1.5 倍，热水管道为系统工作压力的 2.0 倍，保压时间不小于 30min，压力下降不允许大于 3%	

4.10 薄壁不锈钢给水管的连接

薄壁不锈钢给水管的连接如图 4–12 所示。

4.11 薄壁不锈钢给水管卡压式连接

薄壁不锈钢给水管卡压式连接方法与要点见表 4–4。

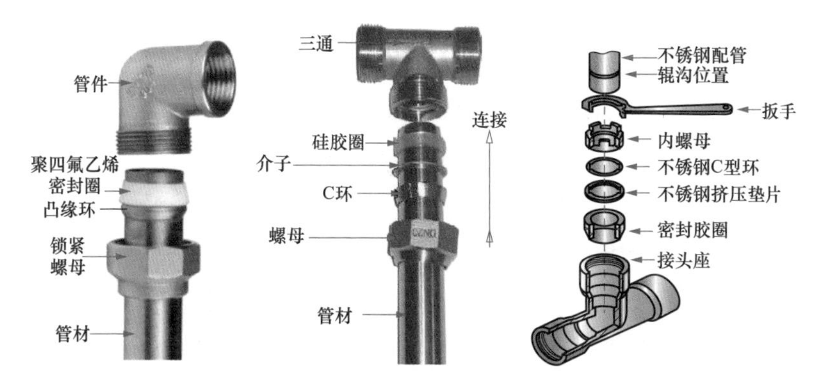

图 4–12　薄壁不锈钢给水管的连接

表 4–4　　　　薄壁不锈钢给水管卡压式连接方法与要点

名称	图例	名称	图例
不锈钢管材与管材连接	双承短管直通 不锈钢管 密封圈 不锈钢管	不锈钢管材与铜管材连接	铜管 不锈钢管 铜管用外螺纹转换接头 承口内螺纹转换接头
不锈钢管材与铜管法兰连接	铜质活套环 不锈钢法兰 法兰垫片 钎焊 铜管 不锈钢管 与铜管的法兰连接 承口法兰接头	不锈钢管材与管件连接	双承90°弯头 密封圈 不锈钢管 密封圈 不锈钢管
不锈钢管材与塑料管螺纹连接	承口螺纹转换接头 塑料管螺纹 不锈钢管 PVC–U或PP–R管	不锈钢管材与附件连接	不锈钢管 双承内螺纹三通 (接水嘴用) 铜质水嘴 不锈钢管 外螺纹 内螺纹
不锈钢管材与球阀螺纹连接	承口螺纹转换接头 承口螺纹转换接头 铜质球阀 不锈钢管		

4.12 薄壁不锈钢给水管环压式连接

薄壁不锈钢给水管环压式连接方法与要点见表 4–5。

表 4–5　　薄壁不锈钢给水管环压式连接方法与要点

名称	图例	名称	图例
不锈钢管材与管材连接	双承短管直通 不锈钢管　密封圈　不锈钢管	不锈钢管材与铜管材连接	铜管　铜管用外螺纹转换接头 承口内螺纹转换接头　不锈钢管
不锈钢管材与铜管法兰连接	铜质活套环 钎焊　插接法兰接口 铜管　不锈钢法兰　不锈钢管	不锈钢管材与管件连接	双承短管直通 不锈钢管　密封圈　不锈钢管
不锈钢管材与塑料管螺纹连接	塑料管用外螺纹转换接头　不锈钢管 塑料管　承口内螺纹转换接头	不锈钢管材与附件连接	不锈钢管 水嘴 双承内螺纹三通 不锈钢管
不锈钢管材与球阀螺纹连接	承口外螺纹转换接头　球阀　活接内螺纹转换接头 不锈钢管　双外螺纹接口　不锈钢管		

4.13 薄壁不锈钢给水管承插氩弧焊式连接

薄壁不锈钢给水管承插氩弧焊式连接方法与要点见表 4–6。

表 4–6　　薄壁不锈钢给水管承插氩弧焊式连接方法与要点

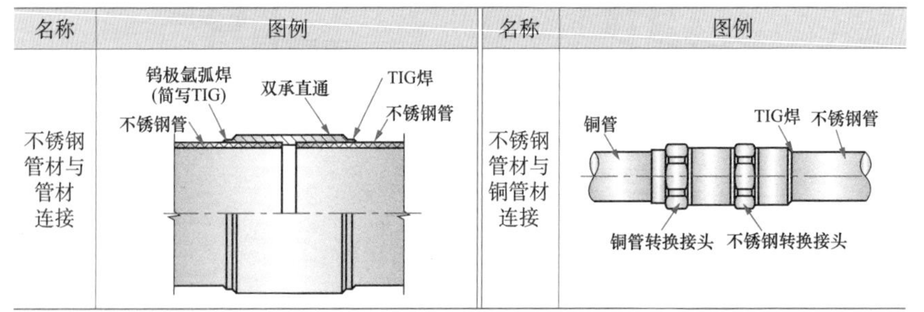

名称	图例	名称	图例
不锈钢管材与管材连接	钨极氩弧焊 (简写TIG) 双承直通 TIG焊 不锈钢管 不锈钢管	不锈钢管材与铜管材连接	铜管　TIG焊　不锈钢管 铜管转换接头　不锈钢转换接头

续表

名称	图例	名称	图例
不锈钢管材与铜管法兰连接	不锈钢法兰 铜质活套环 钎焊 法兰垫片 铜管 TIG焊 不锈钢管	不锈钢管材与管件连接	TIG焊 不锈钢管 双承90°弯头 TIG焊 不锈钢管
不锈钢管材与塑料管螺纹连接	不锈钢螺纹转换接头 PVC-U或PP-R管 塑料管螺纹 TIG焊 不锈钢管	不锈钢管材与附件连接	不锈钢管 双承内螺纹异径三通 TIG焊 铜质水嘴 外螺纹 TIG焊 不锈钢管 内螺纹
不锈钢管材与球阀螺纹连接	承口螺纹转换接头 承口螺纹转换接头 铜质球阀 不锈钢管		

4.14 薄壁不锈钢给水管压缩式管道连接

薄壁不锈钢给水管压缩式管道连接方法与要点见表 4–7。

表 4–7 薄壁不锈钢给水管压缩式管道连接方法与要点

名称	图例	名称	图例
不锈钢管材与管材连接	圆柱内螺纹 硅橡胶密封圈 圆柱外螺纹 外螺纹直通 螺母 不锈钢转换接头 不锈钢管	不锈钢管材与铜管材连接	铜管 TIG焊 不锈钢管 铜管转换接头 不锈钢转换接头
不锈钢管材与铜管法兰连接	不锈钢法兰 铜质活套环 钎焊 法兰垫片 铜管 TIG焊 不锈钢管	不锈钢管材与管件连接	不锈钢管 外螺纹长半径90°弯头 硅橡胶密封圈 螺母 不锈钢管

续表

名称	图例	名称	图例
不锈钢管材与塑料管螺纹连接	PVC−U或PP−R管 不锈钢螺纹转换接头 塑料管螺纹 TIG焊 不锈钢管	不锈钢管材与附件连接	不锈钢管 硅橡胶密封圈 螺母 铜质水嘴 不锈钢管 外螺纹异径三通
不锈钢管材与球阀螺纹连接	承口螺纹转换接头 承口螺纹转换接头 铜质球阀 不锈钢管		

4.15 薄壁不锈钢给水管穿墙壁、池壁的安装

薄壁不锈钢给水管穿墙壁、池壁的安装方法与要点见表 4-8。

表 4-8　　薄壁不锈钢给水管穿墙壁、池壁的安装方法与要点

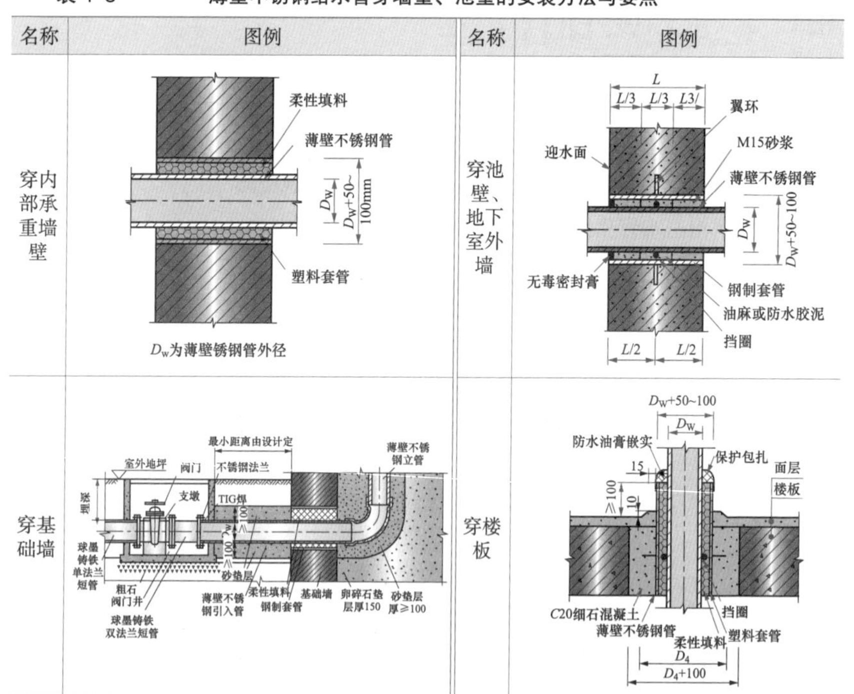

4.16 薄壁不锈钢给水管龙头的安装

薄壁不锈钢给水管龙头的安装方法与要点见表 4–9。

表 4–9　　　　薄壁不锈钢给水管龙头的安装方法与要点

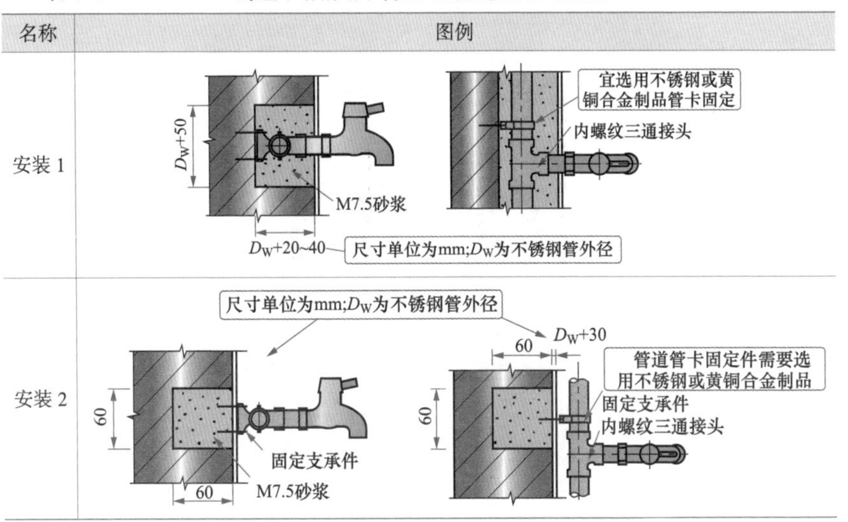

4.17 薄壁不锈钢给水管角阀的安装

薄壁不锈钢给水管角阀的安装方法与要点见表 4–10。

表 4–10　　　　薄壁不锈钢给水管角阀的安装方法与要点

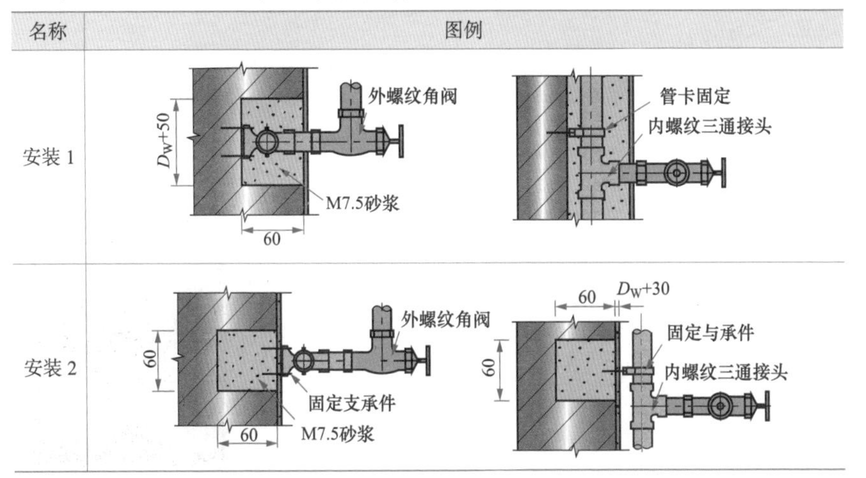

4.18 薄壁不锈钢给水管自闭冲水阀的安装

薄壁不锈钢给水管自闭冲水阀的安装方法与要点见表 4-11。

表 4-11　　薄壁不锈钢给水管自闭冲水阀的安装方法与要点

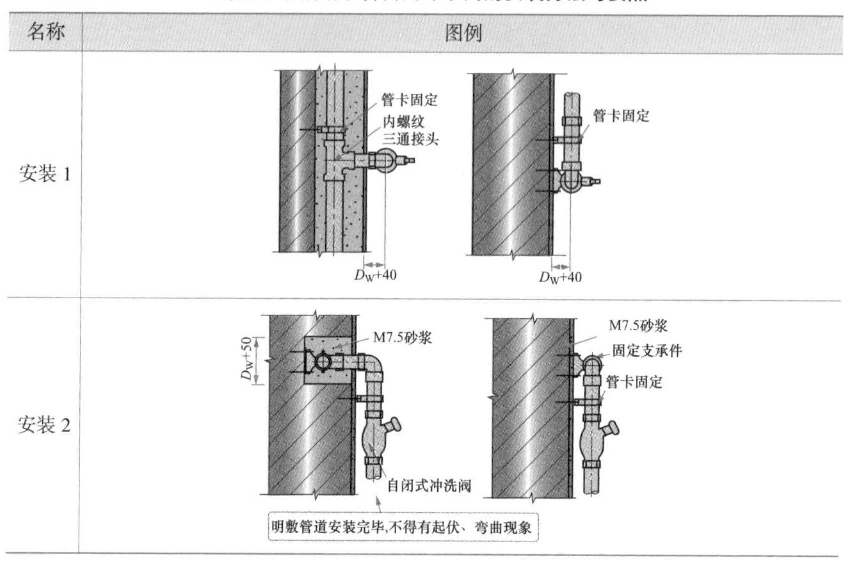

名称	图例
安装 1	
安装 2	

4.19 铜管的连接

铜管的连接见表 4-12。

表 4-12　　铜管的连接

步骤	项目	图解	解说
1	安装前的准备	（1）安装前，需要准备好焊机、管材割刀、清洁毛巾等。 （2）电加热焊机需要有可靠接地，氧 - 乙炔焊机的作业场所需要保持良好的通风状态。 （3）检查焊枪的气体开关等是否完好，只有符合要求的焊枪才能够使用。 （4）检查管材、管件的规格是否符合要求，只有符合要求的管材、管件才能够使用	
2	清洁管材、管件熔接表面	（1）焊接前，需要清洁管材表面与管件承口表面的氧化膜、各种污渍。 （2）管材切割端口需要垂直与管材中心线，如果管材端口超过允许偏差，则需要切除变形部位，并且清除端口的各种毛刺	

续表

步骤	项目	图解	解说
3	管件、管材均匀加热	首先对管件进行一定程度的预热，再将管材插入管件，并且对两者进行均匀的加热。大管件的加热可以采用双火焰加热方式进行	
4	添加焊剂与焊料	（1）当管材、管件加热到要求温度时，则先添加焊剂，以便于去除氧化皮与杂质等。再沿着圆周均速添加焊料到焊缝饱满均匀。 （2）添加焊剂、焊料时，不允许火焰直接加热焊剂、焊料	
5	定型、冷却	（1）在停止加热后，管材与管件间需要保持相对静止，不允许有任何相对移位。 （2）一般需要采取自然冷却方式进行，禁止使用水、冰等冷却物强行冷却	
6	管道试压	（1）管道安装完毕后，需要在常温下在规定的时间内进行试压。 （2）试压充水时，需要在管道的最高点安装排气口，只有当管道内的气体完全排放完毕后才可以进行试压。 （3）一般冷水管验收压力为系统工作压力的 1.5 倍，热水管道为系统工作压力的 2.0 倍，保压时间不小于 30min，压力下降不允许大于 3%	

4.20 卫生间水路安装

卫生间水路安装（见图 4–13）：

（1）卫生间水路不要安装走底。因为，卫生间地面需要做防水层，如果水管异常，维修量大。

（2）卫生器具安装可以在卫生间室内防水层施工结束后进行，安装前要认真核对平面位置与标高，特别注意卫生器具与排水管道接口部的处理，地漏口不得高于地坪面。

（3）卫生洁具安装后应进闭水试验。

（4）安装浴缸的防水应高出地面 250mm 以上。

（5）卫生间如蹲便器不带存水弯，可考虑改装为带存水弯蹲便器。

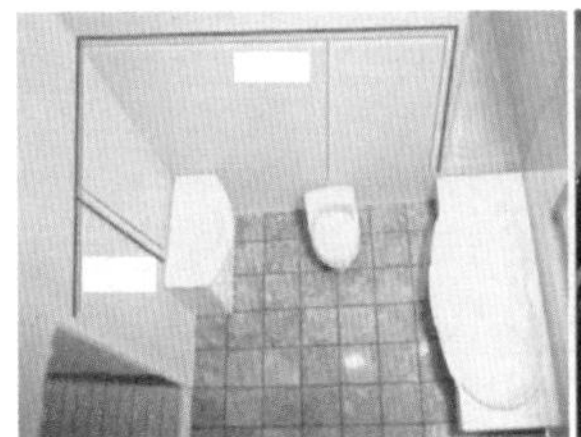

图 4–13　卫生间水路安装

（6）卫生间地面一定要做防水，特别是地面开槽的。

（7）淋浴区如果不是封闭淋浴房的话，墙面防水应该做到 180cm 高

4.21 淋浴器的安装

淋浴器的安装如图 4-14 所示。

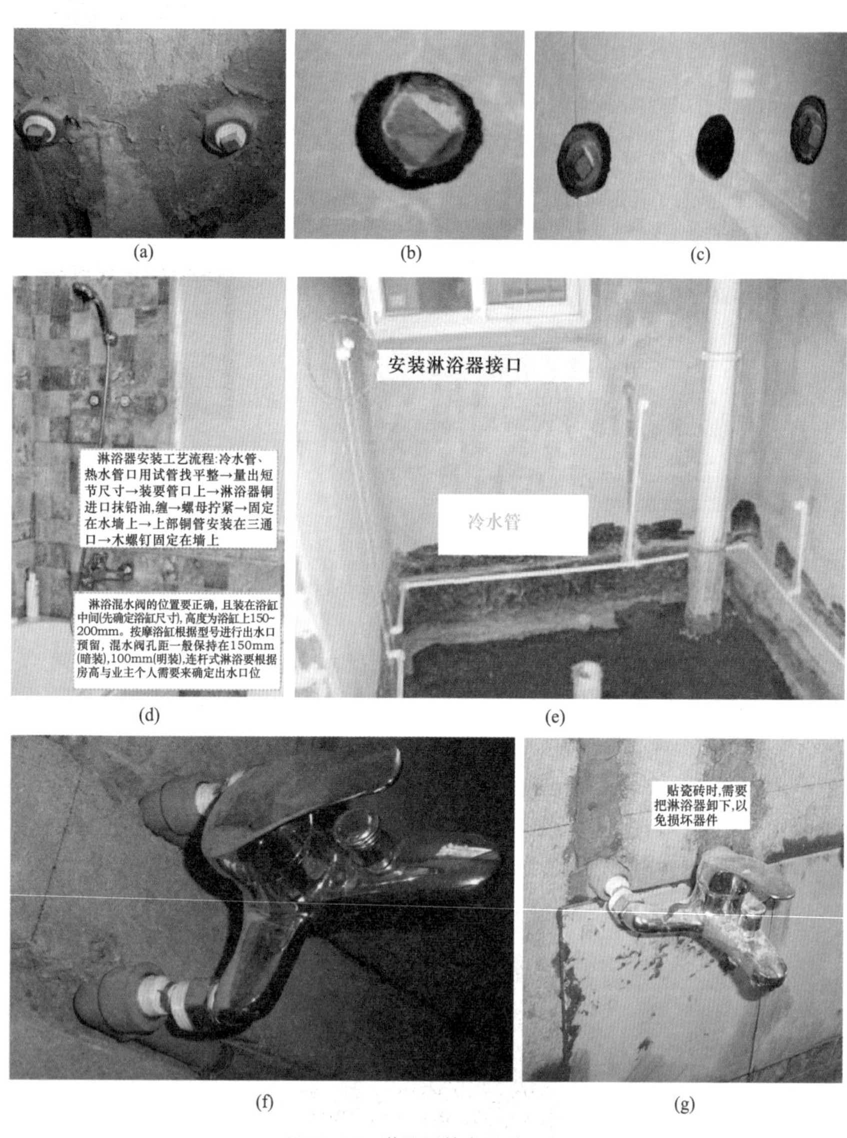

(a) (b) (c) (d) (e) (f) (g)

图 4-14 淋浴器的安装（一）

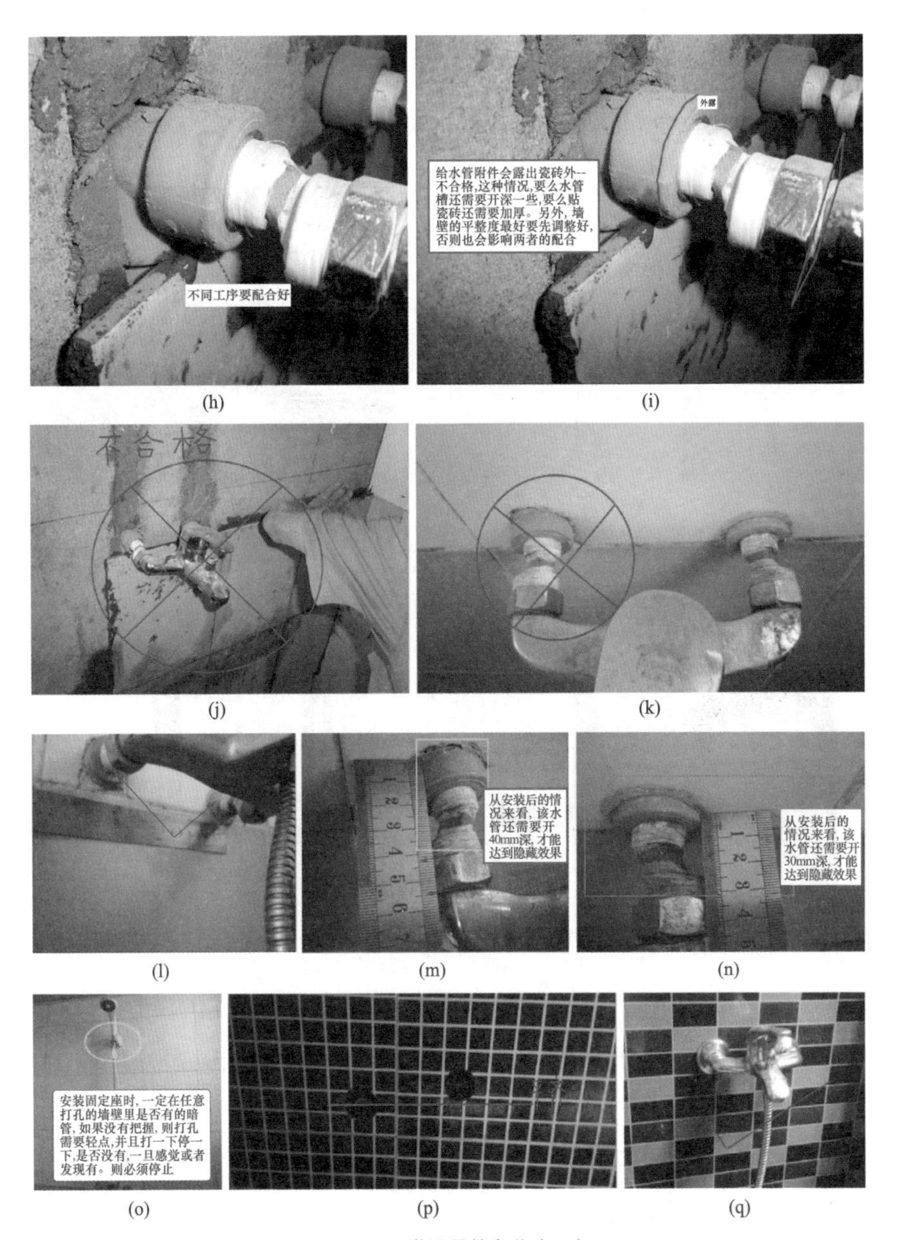

(h)　(i)　(j)　(k)　(l)　(m)　(n)　(o)　(p)　(q)

图 4-14　淋浴器的安装（二）

4.22 水管的开槽与布管

水管的开槽与布管如图 4–15、图 4–16 所示。

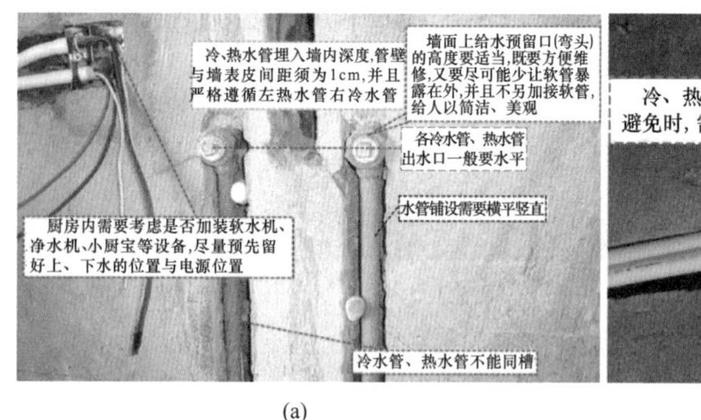

(a)

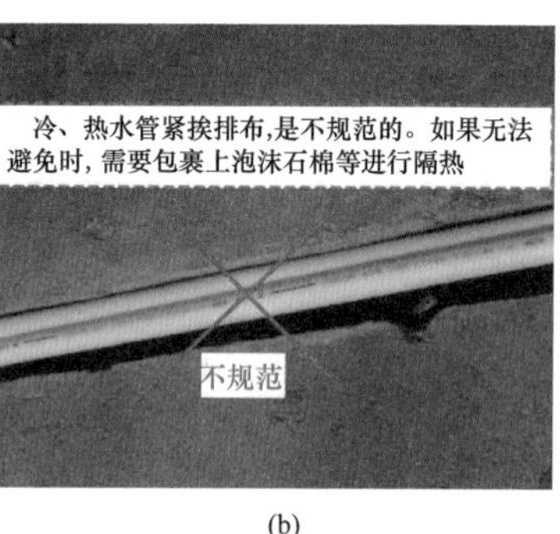

(b)

图 4–15 水管的开槽与布管(一)

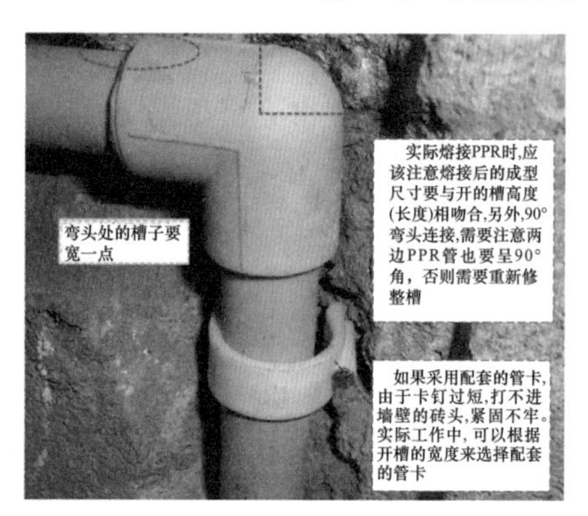

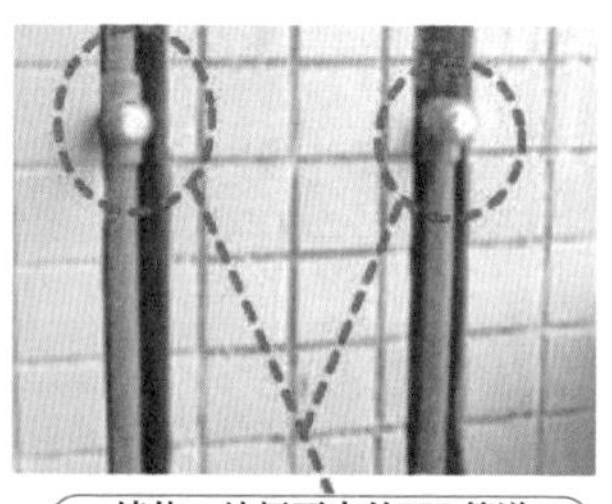

图 4–16 水管的开槽与布管(二)

开槽与布管需要考虑的因素:

(1)浴盆上的混合龙头的左右位置装在浴盆中间,龙头中心距为浴缸上口 150 ~ 200mm,面向龙头,左热右冷。

(2)坐便器的进水龙头尽量安置在能被坐便器挡住视线的地方。

(3)洗面盆的冷热水进水龙头离地高度为 500 ~ 550mm。

(4)厨房洗涤盆处进水口离地高度为 450mm。

(5)安装混合龙头时,热水应在面向的左边。

(6)洗衣机地漏最好别用深水封地漏。

水路敷设时,需要给以后安装热水器、龙头等预留冷水、热水上水管(见图 4–17),有关注意事项如下:

图 4-17　预留冷水、热水上水管

（1）保证间距 15cm（现在大部分电热水器、分水龙头冷热水上水间距都是 15cm，个别的为 10cm）。

（2）冷水、热水上水管口高度要一致。

（3）冷水、热水上水管口要垂直墙面。

（4）冷水、热水上水管口应该高出墙面 2cm 左右。

4.23 水管开槽的基准与要求

水管开槽的基准与要求如图 4-18、图 4-19 所示。

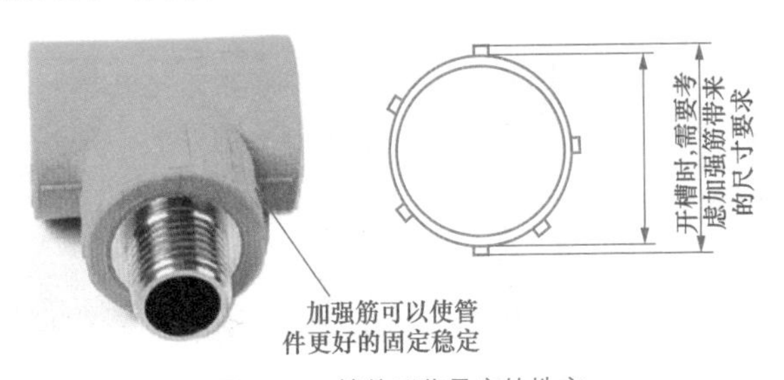

图 4-18　管件那些最宽的地方

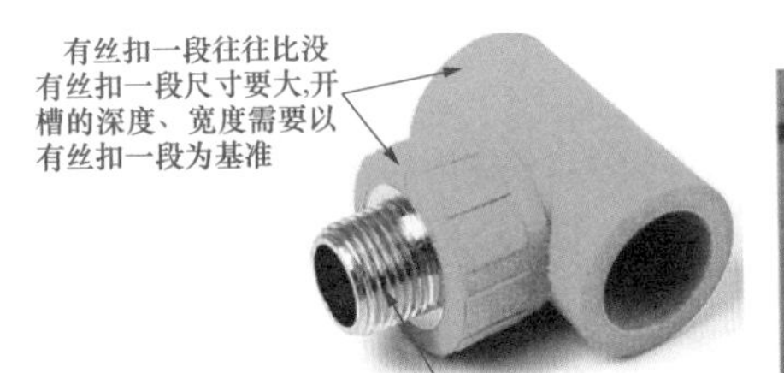

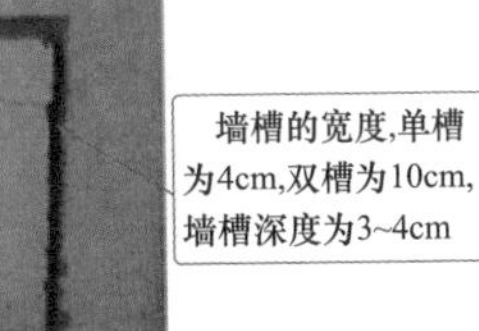

图 4-19　PPR 开槽要求

水管开槽的基准：开槽的宽度、深度不是以管子为准，而是以管件最宽的地方为基准。开槽要直，则需要首先用弹线工具弹好直线，再开槽，如图 4–20 ~ 图 4–23 所示。

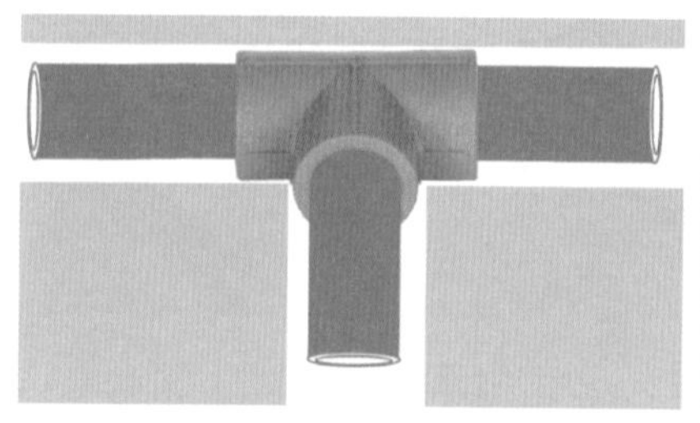

图 4–20　管件总比管子宽、深图例

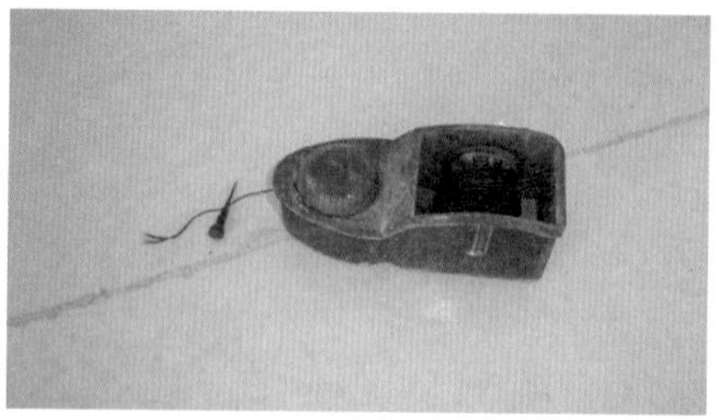

图 4–21　弹线工具——墨斗

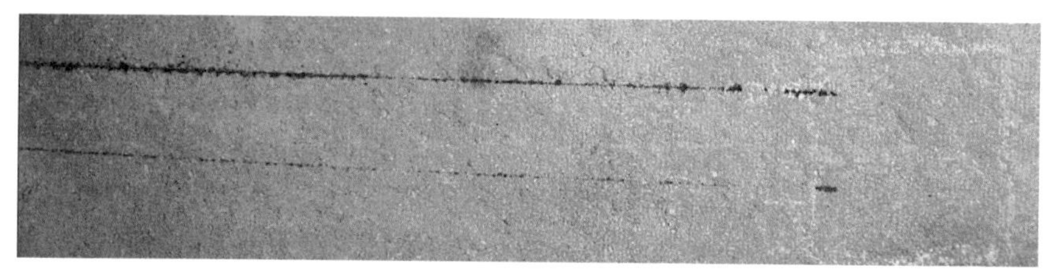

图 4–22　弹线

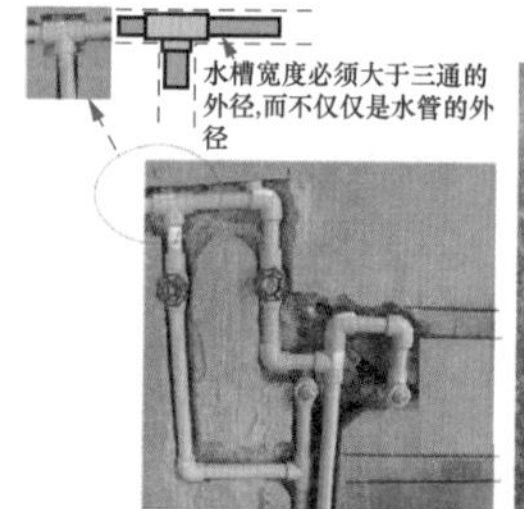

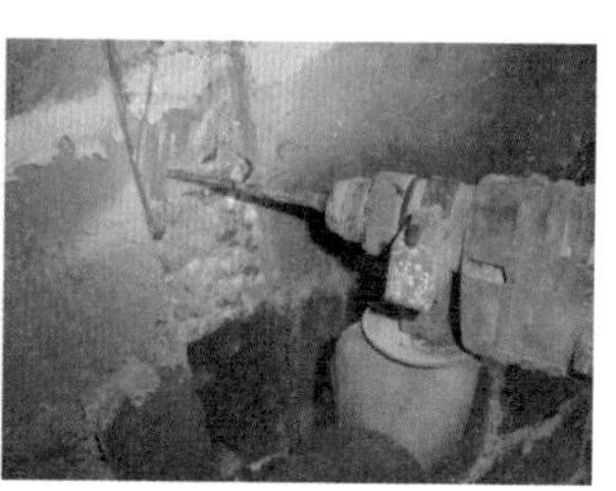

图 4–23　水管槽的要求

4.24　PPR 长管的连接

PPR 长管的连接往往会连接不直,连接不直的原因与连接技巧如图 4–24 所示。

PPR 长管连接的短管往往还存在朝向相同，还是有角度的问题，原因与连接技巧如图 4–25 所示。

管路料封槽：

（1）水管检验正常后，才能够封槽——对水槽进行封槽。

（2）封槽前，需要对松动的水管进行稳固。

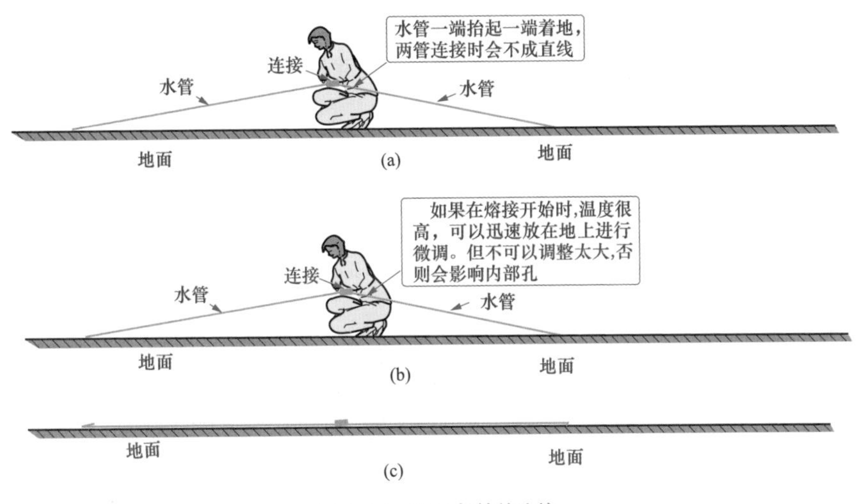

图 4-24　PPR 长管的连接

图 4-25　长管连接的短管

（3）补槽前，必须将所补之处用水湿透。

（4）采用恰当比例的水泥砂浆封槽（见图 4-26）。

（5）封槽可以用烫子调制好水泥砂浆。

（6）封槽后的墙面、地面不得高于所在平面。

（7）电线管槽的封槽方法可以参考水管槽的封槽方法即可。

图 4-26　封槽用的水泥砂子

常用水泥有硅酸盐水泥、普通硅酸盐水泥、矿渣水泥、火山灰水泥、粉煤灰水泥，家装中一般使用普通硅酸盐水泥，也就是使用普通水泥。砂子一般采用河砂。

4.25 卫生间给排水

卫生间的给排水如图 4-27 所示。

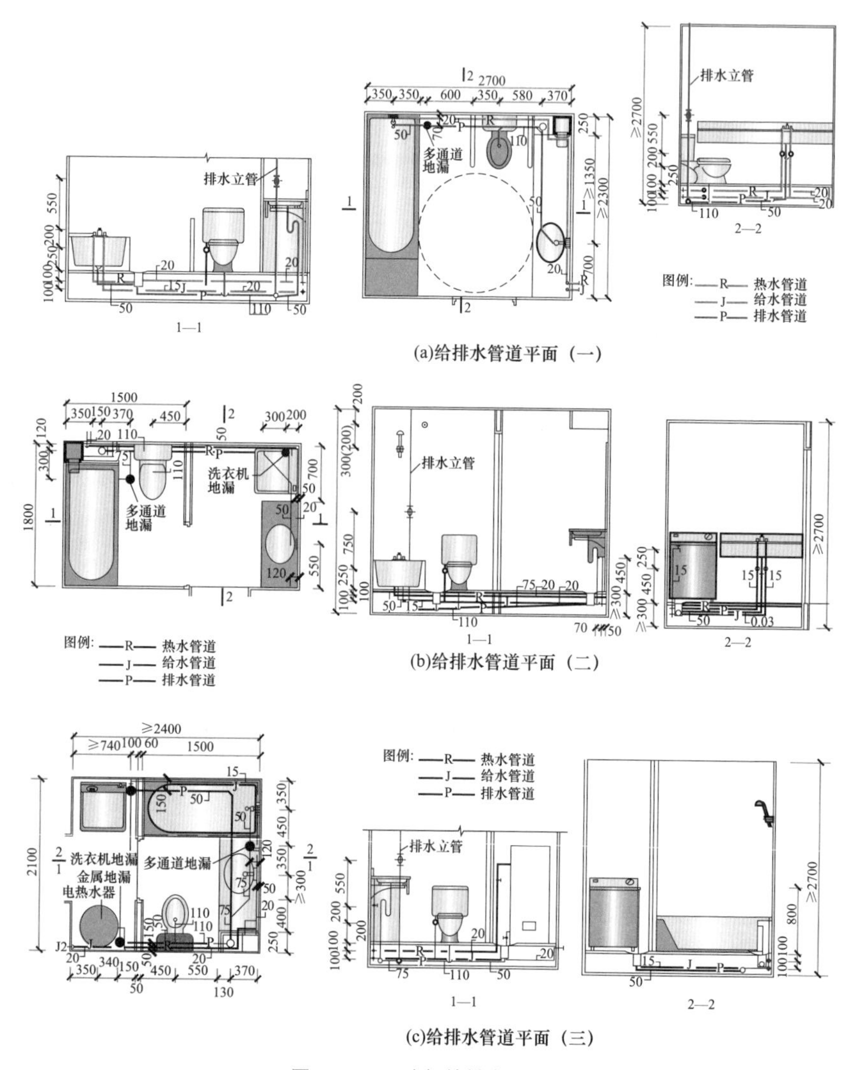

(a)给排水管道平面（一）

(b)给排水管道平面（二）

(c)给排水管道平面（三）

图 4-27 卫生间给排水（一）

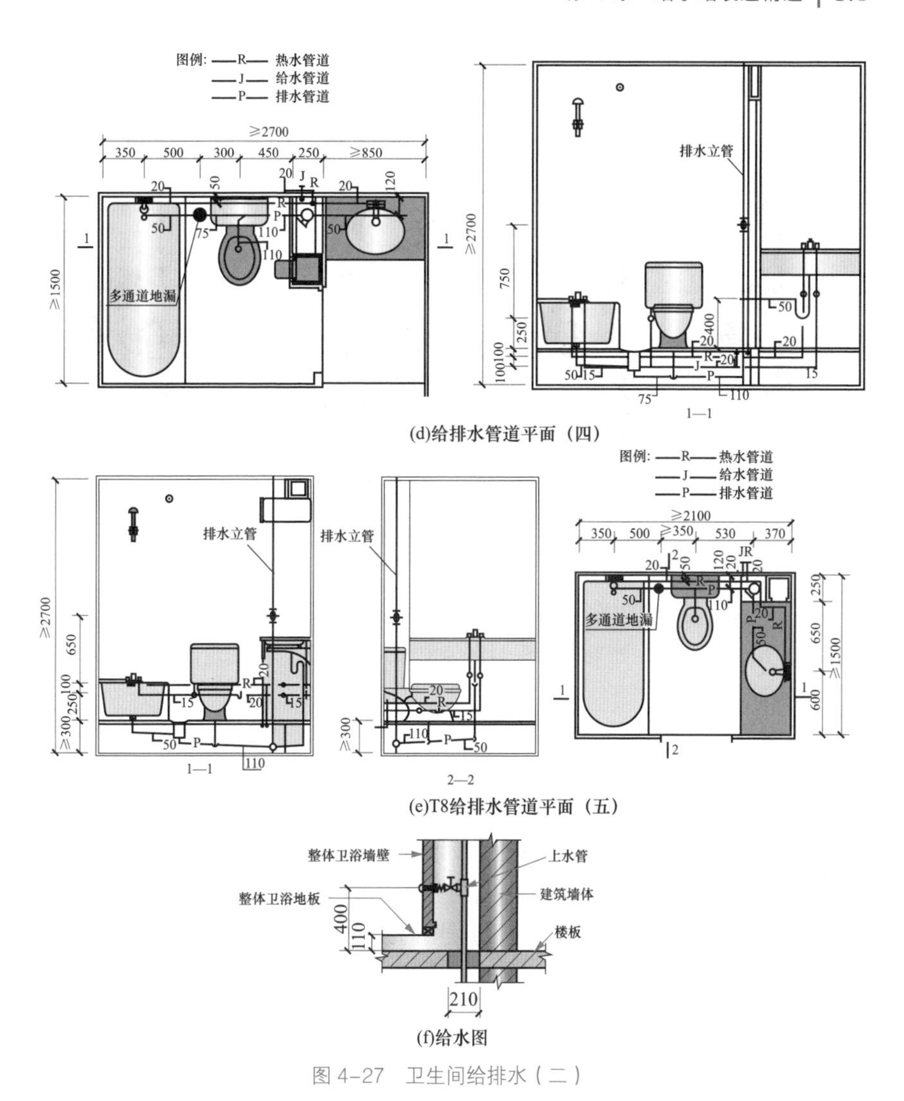

图 4-27　卫生间给排水（二）

4.26 三角阀的安装

三角阀又称为角阀、角形阀、折角水阀（见图 4-28）。管道在角阀处成 90° 的拐角形状，因此该阀就因此称呼。三角阀的阀体有进水口、水量控制口、出水口三个口，其中水量控制口，不是一个水管连接端口，而是控制出水口出水量的控制“旋钮”。

三角阀主要起四个作用：

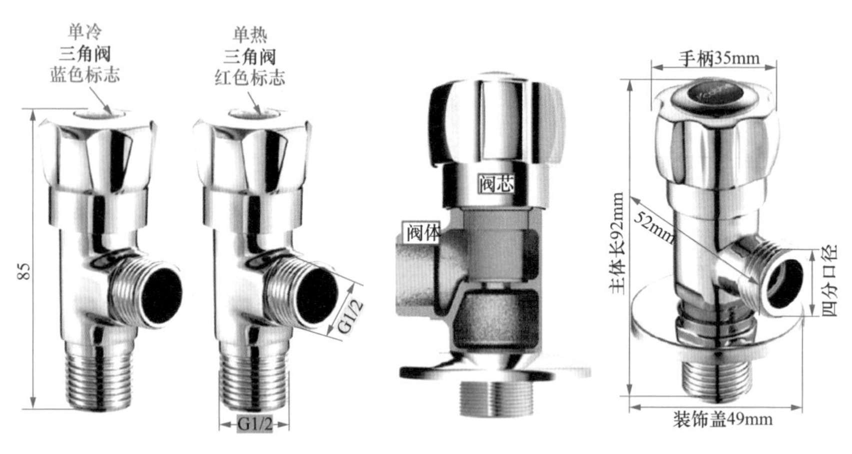

图 4-28　三角阀

（1）起转接内外出水口的作用。

（2）水压太大，可以在三角阀上面调节，关小一点，可以减小水压。

（3）开关的作用，如果水龙头漏水等现象发生，可以把三角阀关掉，则就不必关掉总阀。

（4）装饰美化功能。

三角阀有热水三角阀、冷水三角阀，一般用红、蓝标志区分。同一厂家同一型号中的冷、暖三角阀其材质绝大部分都是一样的，没有本质区别（也就是说热水三角阀、冷水三角阀可以互换用）。区分冷暖的主要目的是：冷、热标志，主要是为考虑安装后能够根据标志颜色即可判断出哪个是热水、哪个是冷水。但是，需要注意有部分低档的慢开三角阀是橡胶圈阀芯，橡胶圈材质不能承受 90℃热水，这时需要分冷水三角阀、热水三角阀（见图 4-29）。

三角阀的尺寸：

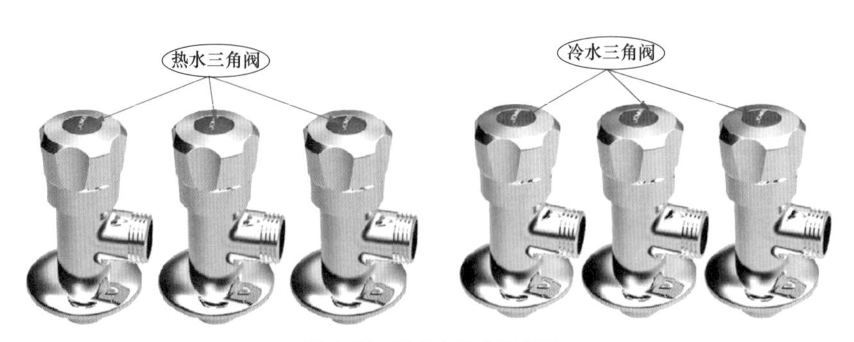

图 4-29　热水与冷水三角阀

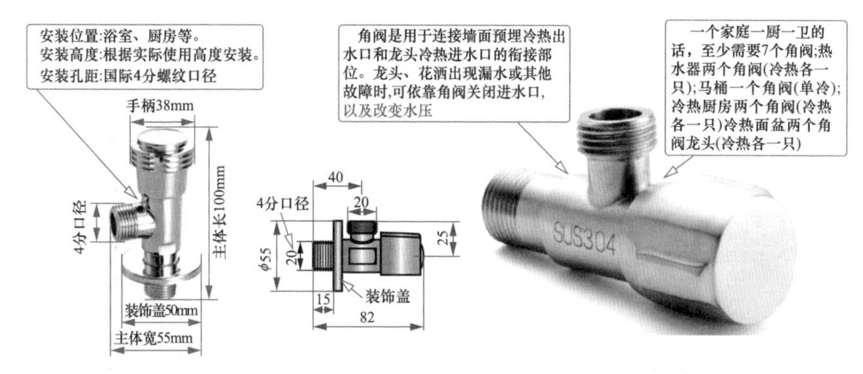

图 4-30　三角阀的尺寸

3/8：是指 3 分，也就是可以接 3 分的水管，一般用于进水龙头上 3 分的硬管。

1/2：是指 4 分，也就是可以接 4 分的水管，一般用于台面出水的龙头、马桶、4 分进出水的热水器、按摩浴缸、整体冲淋房、淋浴屏上，一般家庭使用 1/2。

3/4（直阀）：是指 6 分，也就是可以接 6 分的水管，一般家用很少用到 6 分直角三角阀。进户总水管和 6 分进出水的热水器普遍用 6 分直阀。

常见尺寸见图 4-30。

角阀根据阀芯分类，有如下几种：

（1）球形阀芯：球形阀芯具有口径比陶瓷阀芯大，不会减小水压与流量，操作便捷等特点。

（2）ABS（工程塑料）阀芯：比塑料阀芯造价低，质量没有保证。

（3）陶瓷阀芯：开关的手感顺滑轻巧，其适用于家庭应用。

（4）橡胶旋转式阀芯：开启与关闭费时费力，目前家庭很少采用该种材质的角阀。

角阀根据外壳材质分类，有如下几种：

（1）黄铜角阀：具有容易加工、可塑性强、有硬度、抗折抗扭力强等特点。

（2）合金角阀：具有造价低、抗折抗扭力低、表面易氧化等特点。

（3）铁角阀：具有易生锈，污染水源等特点。

（4）塑料角阀：具有造价低廉，不易在极寒冷的北方使用等特点。

三角阀的应用如图 4-31 所示。

判断角阀好坏的方法：

（1）光线充足的情况下，将角阀放在手里伸直后观察，好的角阀表面乌亮如镜、无任何氧化斑点、无烧焦痕迹。近看角阀，没有气孔、没有起泡、没有漏镀、色泽均匀则为好角阀。

（2）用手摸角阀，好的角阀没有毛刺、没有沙粒。

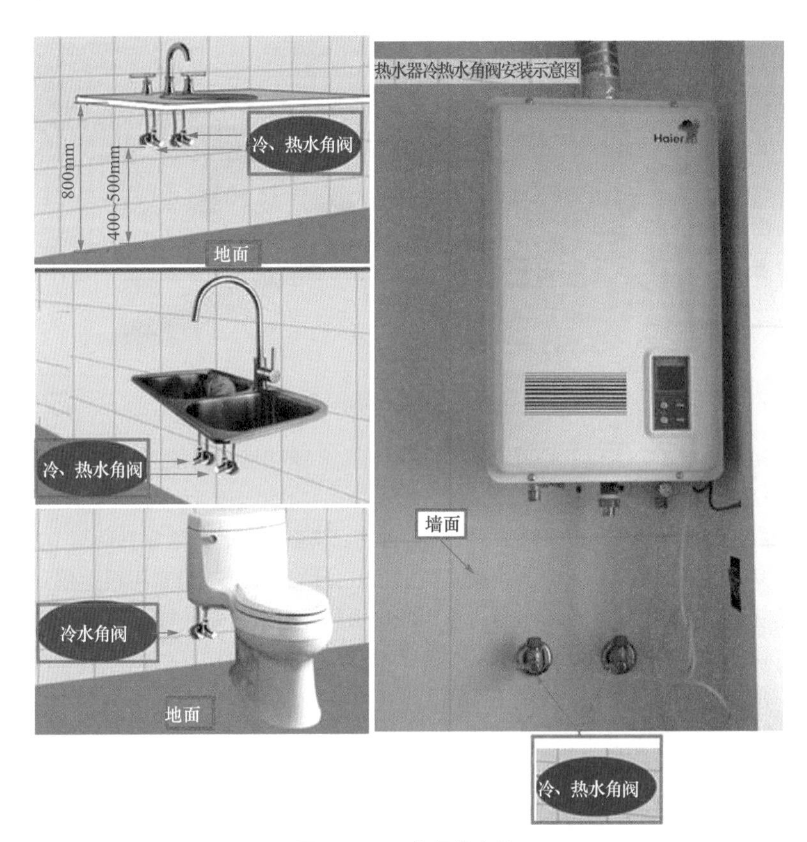

图 4-31　三角阀的应用

（3）用手指按一下角阀表面，指纹很快散开，以及不容易附水垢。

家装角阀的一般选择：马桶 1 只（可选装）、面盆龙头 2 只（可不装）、菜盆龙头 2 只（可不装）、热水器 2 只（一般需要安装）。如果是一厨一卫一般需要安装 7 只（见图 4–32）。

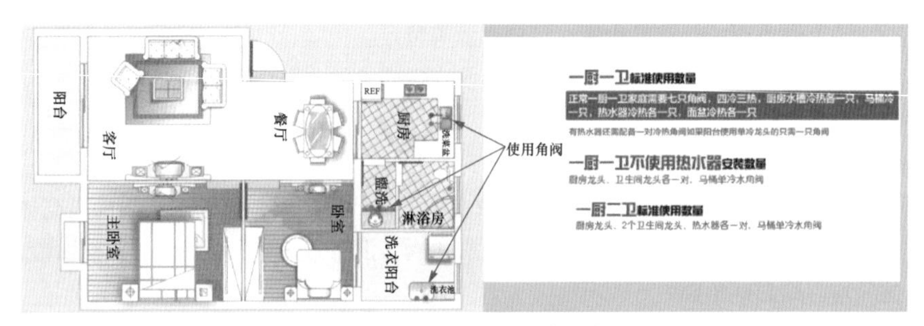

图 4–32　家装角阀的一般选择

三角阀的外形结构如图 4–33 所示，三角阀安装后的效果如图 4–34 所示。

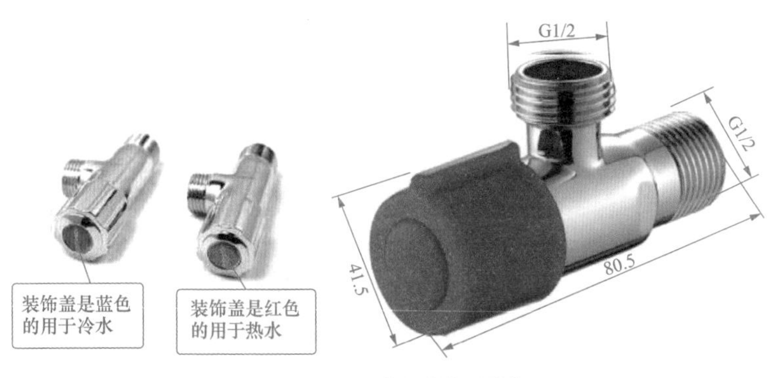

图 4–33　三角阀的外形结构

三角阀安装要求（见图 4–35）：三角阀与水管连接的螺纹长度有 20mm、28mm 等尺寸，其与水管管件内丝的长度配合很关键。也就是说三角阀与水管连接的螺纹长度比水管管件内丝的长度短一点即可，不能够长。因为如果长，则三角阀的装饰盖不能够盖住三角阀与水管连接的螺纹。

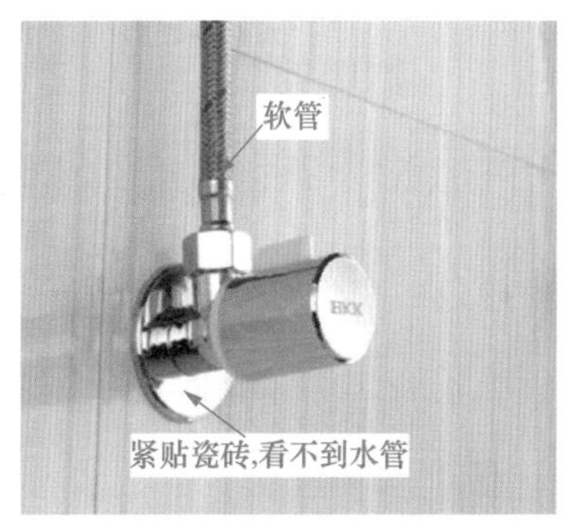

图 4–34　三角阀安装后的效果

有的三角阀预留了装饰盖的位置，也就是大约 10mm，即装饰盖的总体位置为三角阀与水管连接的螺纹长度 + 螺纹后预留的装饰盖长度。

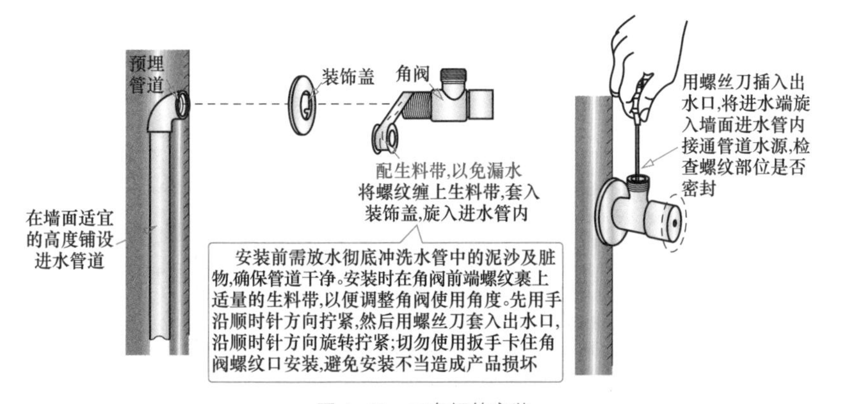

图 4–35　三角阀的安装

三角阀的安装方法与要点：

（1）安装三角阀常需要连接软管搭配，常需要的安装辅料有生料带。

（2）三角阀缠绕生料带后，直接拧在墙上留好的出水口上。

（3）如果需要 6 分的三角阀可以用 6 转接头安装。

（4）如果安装三角阀时，水管太里面可以用内外丝接头接出来点。

角阀的安装方法与要求如图 4-36、图 4-37 所示。

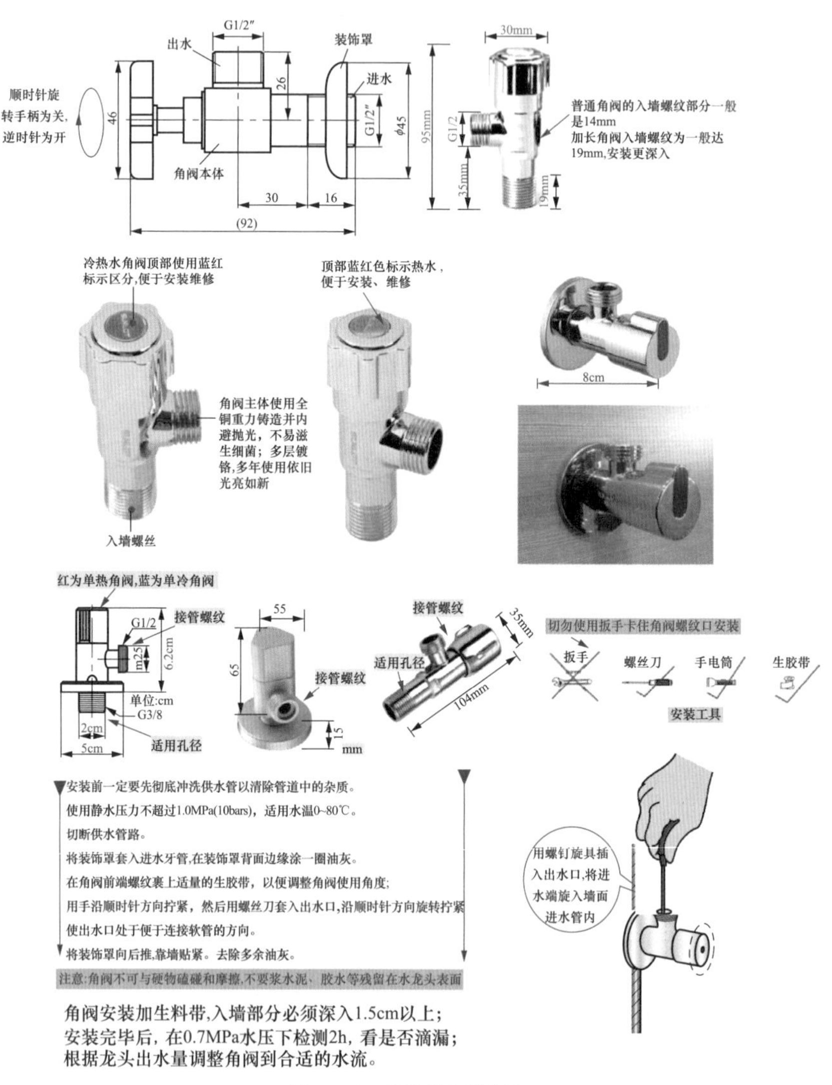

图 4-36　角阀的安装方法

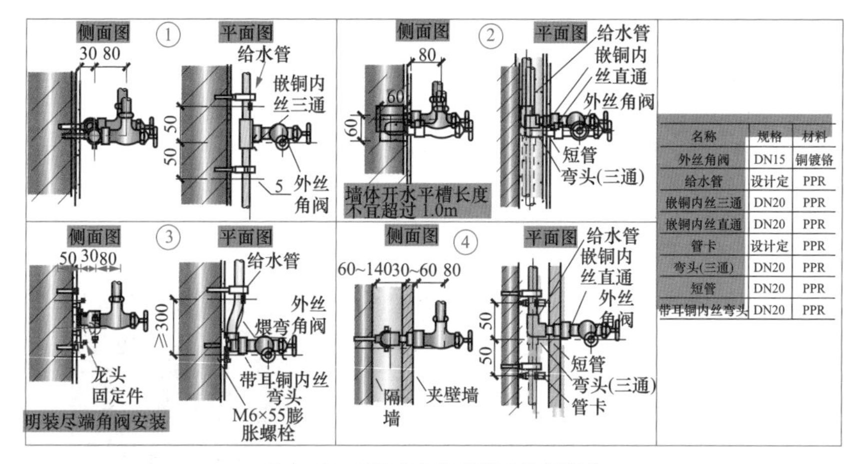

名称	规格	材料
外丝角阀	DN15	铜镀铬
给水管	设计定	PPR
嵌铜内丝三通	DN20	PPR
嵌铜内丝直通	DN20	PPR
管卡	设计定	PPR
弯头(三通)	DN20	PPR
短管	DN20	PPR
带耳铜内丝弯头	DN20	PPR

图 4-37　PPR 角阀的安装方法与要求

角阀的装饰盖到角阀端头大约是 26mm，也就是说角阀的 PPR 暗管内丝接头端头面与角阀安装的墙壁装饰表面可以相差 10mm 左右，才能够保证角阀的装饰盖可以紧贴角阀安装的墙壁装饰表面（见图 4-38）。当然不同的角阀端头到其装饰盖距离有所差异。

角阀不合格的安装如图 4-39 所示。

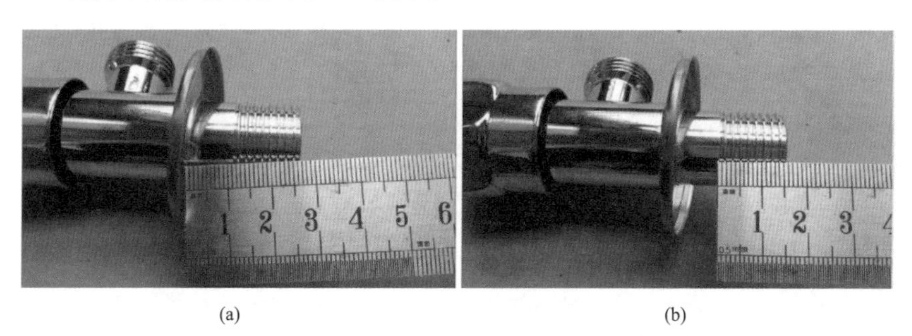

(a)　　(b)

图 4-38　角阀装饰盖到其装饰盖的距离

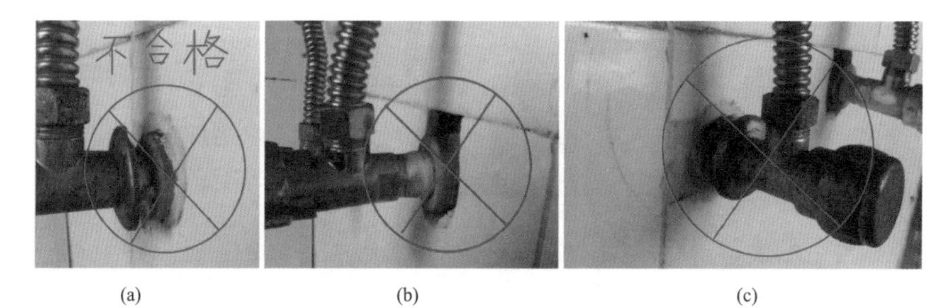

(a)　　(b)　　(c)

图 4-39　角阀不合格的安装

4.27 生料带

没有密封橡胶圈的安装，一般需要采用生料带来密封。生料带不要缠反，一般是按顺时针缠。镀锌管道端头接口连接必须绞八牙以上，进管必须五牙以上，不得有爆牙现象。另外，生料带必须在六圈以上方可接管绞紧（见图 4-40）。

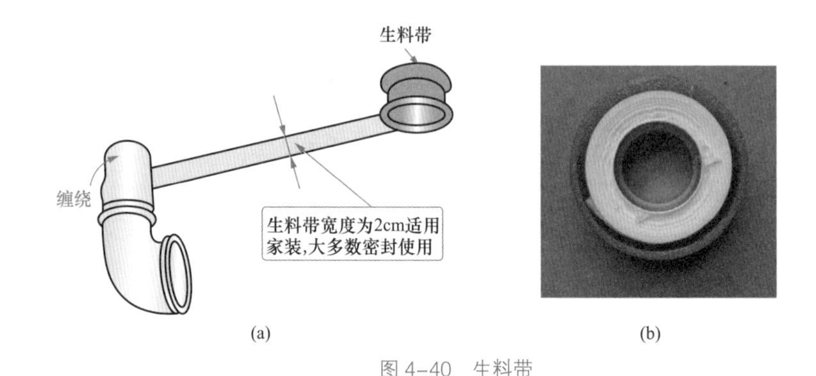

(a)　　(b)

图 4-40　生料带

4.28 玻璃枪与玻璃胶的使用

玻璃胶嘴可以采用美工刀、锯条来开口，但需要注意开的口，一般是倾斜的。玻璃枪与玻璃胶的使用如图 4-41 ~ 图 4-44 所示。

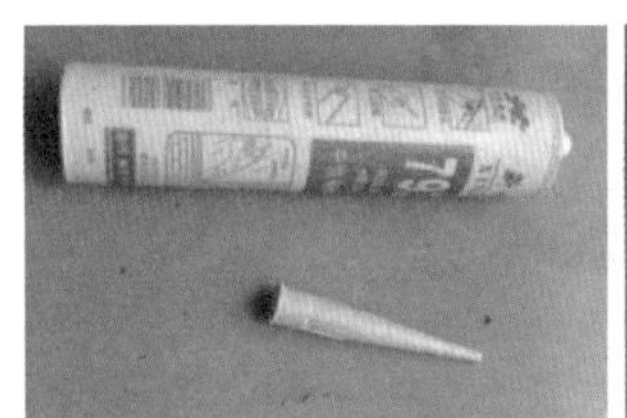

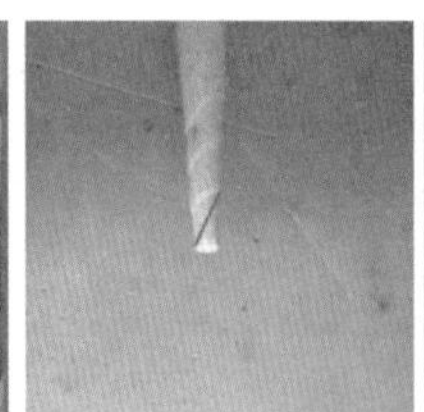
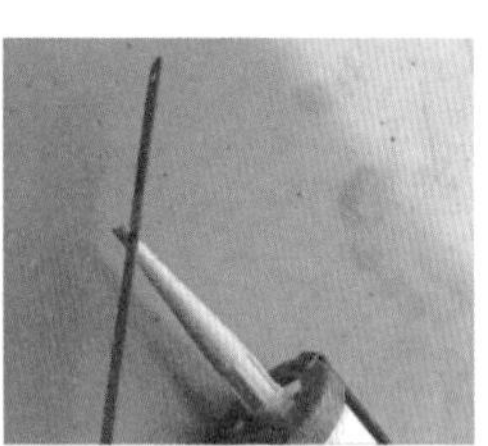

图 4-41　玻璃胶

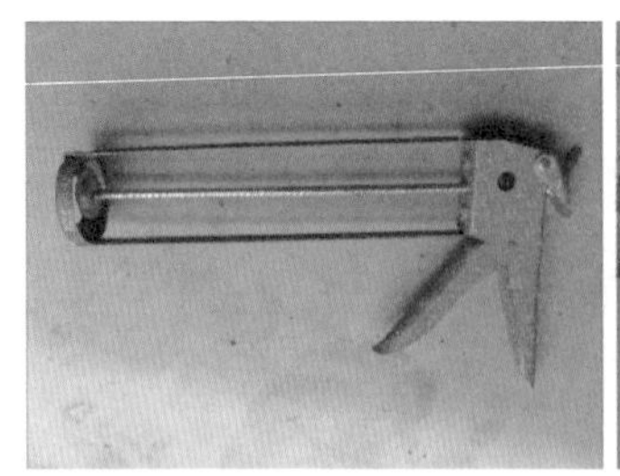
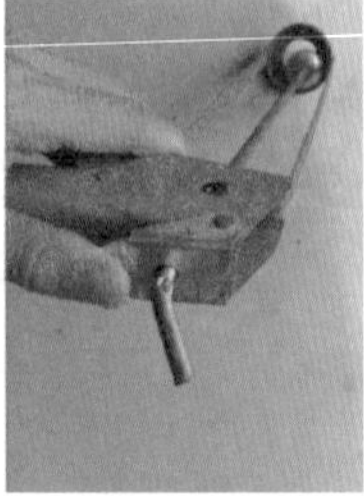
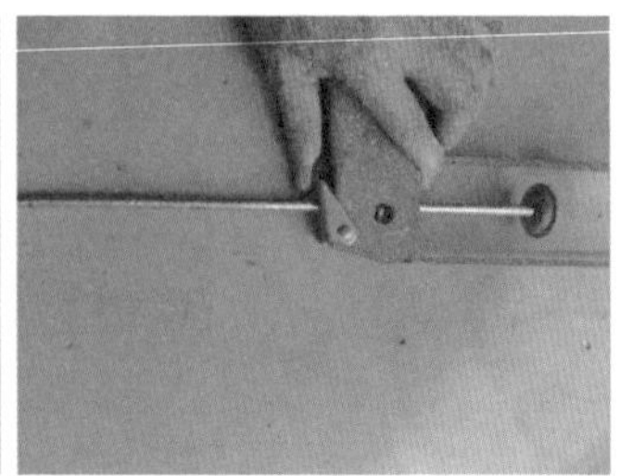

图 4-42　玻璃枪的使用步骤（一）

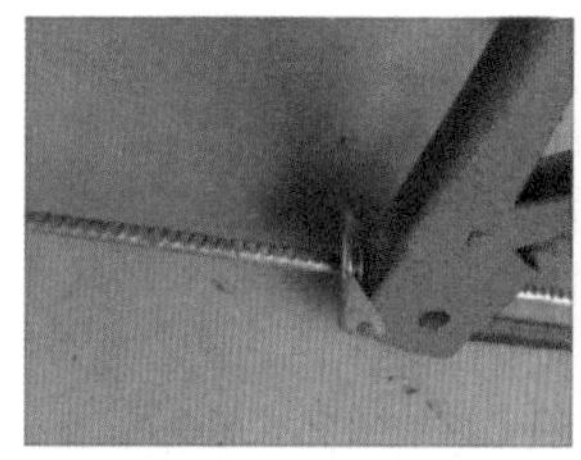

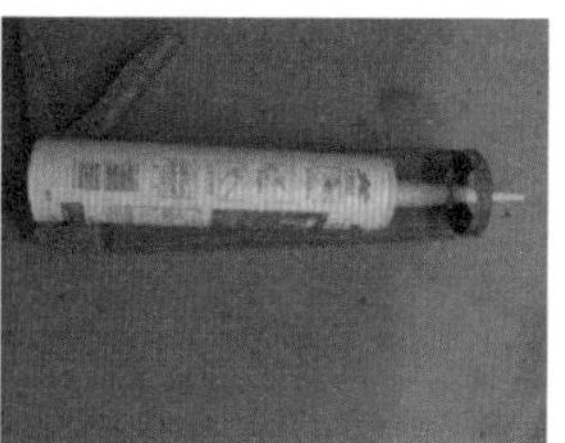

图 4-43　玻璃枪使用步骤（二）

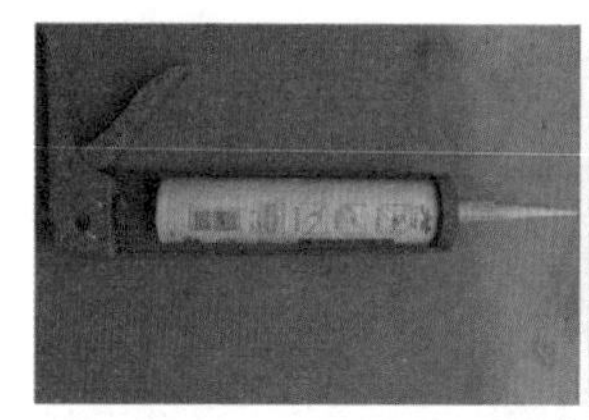
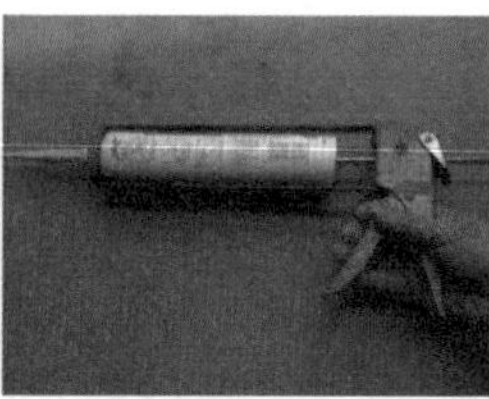
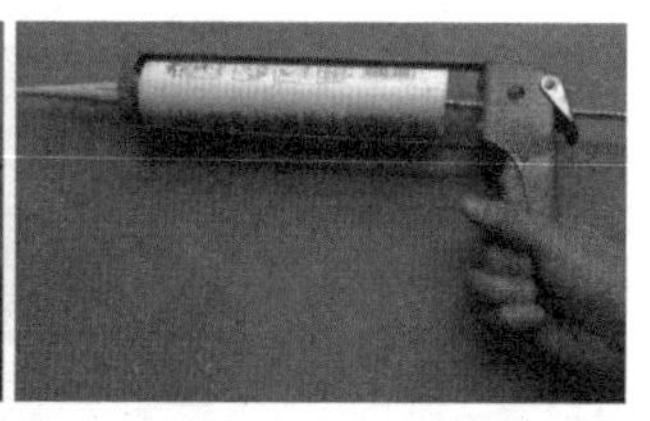

图 4-44　玻璃枪使用步骤（三）

4.29 水表

水表的暗装不像水管一样用水泥隐蔽覆盖，其只能够由箱体或者物体遮住隐蔽（见图 4-45）。

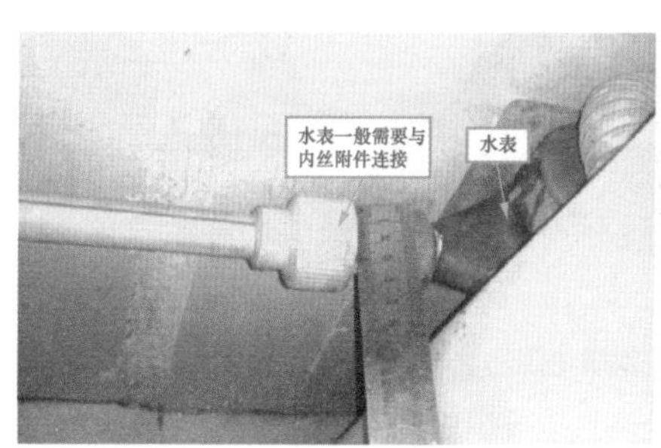

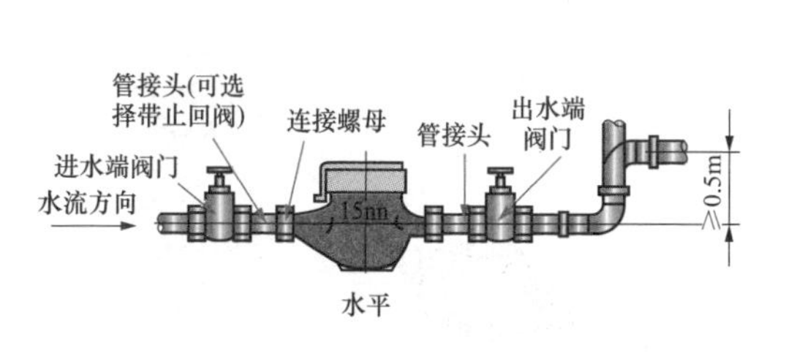

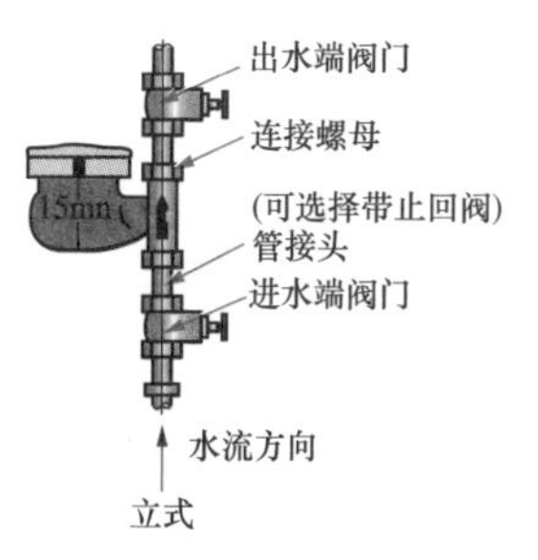

图 4-45　水表安装示意图

4.30 暗装管后续的连接

暗装管后续连接的是龙头，则不需要安装阀，如果连接的是软管，则为了检修、安装方便，一般需要安装阀。阀的种类比较多，需要根据应用情况来选择，如图 4–46、图 4–47 所示。

铁质龙头与塑料龙头对于暗管连接的内丝附件直径大小不同，如图 4–48 所示。

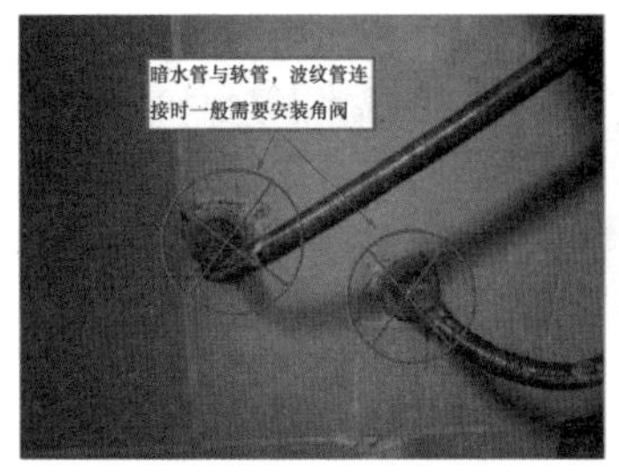

图 4–46 暗装管后续的连接

图 4–47 暗装管总阀

(a)

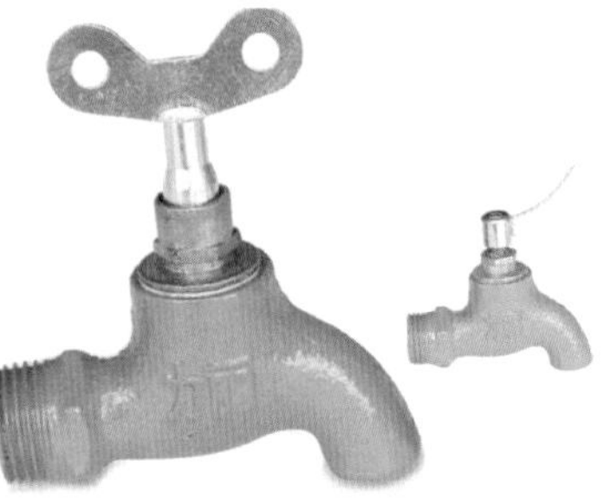

(b)

图 4–48 铁质龙头

4.31 水槽的给水

水槽的龙头一般是热水、冷水混合龙头。因此，水槽的给水需要具有热水管、冷水管，然后通过编织软管连接到水槽的龙头，如图 4–49 所示。

水槽的给水，特别是热水管处的转换接管或者软管、阀使用久了，污垢比较严重，如图 4–50 所示。

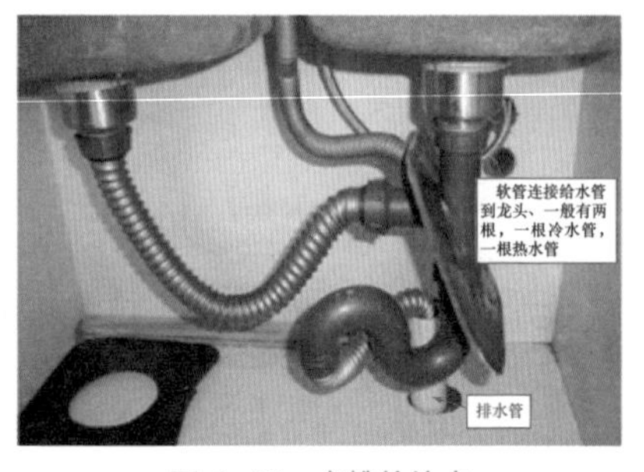

图 4–49 水槽的给水

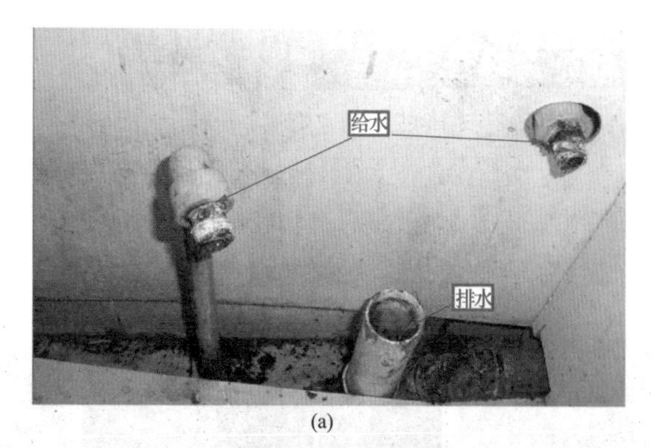

(a)

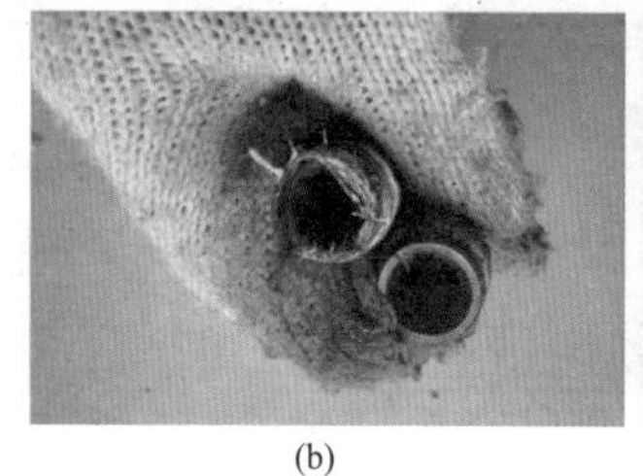

(b)　(c)　(d)

图 4–50　水槽给水管的污垢

4.32 洗脸盆的给水

洗脸盆的龙头一般是热水、冷水混合龙头。因此，洗脸盆的给水需要具有热水管、冷水管，然后通过编织软管连接到洗脸盆的龙头，如图 4–51 所示。

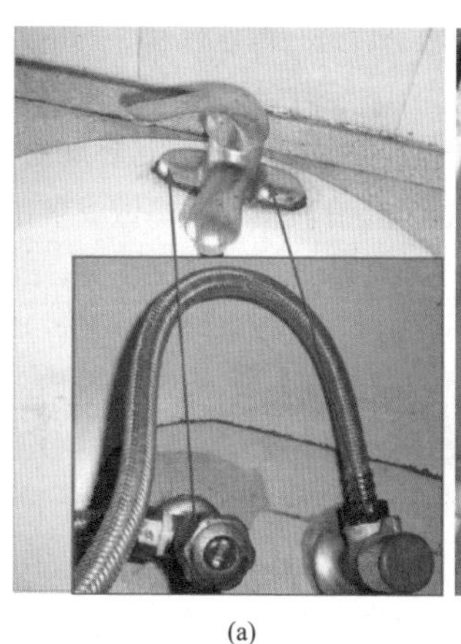

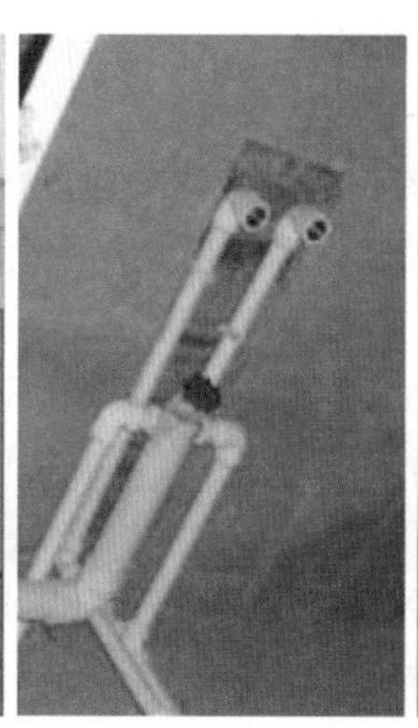

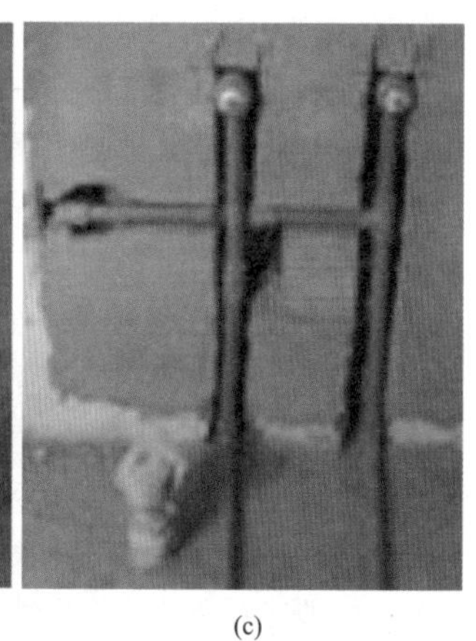

(a)　(b)　(c)

图 4–51　洗脸盆的龙头接管

4.33 防水与试水、试压

通水试验、满水试验：管路、卫生洁具安完后，进行通水、试水试验前需要检查地漏是否畅通，各阀门是否关好，然后逐一进行通水试验。满水试验，需要检查各连接件是否存在渗、漏异常现象。管路、卫生洁具只有防水、试水、试压正常，才能够进行后续工作（见图 4-52 ~ 图 4-54）。

图 4-52 防水

图 4-53 试水

图 4-54 试压

防水、试水、试压后，需要填写管路、卫生器具防水、通水、满水试验等记录。

卫生间部位采用高弹性防挡水材料施工程序：安装、预留洞、管道就位正确→土建、堵洞→灌水试验→找平层→防水层→灌水试验→保护层→灌水试验。

卫生间防水施工工艺要求：

（1）卫生间楼面振捣必须密实，随打随抹、压实抹光，形成一道自身防水层。所有楼板的管洞、套管洞周围的缝隙均用掺加膨胀剂的豆石混凝土浇灌严实抹平，孔洞较大的，进行吊模浇筑膨胀混凝土。等全部处理完后进行灌水实验，24h 无渗漏，方可进行下道工序——水泥砂浆找平层。

（2）基层找平层完成后，需要达到坚实平整、清洁无空鼓松动、明显裂缝、麻面、起砂等现象，否则需要用水泥胶腻子修补，使之平滑。所有转角处一律做成半径 10mm 的均匀一致平滑圆角，所有管件、地漏或排水口等部位必须就位正确，安装牢固，不得有任何松动现象，收头圆滑，以及用嵌缝材料进行嵌填、补平。基层无突起锋利物，含水率符合要求。

（3）在基层表面保持湿润状态时即可涂刷第一层防水层，涂刷是应采用水泥工专用刷子，厚度为 1.2mm。第一层防水层触干时，涂刷第二层防水层。常温情况下，只需首天在涂层表面喷洒清水三次即可。

（4）防水层施工完毕应进行灌水试验，蓄水深度应高出防水层 10cm，24h 后检查无渗漏方可进行保护层的施工。

4.34 试检与检验

家庭给水一般不能直接与消防水管道直接相连，如图 4-55 所示。

图 4-55　家庭给水一般不能直接与消防水管道直接相连

卫生器具及管道安装需要达到一定的要求：

（1）橱柜安装下水管如需改道必须离地 10cm 以下，沿墙角走。

（2）冲落式蹲式大便器水阀高度一般宜为 400mm。

（3）柜式洗面盆三角阀高度一般宜为 500mm。

（4）混水阀代花洒安装高度一般不宜高于 90cm。

（5）洗衣机水阀高度一般宜为 120cm。

（6）拖把污水盆水阀高度一般宜为 800mm。

判断卫生器具及管道安装是否达到要求，可以通过用尺进行测量判断（见图 4-56）。对于一些螺纹是否旋紧，可以通过扳手调整判断（见图 4-57）。

卫生器具给水配件安装标高的允许偏差及检验方法见表 4-13。

图 4-56　尺

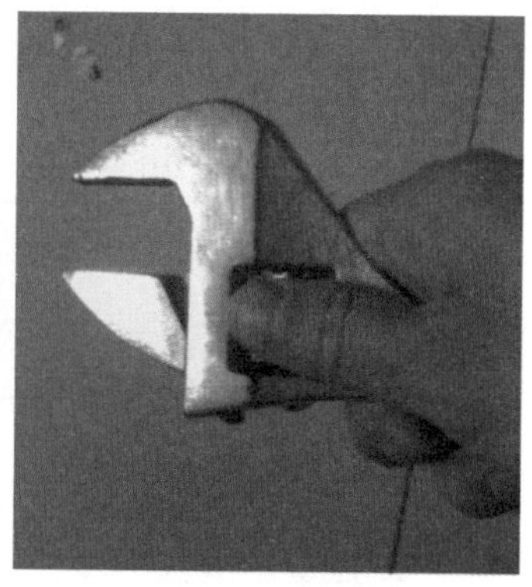

图 4-57　扳手

表 4-13　　卫生器具给水配件安装标高的允许偏差及检验方法

项目	允许偏差（mm）	检验方法
大便器高、低水箱角阀及截止阀	± 10	尺量检查
水嘴	± 10	
淋浴器喷头下沿	± 15	
浴盆软管淋浴器挂钩	± 20	

（1）卫生器具给水配件安装主控项目的检测：卫生器具给水配件应完好无损伤，接口严密，启闭部分灵活。其检验方法：观察、手扳检查。

（2）卫生器具给水配件安装一般项目的检测：

1）卫生器具给水配件安装标高的允许偏差需要符合有关的规定。其检验方法：尺量检查。

2）浴盆软管淋浴器挂钩的高度，如果设计无要求，需要距地面 1.8m。其检验方法：尺量检查。

3）有饰面的浴盆,需要留有通向谷盆排水口的检修门。其检验方法:观察检查。

4）小便槽冲洗管,需要采用镀锌钢管或硬质塑料管。冲洗孔应斜向下方安装,冲洗水流同墙面成 45° 角。镀锌钢管钻孔后，需要进行二次镀锌。 其检验方法：观察检查。

5）卫生器具的支、托架必须防腐良好、安装平整、牢固,与器具接触紧密、平稳。其检验方法：观察、手扳检查。

（3）卫生器具安装主控项目的检测：

1）排水栓和地漏的安装需要平正、牢固，低于排水表面，周边无渗漏。地漏水封高度不得小于 50mm。其检验方法：试水观察检查。

2）卫生器具交工前需要做满水、通水试验。其检验方法：满水后各连接件不渗不漏；通水试验给、排水畅通。

卫生器具安装的允许偏差与检验方法见表 4-14。

表 4-14　　卫生器具安装的允许偏差与检验方法

项目		允许偏差（mm）	检验方法
坐标	单独器具	10	拉线、吊线和尺量检查
	成排器具	5	
标高	单独器具	± 15	
	成排器具	± 10	
器具水平度		2	用水平尺和尺量检查
器具垂直度		3	吊线和尺量检查

第 5 章

排水暗装速精通

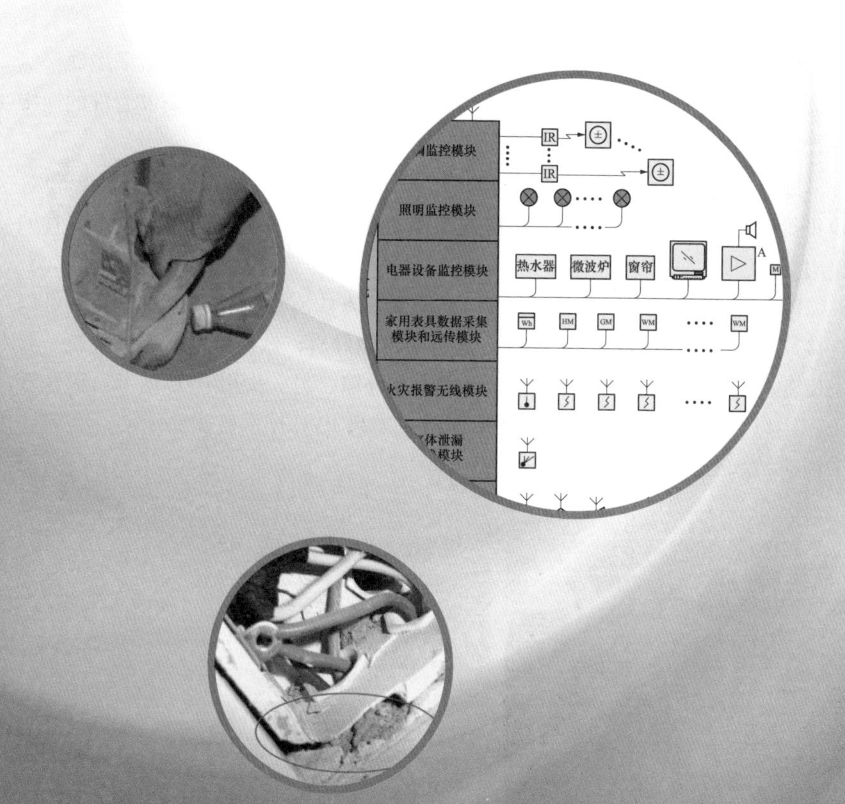
IR
IR
照明监控模块
电器设备监控模块
热水器
微波炉
窗帘
A
M
家用表具数据采集
模块和远传模块
Wh
HM
GM
WM
WM

5.1 常用排水管材与暗装方式

排水管有 UPVC 管、铸铁管、钢管、陶土管、石棉水泥管、混凝土管、钢筋混凝土管、硬聚氯乙烯管（UPVC）、聚乙烯管（PE）、聚丙烯管（PP）、聚丁烯管（PB）、苯乙烯管（ABS 工程塑料）、玻璃钢夹砂管等（见图 5-1）。

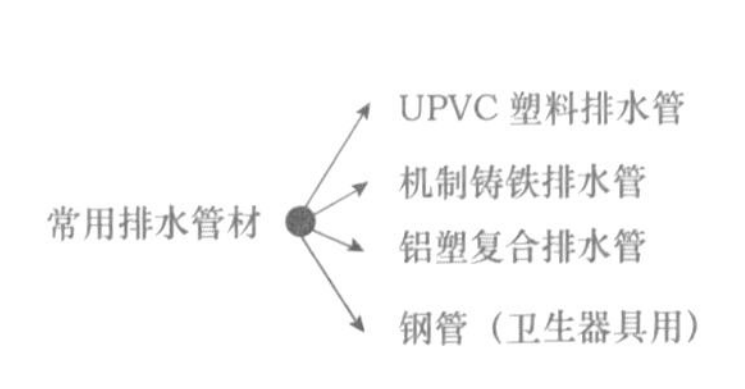

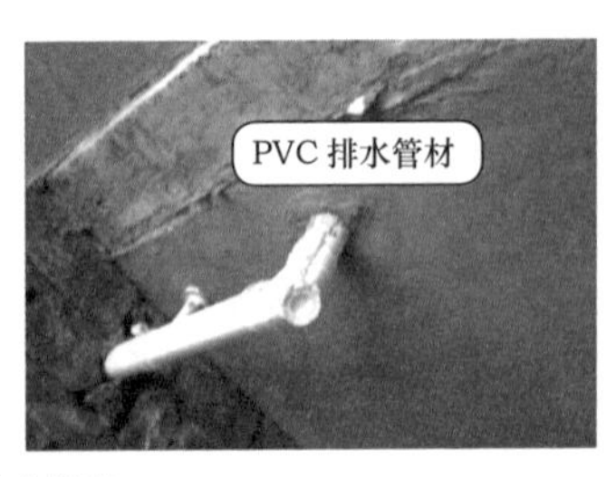

图 5-1　常用排水管材

目前，排水工程中一般禁止使用刚性连接铸铁管道，家装中一般采用硬聚氯乙烯管（UPVC）。UPVC 是指未加增塑剂的聚氯乙烯管。UPVC 管材和管件的连接方式一般采用承插口粘结。

排水管暗装方式主要有填埋与遮蔽。填埋就是暗装在水泥沙浆里、墙壁里、地里等。遮蔽就是利用物体或者特意制作的遮蔽物或者空间达到隐蔽排水管的作用。

PVC 排水管（见图 5-2）室内、室外安装方法有点区别。室内安装，可以直接靠墙角开孔装上 PVC 排水管，然后固定做好后，做好防水。室外安装一般采用专门的卡口，一头用膨胀螺栓等固定在外墙，另一头用 PVC 的卡口卡住管子，接口处用直接加 PVC 胶水粘结即可。如果 PVC 排水管需要活动，则需要采用活结。

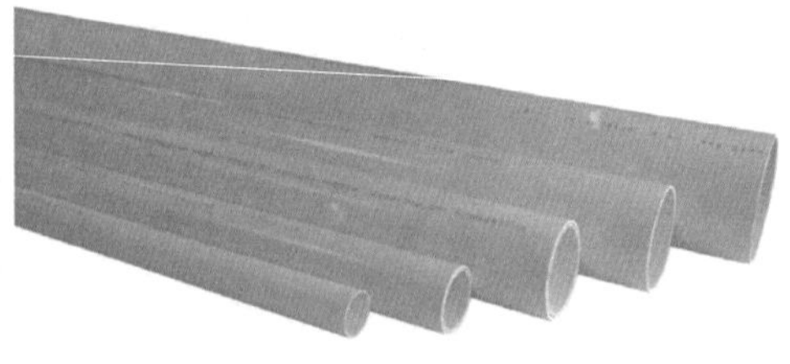

图 5-2　PVC 排水管

5.2 室内排水管的类型与特点

室内排水立管：排水立管就是建筑内垂直安装的污水管、废水管、透气管、雨水管道。

室内排水立管管材规格：一般选择公称直径为 50 ~ 200mm。

室内排水立管管材要求：一般需要具有抗冲击性能好、耐腐蚀、外观稳定、强度高、耐老化、内壁光滑，不易阻塞、低噪声、无结垢、无泄漏、安装维修方便等。

室内排水立管的选择（见图 5-3）：

1）高层公寓转换层以上的污废水管道，可以选用硬聚氯乙烯（PVC-U）内螺旋排水管材，也可以选用柔性接口铸铁排水管；转换层及地下室，一般选用柔性接口铸铁排水管。

2）别墅、多层公寓的污废水管道一般可以选用硬聚氯乙烯（PVC-U）平壁排水管材；对排水噪声要求较高时，可以选择硬聚氯乙烯（PVC-U）内螺旋或柔性接口铸铁排水管材。

3）雨水立管一般选择硬聚氯乙烯（PVC-U）排水管材（国家标准），高层公寓也可以选用高密度聚乙烯（HDPE）管和热镀锌钢管，暗敷雨水管道一般选用热镀锌钢管。虹吸式雨水系统一般选用高密度聚乙烯（HDPE）管或热镀锌钢管。

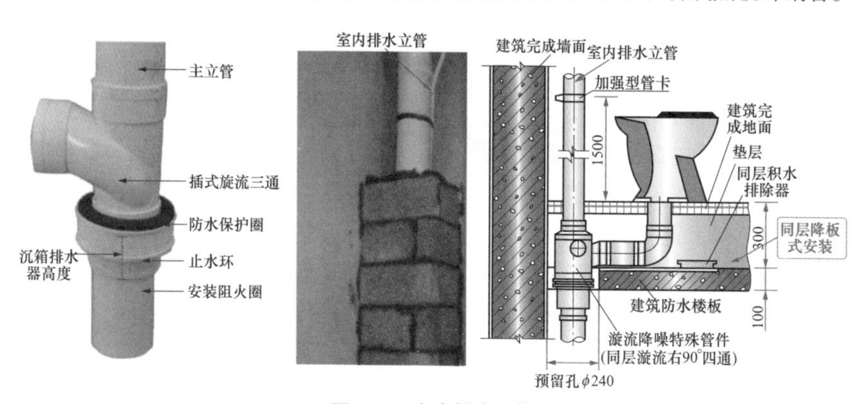

图 5-3　室内排水立管

室内水平排水支、干管范围：排水支、干管就是建筑内水平安装的污水管道、废水水管道、雨水排水管道。

室内水平排水支、干管安装部位：吊顶、夹层、设备层、地下室、地坪下暗设或明装。

室内水平排水支、干管管材规格：一般选择公称直径为 50 ~ 200mm。

室内水平排水支、干管的选择（见图 5-4）：

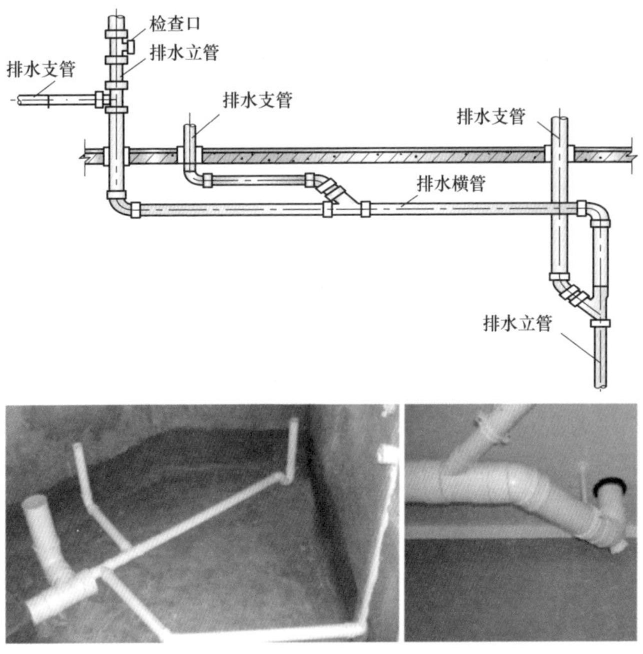

图 5-4 室内水平排水支、干管

1）别墅、多层公寓的污废水管道一般选用硬聚氯乙烯（PVC-U）平壁管或柔性接口铸铁排水管材。

2）高层公寓横支管一般选用硬聚氯乙烯（PVC-U）平壁排水管，横干管一般选用柔性接口铸铁排水管；地下室的污、废水管（包括出墙部分）一般选用柔性接口铸铁排水管。

3）雨水管一般采用硬聚氯乙烯（PVC-U）排水管材（国家标准），高层公寓也可以选用高密度聚乙烯（HDPE）管和热镀锌钢管。虹吸式雨水系统一般选用高密度聚乙烯（HDPE）管或热镀锌钢管。

室外埋地排水管道范围：室外的污废水管道、雨水排水管道。

室外埋地排水管道安装部位：室外道路、绿化带等地下埋设。

室外埋地排水管道管材规格：各种规格。

室外埋地排水管道管材要求：具有较好的水力性能、刚性好、抗沉降、抗震耐压、强度高、耐腐蚀、耐老化、内壁光滑、不易阻塞、流通量大、安装维护方便等。

室外埋地排水管道管材的选择（见图 5-5）：埋地排水管道为重力流无压管道，主要是承受泥土等外压荷载。可以选用的排水管材主要有：

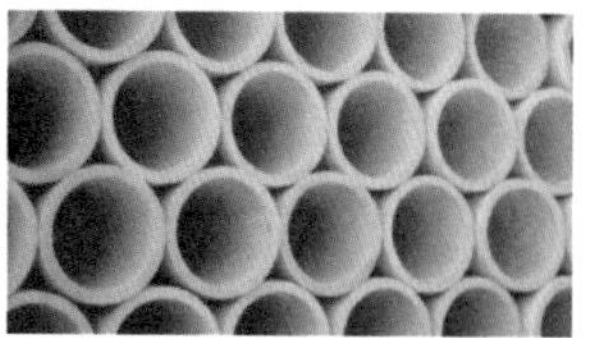

图 5–5　室外埋地排水管

1）硬聚氯乙烯（PVC–U）平壁管：管壁截面是均质实心的，管壁截面相等的管材。该种管材承受内压外压的性能都很好，可以用于管径不大于 200mm 的出墙排水管道。

2）硬聚氯乙烯（PVC–U）双壁波纹管、高密度聚乙烯（HDPE）双壁波纹管：管壁截面为双壁结构，内壁的表面光滑、外壁为等距排列的空芯环肋结构。该种管材采用橡胶密封圈承插式接口，一般可用于管径不大于 500mm 的排水管道，环刚度不应小于 $8kN/m^2$；绿化带下敷设的管道也可以选择环刚度 $6kN/m^2$ 的排水管道。

3）硬聚氯乙烯（PVC–U）环肋加筋管：内壁光滑，外壁带有等距排列的 T 形环肋，该种管材既减薄了管壁厚度，又增大了管材的刚度，提高了管材承受外荷载的能力。该种管材采用橡胶密封圈承插式接口，施工安装方便。一般可以用于管径不大于 500mm 的排水管道，环刚度不小应于 $8kN/m^2$；绿化带下敷设的管道也可以选择环刚度 $6kN/m^2$ 的排水管道。

4）高密度聚乙烯（HDPE）螺旋缠绕管：该材料属于新一代塑料管材，由带有等距排列的 T 形肋的带材通过螺旋卷管机卷成不同直径的管材。该种管材的特点是质量轻、刚性好、耐腐蚀、流通能力大，适合于管径大于 500mm 的排水管道。

5）钢筋混凝土排水管：一般用于管径大于 500mm 的排水管道。

5.3 排水管的检查

排水管如图 5–6 所示。排水管的检查要点：

1）检查排水系统的管材、管件生产企业的检验报告或认证文件，是否符合国家有关标准的规定。

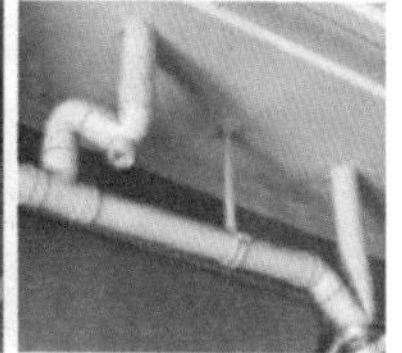

图 5–6　排水管

2）家居排水管道禁止使用砂模铸造铸铁排水管、直径不大于 500mm 混凝土和钢筋混凝土排水管。

3）外观质量检查：管材、管件的截面一般应呈圆形，内外表面光滑，壁厚均匀，色泽一致，标记清晰，没有凹陷或明显损伤，内衬材料应平整，不得有气泡裂纹分层脱落等缺陷。不得使用有明显损伤和其他质量缺陷的管材、管件。

5.4 室内金属排水管道及配件安装

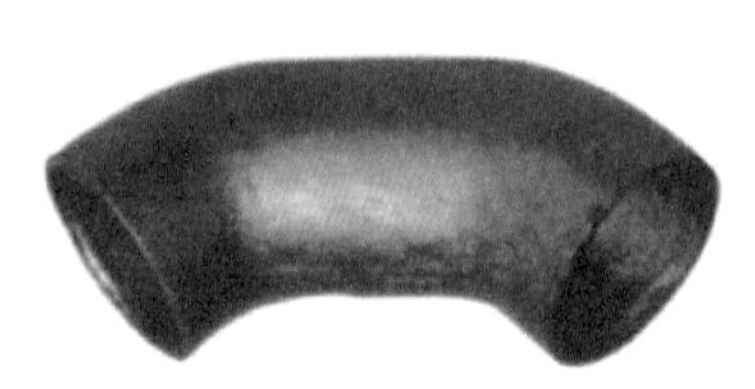

图 5-7 室内金属排水管道

室内金属排水管道（见图 5-7）及配件安装工艺流程：管道预制→排水干管托、吊架安装→排水干管安装→排水立管安装→排水支管安装→排水配件安装→通球试验→灌水试验→管道保温。

灌水试验：

1）先将排出管末端用气囊堵严，从管道最高点灌水，灌水试验合格后，经验收，方可隐蔽或回填。

2）埋地排水干管安装完毕后，一般需要做好沥青防腐。一般为三种：普通防腐层、加强防腐层、特加强防腐层。对埋地铸铁排水管道防腐无要求时，一般做到普通防腐层即可。

3）暗装或铺设于垫层中及吊顶内的排水支管安装完毕后，在隐蔽前一般需要做灌水试验。

5.5 室内非金属排水管道及配件安装

室内非金属排水管道及配件安装（见图 5-8）工艺流程：安装准备→预制加工→干管安装→立管安装→支管安装→配件安装→支架安装→通球试验→灌水试验→管道保温。

室内非金属排水管道及配件的安装要点：

1）隐蔽或埋地的排水管道、雨水管道在隐蔽前，必须做灌水试验，其灌水

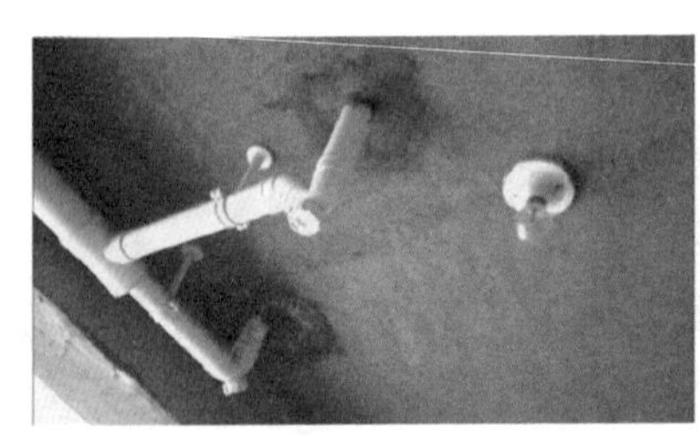

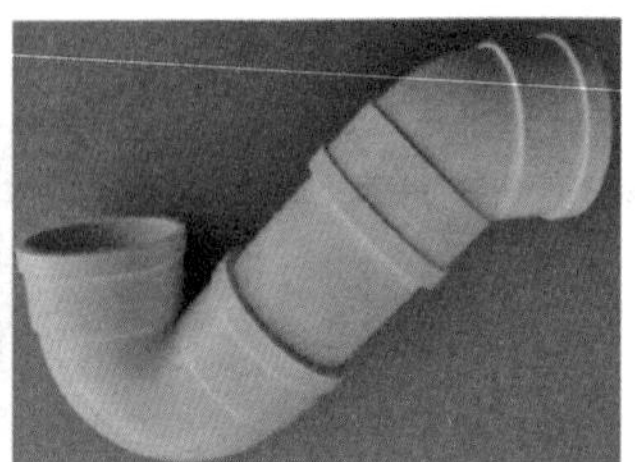

图 5-8 室内非金属排水管道及配件安装

高度一般不低于底层卫生器具的上边缘或底层地面高度，结果必须符合有关要求、规范规定。

2）排水塑料管必须按有关要求及位置装伸缩节。如果设计无要求时，伸缩节间距不得大于 4m。

3）排水主立管及水平干管管道均需要做通球试验，通球直径不小于排水管道直径的 2/3，通球率必须达到 100%。

4）管道的坡度必须符合有关要求、规范规定。

5）在生活污水管道上一般设检查口，当设计无要求时，一般需要符合下列规定：立管上需要每隔一层设置一个检查口，但在最底层与有卫生器具的最高层必须设置。如果为新农村两层建筑时，可仅在底层设置立管检查口。如果有乙字弯管时，则在该层乙字弯管的上部设置检查口。检查口中心高度距操作地面一般为 1m，允许偏差 ±20mm；检查口的朝向需要便于检修。暗装立管，在检查口处需要安装检修门。检修门尺寸一般为 400mm×400mm。

6）埋在地下或地板下的排水管道的检查口，需要设在检查井内。井底表面标高与检查口的法兰相平，井底表面应有 5% 坡度，坡向检查口。

7）用于室内排水的水平管道与水平管道、水平管道与立管的连接，用两个 45° 弯头或用顺水三通。

8）管道安装时应掌握好管子插入承口的深度，下料尺寸合适，以防接口破裂，导致漏水。

9）地漏安装时，需要根据施工线找好地面标高，确定坡度，以防止地漏出地面过高或过低。

10）管道安装前，需要根据地面做法，找准标高，以防卫生洁具的排水管预留口距地面偏高或偏低。

11）排水通气管不得与风道或烟道连接。

12）经常有人逗留的屋面上通气管需要高出屋面 2m，以及需要加固定支架。

13）排水流向按管线短，埋深小，尽可能自流排出的原则确定。

存水弯如图 5-9 所示。

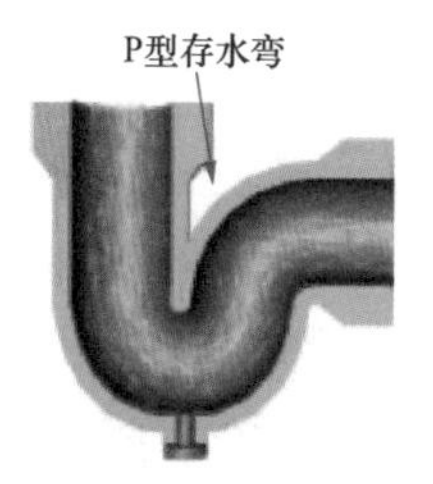

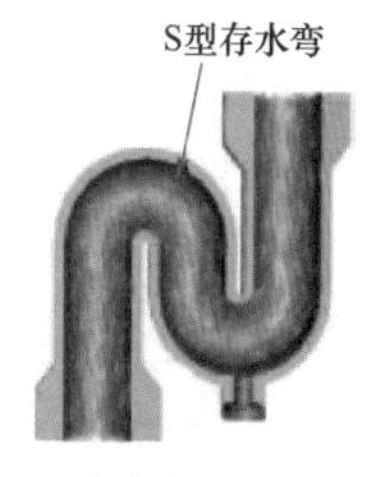

存水弯的种类：P 形存水弯；S 形存水弯。
存水弯的作用：形成水封，用来阻挡排水管道中产生的臭气，使其不致溢到房间里，以便保持室内空气清洁

图 5-9 存水弯

5.6 室内外排水系统

室内排水系统的分类如图 5–10 所示，室内排水系统的组成如图 5–11 所示。

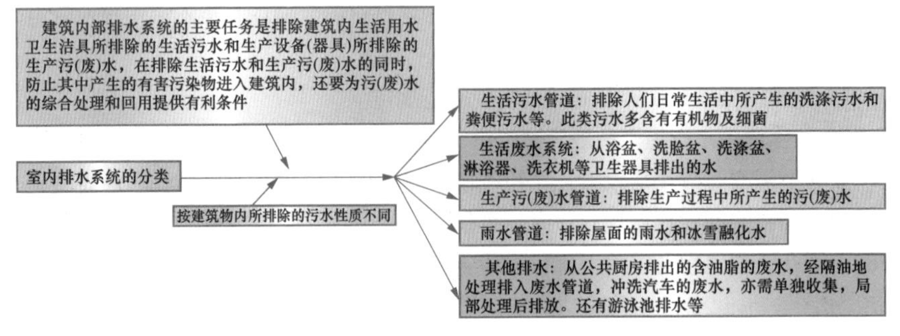

图 5–10　室内排水系统的分类

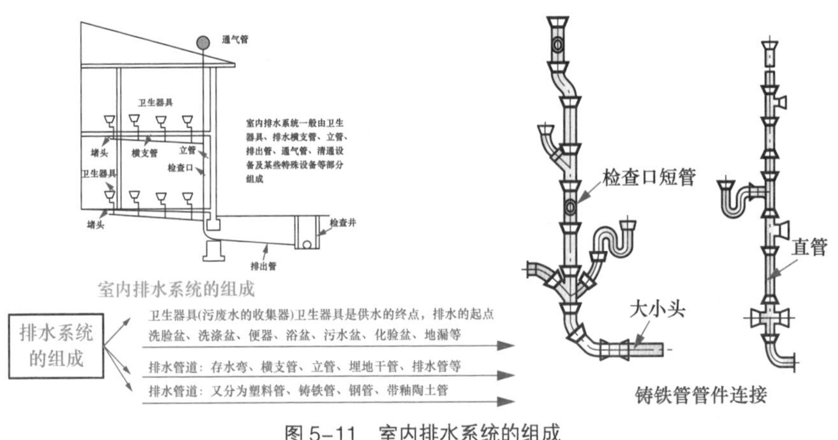

图 5–11　室内排水系统的组成

PVC 主排水管每层要留有检修口。立管每层装伸缩节一只，用以补偿逆流管的热胀冷缩。

下水管的进水口和排水口要有 5° 的坡度方便把污水排尽。

室内排水系统管径的要求：排水管≥立管≥支管。

与卫生器具相连的器具排水管口应用旧布、包装纸、封口胶带封堵好，以免装修中杂质、污物坠入造成阻塞。与卫生器具相连接的冷、热水接口需要临时用丝堵封堵（主要是暗埋管道），以免装修中损伤丝扣或掉进杂物。等装修完后再进行卫生器具的安装。

在已成型的墙、地面饰面层上钻孔，安装膨胀螺栓、挂钩时，需要注意保护墙、地面，以免造成划痕、裂纹甚至空壳现象，以及墙、地面中的水管，以免损坏暗水管。

室内排水的处理：化粪池（见图 5-12）。

特殊设备——化粪池可采用砖、石或钢筋混凝土等材料砌筑，目前，钢筋混凝土化粪池也采用较多。

化粪池距离地下取水构筑物不得小于10m
化粪池的池壁距离建筑物外墙不宜小于5m
化粪池用于截留生活污水中大块悬浮物的构造物。拦截后的粪便及其他悬浮物等有机物，在池内微生物的分解作用下，经过一段时间(通常为1~3月)，转化为无机化合物的消化污泥。每隔一段时间，将消化污泥清掏出去做肥料

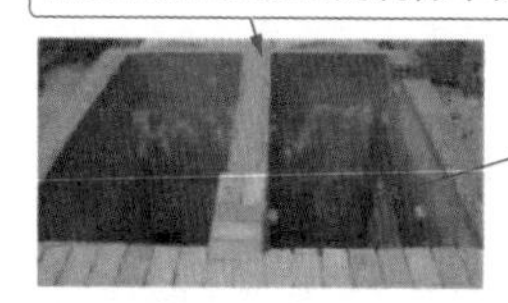

图 5-12　化粪池

5.7　室内通气系统

通气系统分类如图 5-13 所示，通气管类型和作用如图 5-14 所示，通气管设置如图 5-15 所示。

通气系统分类
单立管系统
双立管系统
三立管系统
无通气立管
有通气立管
特制配件分类

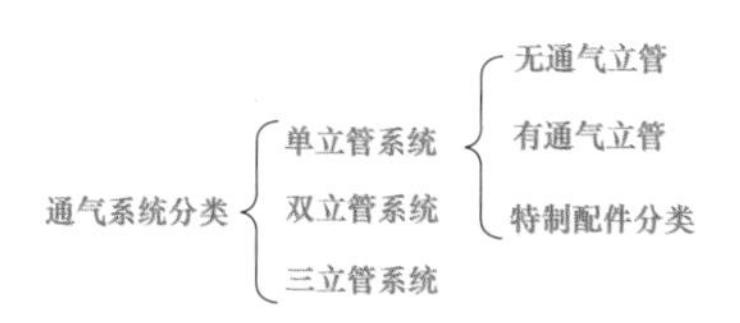

图 5-13　通气系统分类

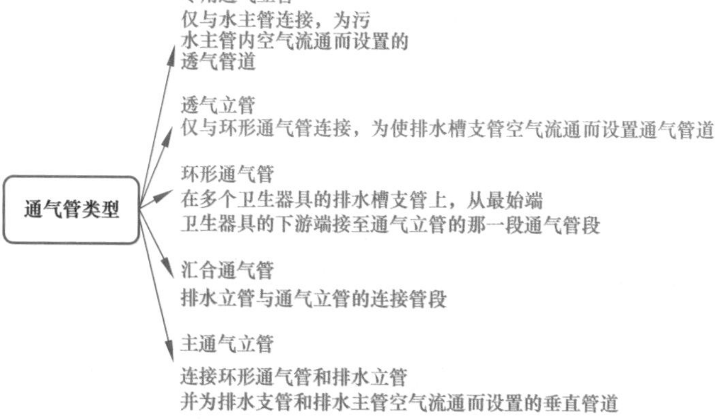

通气管类型
专用通气立管
仅与水主管连接，为污水主管内空气流通而设置的透气管道
透气立管
仅与环形通气管连接，为使排水槽支管空气流通而设置通气管道
环形通气管
在多个卫生器具的排水槽支管上，从最始端卫生器具的下游端接至通气立管的那一段通气管段
汇合通气管
排水立管与通气立管的连接管段
主通气立管
连接环形通气管和排水立管并为排水支管和排水主管空气流通而设置的垂直管道

图 5-14　通气管的类型和作用

(a)

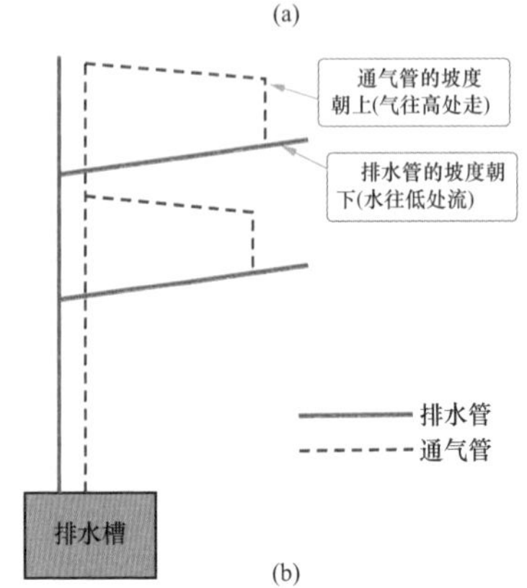

(b)

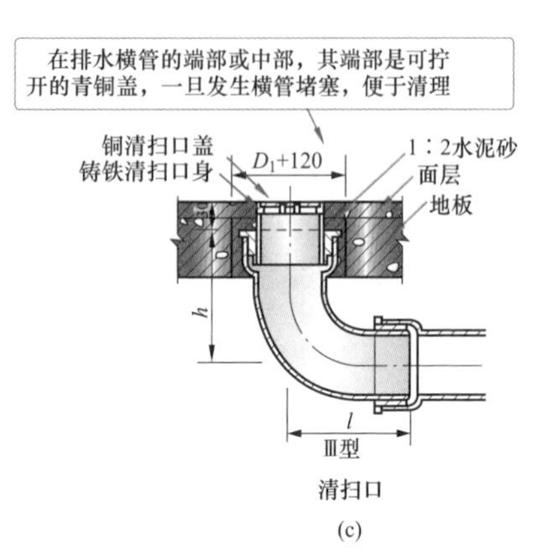

(c)

图 5–15 通气管设置

通气管设置条件：层数不多的建筑，在排水支管不长，卫生器具数量不多的情况下，采取排水立管上部延伸出屋顶的通气措施即可。

仅设一个卫生器具或虽接几个卫生器具共用一个存水弯的排水管道，以及建筑物内底层污水单独排出的排水管道，可不设通气管。

生活污水立管所承担的卫生器具排水设计流量，当超过表中无专用通气立管的排水立管的最大排水能力时，应设专用通气立管。

下列污水管段应设环形通气管：

1）连接 4 个及 4 个以上卫生器具并与立管的距离大于 12m 的污水横支管。

2）连接 6 个及 6 个以上大便器的污水横支管。

3）设有器具通气管。

无专用通气管的排水管能力管径见表 5–1，通气管管径见表 5–2。

表 5–1 无专用通气管的排水管能力管径

污水立管管径（mm）	排水能力（L/s）	
	无专用通气立管	有专用通气立管或主通气立管
50	1.0	—
75	2.5	5
100	4.5	9
150	10.0	25

表 5-2　　　　通气管管径

通气管名称	排水管管径（mm）					
	32	40	50	75	100	150
器具通气管	32	32	32	—	50	—
环形通气管	—	—	32	40	50	—
通气立管	—	—	40	50	75	100

排水管及通气管的连接：

1）器具通气管应设在存水弯出口端。

2）环形通气管应在根支管上最始端的两个卫生器具间接出，并应在排水支管中心以上与排水支管呈垂直或 45° 角连接。

3）器具通气立管、环形通气管应在卫生器具上边缘以上不少于 0.15m 处。按不小于 0.01 上升坡度与通气立管相连。

4）专用通气立管应每隔两层、主通气立管应每隔 8 ~ 10 层设结合通气管与污（废）水立管连接。

5）结合通气管下端宜在污（废）水横支管以下与污（废）水立管以斜三通连接；上端可在卫生器具上边缘以上不小于 0.15m 处与通气立管以斜三通连接。

5.8 室内排水要求

室内排水要求如图 5-16 所示。

垂直距离：排水立管仅设置伸顶通气管时，最低排水横支管与立管连接处距排水立管管底垂直距离，不得小于有关的规定。底层单独排出的原则就依据该规定而来。

最低排水横支管与立管连接处距排水立管管底垂直距离见表 5-3。

预留的孔洞尺寸：立管需要穿越楼层时，预留的孔洞尺寸一般较通过的管径大 50 ~ 100mm，并且需要在通过的立管外加设一段套管，现浇楼板可预先设套管。

表 5-3　　　　距排水立管管底垂直距离

立管连接卫生器具的层数（层）	垂直距离（m）
≤ 4	0.45
5 ~ 6	0.75
7 ~ 19	3.00
≥ 20	6.00

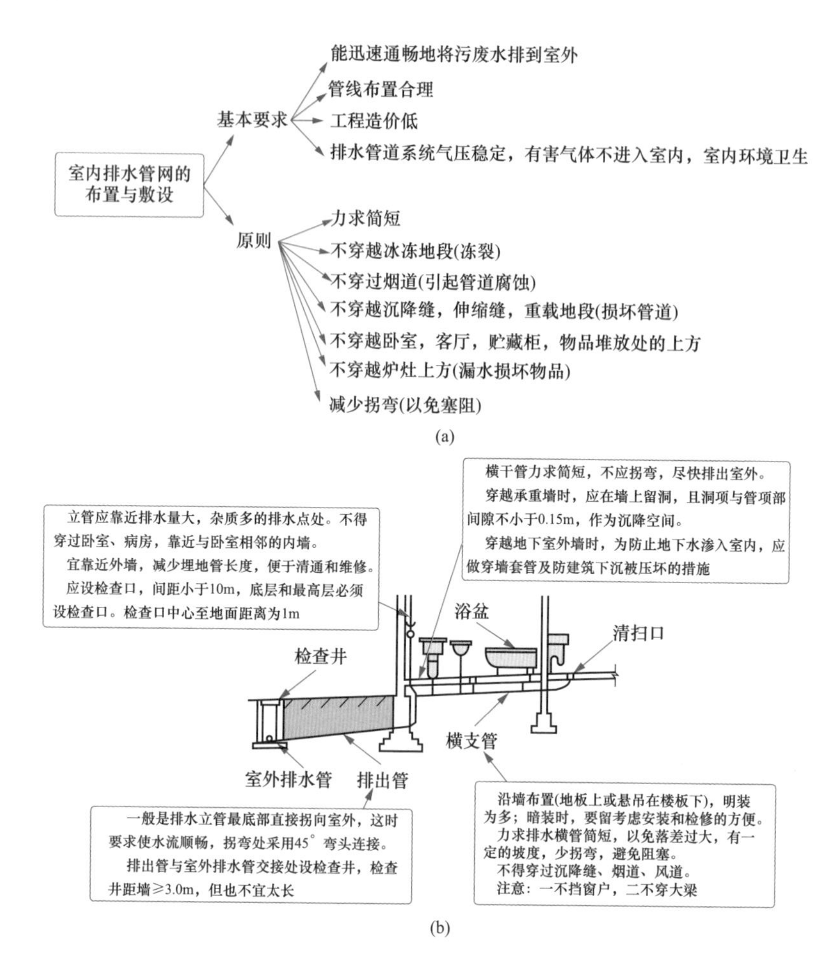

图 5-16　室内排水要求

立管需要穿越楼层时，预留的孔洞尺寸见表 5-4。

排出管可以埋在底层或悬吊在地下室的顶板下面。排出管的长度取决于室外排水检查井的位置。

排出管与立管的连接需要采用 45° 弯头连接。排出管穿越承重墙时，需要预留洞或预埋穿墙套管，管顶要留有作为沉降的空间。排出管要根据土壤冰冻线深度和受压情况确定覆土深度。

表 5-4　　预留孔洞尺寸

立管管径（mm）	50	75 ~ 100	125 ~ 150	200 ~ 300
孔洞尺寸（mm × mm）	150 × 150	200 × 200	300 × 300	400 × 400

排出管自立管或清扫口到室外检查中心的最大长度与排出管穿基础留洞尺寸见表 5–5、表 5–6。

表 5–5　　排出管最大长度

排出管管径（mm）	50	75	100	>100
排出管最大长度（m）	10	12	15	20

表 5–6　　预留孔洞尺寸

管径（mm）	50 ～ 75	>100
预留孔洞尺寸（宽 × 高）（mm × mm）	300 × 300	（d+300）×（d+200）

安装排水管的要求与规范：

（1）所有通水的地方必须安装下水管和地漏，其 PVC 管的管子连接时必须用专用 PVC 胶水涂满均匀套好。

（2）排水管需要水平落差连接到原毛坯房预埋的主下水管。

（3）如果遇到原毛坯房预埋的主下水管不够用或不理想，则可以根据实际情况在楼板上重新开洞铺设下水管道，并且要重新用带防火胶的砂浆封好管子四周，新封好的地方处用水泥砂浆围一个高 10mm 的圈子，待凝固 58h 后，将圈子里放满水，经过 24h 渗透到楼下看看新装下水管四周有无渗水现象。如果没有，说明新装管道合格。

（4）立柱盆的下水管安装在立柱内。

（5）安装坐便器下水时，需要事先了解坐便器是前下水还是后下水，以确定下水管的离墙距离。

（6）卫生洁具排水管径浴盆一般为 59mm 管；坐便器一般为 100mm 管；妇洗器一般为 40 ～ 50mm 管。

（7）卫生洁具下水管安装最小坡度 3‰。

（8）建筑物内给水管与排水管间的最小净距，平行埋设时应为 0.5m；交叉埋设时应为 0.15m，且给水管宜在排水管的上面。

（9）卫生间除了留给洗手盆、马桶、洗衣机等出水口外，最好还要用于接水拖地的出水口。

（10）洗衣机位置确定后，洗衣机排水可以考虑把排水管做到墙里面。

5.9 室面排水

（1）室面排水连接管：连接管为承接雨水斗流来的雨水，以及将其引入悬吊管的一段短管。连接管的管径不得小于雨水斗短管的管径。连接管需要牢固地固定在建筑物的承重结构上。

（2）室面排水悬吊管：悬吊管承接连接管流来的雨水，以及将它引入立管。由悬吊管连接雨水斗的数量，可以分为单斗悬吊管、多斗悬吊管。其中，连接 2 个及以上雨水斗的为多斗悬吊管。悬吊管需有不小于 0.003 的管坡，坡向立管。

（3）室面排水立管：立管是接纳悬吊管或雨水斗流来的水流。立管直沿墙、柱安装，一般为明装，如果建筑或工艺要求暗装时，可以敷设于培槽或管井内，但必须考虑安装、检修方便，立管上应装设检查口，检查口中心路地面 1.0m。立管的管径不得小于与其连接的悬吊管的管径。

屋面内排水系统如图 5-17 所示。

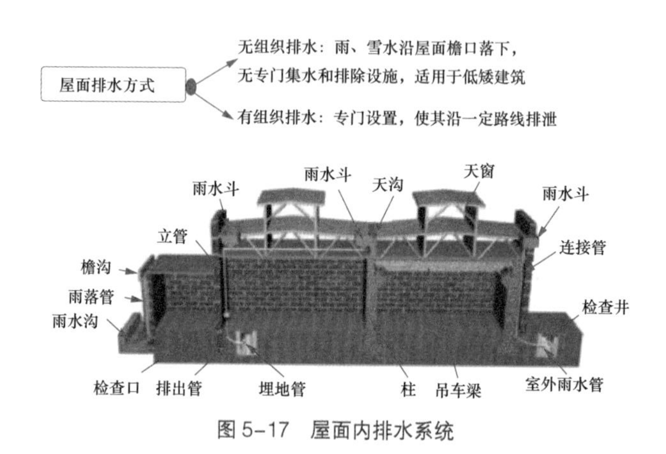

图 5-17　屋面内排水系统

（4）室面排水排出管：排出管是将立管雨水引入检查井的一段埋地管。排出管管径不得小于立管的管径；当穿越地下室墙壁时，需要有防水措施。排出管穿越基础墙处，需要预留洞，洞口尺寸应保证建筑物沉陷时不压坏管道，一般情况下，宜有不小于 150m 的净空。

（5）室面排水埋地管：埋地管是接纳各立管流来的雨水，其是敷设于室内地下，以及将雨水引到室外的雨水管道。其最小管径不得小于 200mm，最大管径不宜大于 600mm。埋地管不得穿越设备基础及其池可能受水发生危害的构筑物。埋地管坡度需要不小于 0.003。

室面排水连接管、悬吊管和立管一般用 UPVC 管、铸铁管（石棉水泥接口），如果管道有可能受到振动与生产工艺等有特殊要求时，可以选择钢管，焊接接口，外涂防锈油漆。埋地管一般采用非金属管道，例如混凝土管、钢筋混凝土管、UPVC 管（或加筋 UPVC 管）等。

5.10 外排水系统

外排水系统如图 5-18 所示。

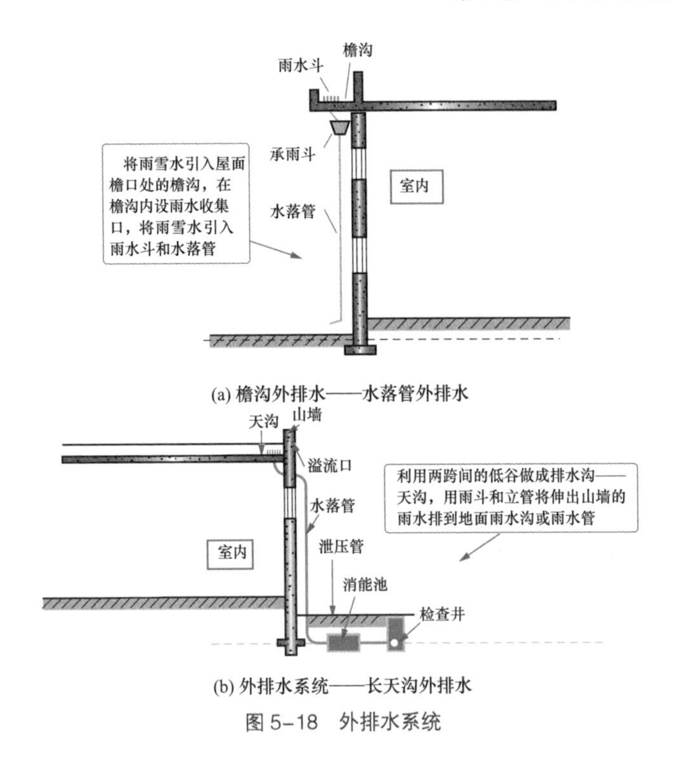

图 5-18 外排水系统

污水排放条件：生活粪便污水不与室内雨水管道合流，冷却系统的废水可排入室内雨水管道。

被有机质污染的生产污水，可与生活粪便污水合流。

含有大量固体杂质的污水，浓度较大的酸性污水和碱性污水及含有毒物质或油脂的污水，则不仅要考虑设置独立的排水系统，而且要经过局部处理达到国家规定的污水排放标准后，才允许排入排水管网。

天沟外排水系统如图 5-19 所示。

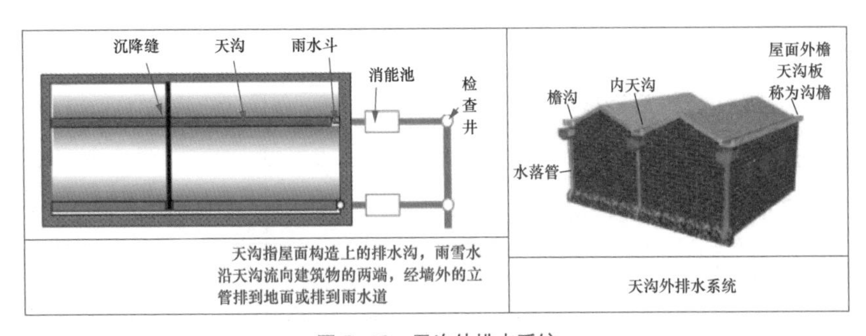

图 5-19 天沟外排水系统

5.11 排水系统清通设备

排水系统清通设备的作用:为疏通排水管道，在排水系统内设检查口、清扫口、检查井（见图 5-20）。

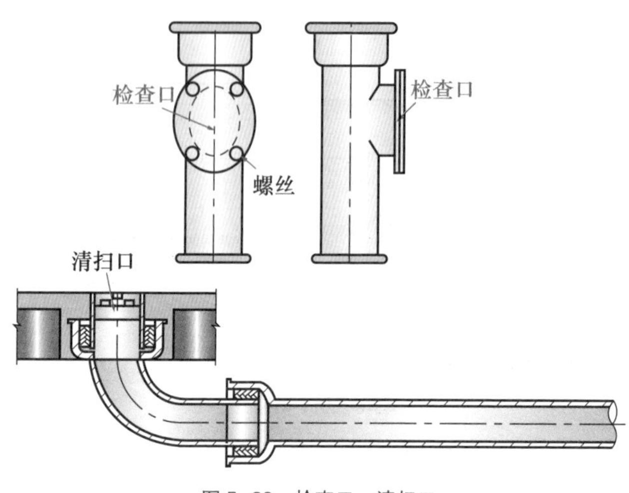

图 5-20　检查口、清扫口

排水系统检查口：可以设在排水立管上及较长的水平管段上，有的为一带有螺栓盖板的短管，其安装规定在建筑物的底层、最高层必设置外，其余每两层设置一个，当排水管采用 UPVC 管时，每 6 层设置一个，检查口的设置高度一般距地面 1.0 m。

污水横管的直线管段上检查口或清扫口间的最大距离见表 5-7。

表 5-7　　检查口或清扫口的最大距离

管道管径（mm）	清扫设备种类	距离（m）		
		生产废水	生活废水及生活污水成分接近的生产污水	含有大量悬浮物和沉淀物的生产污水
50 ~ 75	检查口	15	12	10
	清扫口	10	8	6
100 ~ 150	检查口	20	15	12
	清扫口	15	10	8
200	检查口	25	20	15

清扫口：当悬吊在楼板下面的污水横管上有两个及以上的大便器或三个及以上的卫生器具时，需要在横管的起端设置清扫门。

检查井：对于不散发有毒气体或大量蒸汽的工业废水的排水管道，在管道拐弯、变径处、坡度改变及连接支管处，可以在建筑物内设检查井（见图 5-21）。

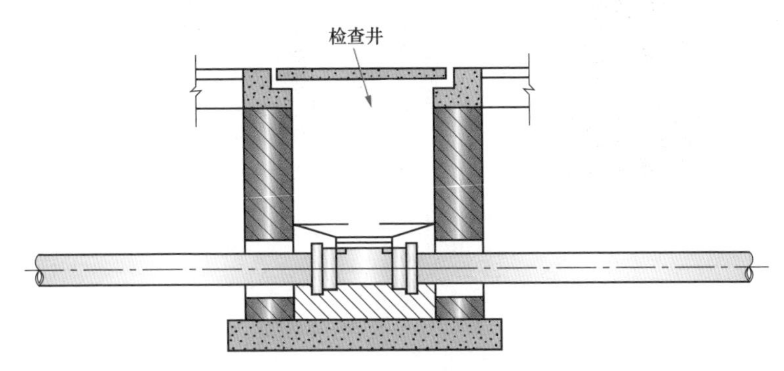

图 5-21　检查井

在直线管段上，排除生活废水时，检查井距离不宜大于 30m；排除生产污水时，检查井的距离不宜大于 20m。对于生活污水排水管道，在建筑物内不宜设置检查井。

排出管与室外排水管道连接处，需要设检查井。室外排水管拐弯、变径处应设检查，以及检查井中心到建筑物外墙的距离，不宜小于 3.0m。

5.12　直排

污水直接排入城市排水管网的注意事项：

（1）污水中不能够含有大量的固体物质。

（2）水温度不能够高于 40°　。

（3）要求污水基本上呈中性（pH 值为 6 ～ 9）。

（4）污水中不允许含有大量汽油或油脂等易燃液体，以免在管道中产生易燃、爆炸和有毒气体。

（5）对伤寒、痢疾、炭疽、结核、肝炎等病原体，必须严格消毒灭除。

（6）对含有放射性物质的污水，需要严格按照国家有关规定执行，以免危害农作物、污染环境和危害人民身体健康。

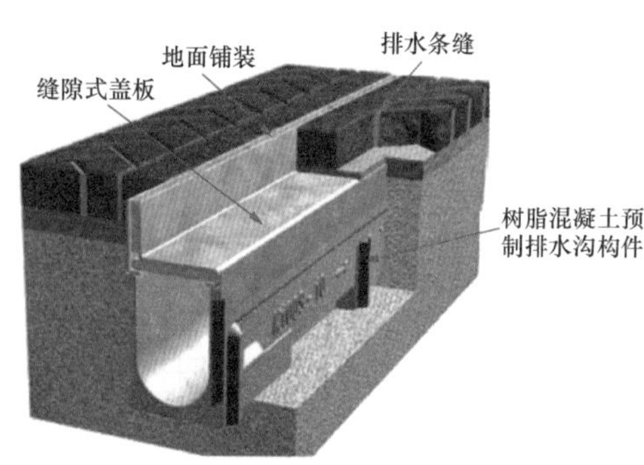

图 5-22　直排

5.13 PVC-U 排水管的规格与选购

常见的排水管为 PVC 排水管（见表 5-8、图 5-23）。

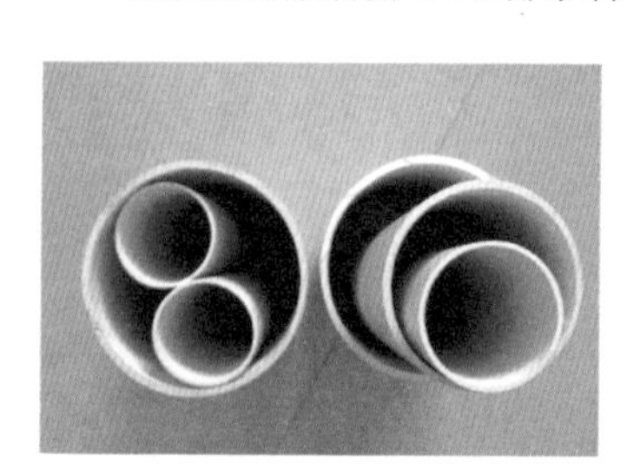

图 5-23　PVC 排水管

选择 PVC-U 排水管的方法与注意事项：

（1）颜色。

1）质量好的管子：白色 PVC-U 排水管应乳白色均匀，内外壁均比较光滑但又有点韧的感觉为好的 PVC-U 排水管。

2）质量次的管子：次档次的 PVC-U 排水管颜色雪白，或者有些发黄且较硬，或者颜色不均，外壁特别光滑内壁显得粗糙，有时有针刺或小孔等异常现象。

（2）脆性与韧性。

1）质量好的管子：韧性大的管，如果锯成窄条后，试折 180°，如果一折不断，说明韧性好。

2）质量次的管子：试折，一折就断，说明韧性差，脆性大。

表 5-8 管材质的外径及壁厚标准

公称外径 DN（mm）	平均外径极限偏差（mm）	壁厚（mm）	
		基本尺寸	极限偏差
40	+0.3 0	2.0	+0.4 0
50	+0.3 0	2.0	+0.4 0
75	+0.3 0	2.3	+0.4 0
90	+0.3 0	3.2	+0.6 0
110	+0.4 0	3.2	+0.6 0
125	+0.4 0	3.2	+0.6 0
160	+0.5 0	4.0	+0.6 0

（3）断口。

1）质量好的管子：断口越细腻，说明管材均化性、强度、韧性越好。

2）质量次的管子：断口粗糙。

（4）抗冲击性。

1）质量好的管子：抗冲击性好。锯成 200mm 长的管段（对 110mm 管），用铁锤猛击，好的管材，用人力很难一次击破。

2）质量次的管子：抗冲击性差。锯成 200mm 长的管段（对 110mm 管），用铁锤猛击，次的管材，用人力容易一次击破。

5.14 排水用硬聚氯乙烯（PVC-U）管材的安装

排水用硬聚氯乙烯（PVC-U）管材连接施工适用与连接方式：

（1）适用管材。PVC-U 平壁排水管、PVC-U 内螺旋排水管。

（2）连接方式。粘结承插连接、螺母挤压密封圈连接。

排水用硬聚氯乙烯（PVC-U）管材粘结承插连接：

（1）切割管材，必须使断面垂直于管子轴线，并且切割后去除断面上的飞边和毛刺。

（2）在涂刷粘结剂前，需要先用清洁棉纱或干布将管件承口和管端插口擦拭干净，保持粘结表面清洁干燥。如果表面有油污时，需要用棉纱蘸丙酮擦拭干净。

（3）连接时，先将承插口进行插入试验，插入深度大约为承口的 3/4 深度，以及用记号笔做好标记。

（4）采用毛刷沿轴向涂刷粘结剂，并且先涂抹承口后涂抹插口，动作需要迅速，涂抹需要均匀，涂抹的粘结剂需要适量，不得出现漏刷或涂抹过厚等异常现象。涂刷粘结剂后，需要在 20s 内完成粘结。

（5）涂刷粘结剂后，需要立即找正方向对准轴线，并且迅速将插口插入承口，以及用力推挤到所标记的深度。插入后，将管子旋转 1/4 圈，在 30 ~ 60s 时间内保持施加的外力不变，并且保证接口平直与位置正确。

（6）承插接口粘结完毕，需要立即将接头处多余的粘结剂用棉纱或干布擦拭干净，以及根据粘结剂性能气候条件件静置，直到接口固化。

说明：适合于管径 $d_n \leqslant 110$ 室内排水管道安装。

排水用硬聚氯乙烯（PVC–U）管材螺母挤压密封圈连接：

（1）切割管材，去除断面上的飞边、毛刺，并且将管端插口和管件承口表面擦拭干净。

（2）根据有关规定的管件插入深度，在管道插口表面划出插入长度标记。

（3）连接管件采用螺母挤压密封圈管件。正确组装螺母、螺纹接头、密封圈，不得装反或扭曲。

（4）确认管件和密封圈组装无误后，将管端插口插入承口到标记深度，以及校正方向与管口位置。管端与插口底面的间隙需要符合管材伸缩量的规定。

（5）连接时，先用手拧紧螺母，然后用专用工具加以紧固。拧紧力需要适当，防止螺母胀裂。

说明：适合于管径 $d_n \geqslant 50$ 室内外排水管道安装。

排水用硬聚氯乙烯（PVC–U）管材使用注意事项：

（1）PVC–U 排水管材仅适用于建筑高度不大于 100m、连续排放温度不大于 40℃、瞬间排放温度不大于 80℃的排水管道。

（2）PVC–U 内螺旋排水管仅限用于建筑室内竖向安装的排水立管，其连接方式必须采用可伸缩的螺母挤压密封圈连接；排水横管与立管的连接宜采用螺母挤压密封圈连接。内螺旋管件必须采用专用的连接配件。

（3）立管需要垂直，横管坡度与标高需要符合有关规定。

（4）排水横干管不宜穿越防火分区隔墙与防火墙。当不可避免确需要穿越时，需要在管道穿越墙体处的两侧采取防止火灾贯穿的措施。

（5）PVC–U 排水管粘结的操作人员需要站于上风处，以及佩戴防护手套等劳动防护用品。

（6）PVC–U 排水管与钢管、铸铁管、卫生器具等连接，需要采用专用配件。

（7）PVC–U 排水管粘结施工场所需要保持通风，严禁明火，环境温度不宜低于 0°　。

（8）PVC-U 排水管需要根据管道的伸缩量与设计要求设置伸缩节，伸缩节的最大间距不应超过 4m。层高不大于 4m 时，采用螺母挤压密封圈连接的排水管道可以不设伸缩节。

（9）高层建筑中，管径≥ 110mm 的 PVC-U 室内排水管需要在穿越楼板、管道井或管窿壁处应采取防止火灾贯穿的措施。

5.15 埋地塑料排水管材的安装

（1）埋地塑料排水管材施工处理适用管材与连接方式。

1）适用管材。PVC-U 平壁管、PVC-U 环肋加筋管、PVC-U 双壁波纹管、HDPE 双壁波纹管、HDPE 螺旋缠绕管。

2）连接方式。管道连接除设计另有规定外，一般需要采用弹性密封圈柔性接口连接。公称直径 DN 小于 200mm 的平壁管也可以采用承插式粘结接口。

（2）埋地塑料排水管材管道敷设。

1）管沟槽底净宽度，一般需要根据管外径加 0.6m 采用。开挖沟槽，需要严格控制基底标高，不得扰动基底原状土层。如果遇到局部超挖或发生扰动，不得回填泥土，可以换填粒径为 10 ~ 15mm 的天然级配砂石料或最大粒径小于 40mm 的碎石，以及整平夯实。

2）管道需要敷设在原状土地基或经开槽后回填密实的地层上，管道在车行道下管顶覆土厚度不小于 0.7m，在绿地及人行道下不宜小于 0.3 m。

3）管道需要直线敷设，需要利用柔性接口折线敷设时，管道每个承口处相对转角应不大于 2°　。

4）管道应顺直，管底坡度需要符合设计等有关要求，不得有倒落水。管道铺设的允许偏差需要符合有关要求。

5）雨季施工时，需要尽可能缩短开槽长度，且成槽快，回填快，并且要采取防泡槽措施。一旦发生泡槽，需要将受泡的软化土层清除，换填砂石料或中粗砂。

（3）埋地塑料排水管材管道基础。

1）埋地塑料排水管道必须采用砂砾垫层基础。

2）为了保证管底与基础紧密接触，以及控制管道的轴线高程、坡度，PVC-U 管道需要做垫层基础。

3）管道基础及管基有效支撑角，需要依据基础地质条件、地下水位、管位及埋深等条件确定。

4）对一般土质一般只做一层 0.1m 厚的砂垫层即可。

5）对软土地基，以及当槽底处在地下水位以下时，宜铺一层砂砾或碎石，厚度不小于 0.15m，碎石粒径 5 ~ 40mm，上面再铺一层厚度不小于 0.05m 的砂垫层，以利基础的稳定。

6）基础在承插口连接部位，需要预先留出凹槽便于安放承口，安装后随即用砂回填。

7）管底与基础相接的支撑角，必须用粗砂或中砂填实，形成有效的支承。

（4）埋地塑料排水管材管道安装及连接：

1）管材切割断面需要垂直平整，去除飞边与毛刺。

2）承插口管材安装时，插口的插入方向需要与水流方向一致，也就是插口顺水流方向，承口逆水流方向，由低点向高点依次安装。

3）连接前，需要先检查橡胶密封圈是否配套完好，确认橡胶圈安放位置与插口应插入的深度。橡胶圈的位置一般需要放置在管道插口第二到第三根筋间的槽内。

4）接口作业时，需要先将承插口的内外表面用棉纱擦拭干净，不得有泥土等杂物，以及在承口内工作面与橡胶密封圈涂上润滑剂，再将承口与插口的中心轴线对齐。

5）公称直径 DN ≤ 400mm 小口径管的安装可用人力，在管端设木挡板用撬棍使被安装的管材端口对准轴线徐徐插入承口内，逐节依次安装。公称直径大于 400mm 的管子，可以用缆绳系住管材使用手搬葫芦等提力工具安装，但不得用施工机械强行推顶管子就位。

6）HDPE 螺旋缠绕管的连接安装，需要采用由管材生产厂提供的特制管接头与连接工具连接。

（5）埋地塑料排水管材管道与检查井连接。可以采用中介层作法，也就是在 PVC-U 管外表面均匀涂上一层塑料粘结剂，然后紧接着在上面撒一层干燥的粗砂，固化 20min 后即形成表面粗糙的中介层，砌入检查井内可保证与水泥砂浆的良好结合。管道与检查井采用的连接短管，外露部分一般需要小于 600mm，管筋位于砖墙部分砂浆需要饱满，以防接缝处渗水。

（6）埋地塑料排水管材沟槽覆土。沟槽覆土需要在管道隐蔽工程验收合格后进行，并且覆土需要及时，防止管道暴露时间过长造成损坏。沟槽覆土需要遵循的规定：

1）回填需要从管底与基础结合部位开始，沿管胸腔两侧同时对称分层回填并夯实，每层回填高度一般不超过 200mm，直到管顶以上 300mm。

2）管顶 300mm 范围内，必须用人工回填，严禁机械推土回填。

3）回填材料质量需要符合有关要求。雨季施工需要注意防止沟槽积水，管道漂浮。

（7）埋地塑料排水管材管道的密闭性检验。管道安装完毕，以及经检验合格后，一般需要进行管道的密闭性检验。对于 PVC–U 排水管道的密闭性检验，可以采用闭水检验方法，也就是以每毫米管径计算每千米管道长度 24h 的渗漏量应不超过 4.6L。

5.16 PVC 排水管（见图 5–24）的加工、粘结与应用

PVC 排水管的加工、粘结与应用见表 5–9。应用要点：

（1）测量所需管道的长度后才能够切割试装。

（2）用 PVC 胶水刷涂管道及配件的内外壁，不能漏刷，涂抹均匀后才能够进行焊接。胶水不能间隔时间太长，焊好后 2min 内不得拆开或转动方向。

（3）PVC 连接 30min 后可试水，正常应无渗漏现象。

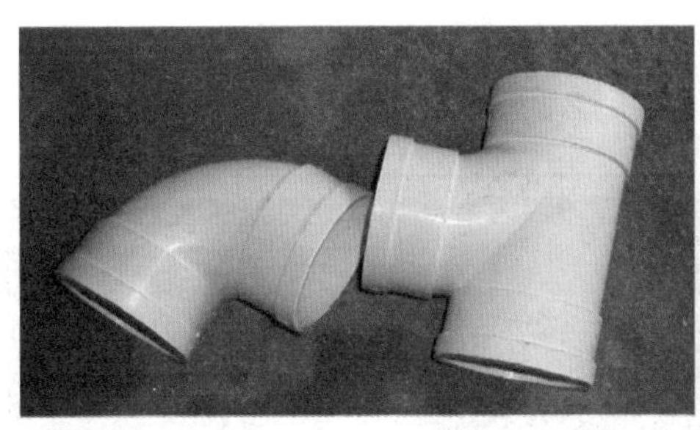

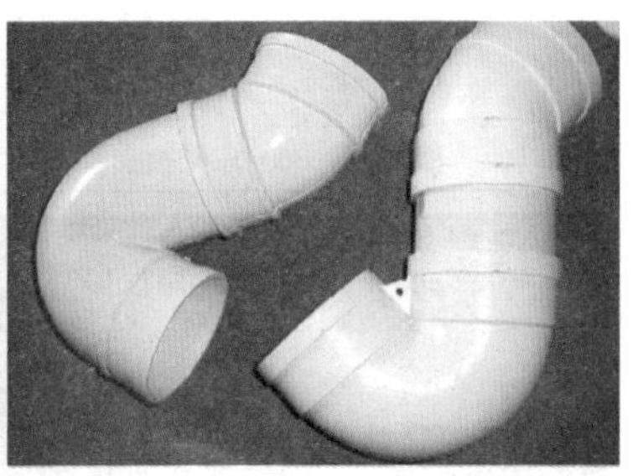

图 5–24 PVC 管材与配件

表 5–9 PVC 排水管的加工、粘结与应用

项目	解说
管材的加工	当管材的长度量取决定后，可以用手工钢锯、圆锯片、锯床割锯等工具来切断 PVC 管。切断 PVC 管时，需要两端切口保持平整，并且用蝴蝶矬除去毛边以及倒角，注意倒角不能够过大
管材、管件的粘结	管材、管件的粘结主要步骤如下： 1）粘结前，需要进行试组装，并且清洗插入管的管端外表约 50mm 长度与管件承接口内壁。 2）然后涂有丙酮的棉纱擦洗一次。 3）再在两者粘合面上用毛刷均匀地涂上一层粘结剂，不得漏涂。 4）涂毕即旋转到理想的组合角度，把管材插入管件的承接口，用木锤敲击，使管材全部插入承口。 5）2min 内不能拆开或转换方向。 6）及时擦去接合处挤出的粘结剂，保持管道清洁

续表

项目	解说
PVC 管的应用	PVC 的应用（见图 5-25）要求如下： 1）立管每层装伸缩节一只，用以补偿逆流管的热胀冷缩。 2）三通安装时，需要注意顺水方向，便于安装横管时自然形成坡度。 3）立管每层高在 3m 内，需要考虑设管箍一只。横管则每隔 0.6m 时装吊卡一只。 4）排水管道敷设需要有一定的坡度。 5）排水立管需要设伸顶通气管，并且顶端需要设通气帽。如果无条件设置通气管时，需要设置补气阀。 6）伸顶通气管高出不上人屋面（含隔热层）不得小于 0.3m，并且大于最大积雪厚度。 7）在经常有活动的屋面，通气管伸出屋面不得小于 2m。 8）伸顶通气管管径不宜小于排水立管管径。 9）通气立管与排水立管需要隔层相连，连接方法应优先采用 H 管。并且 H 管与通气立管的连接点需要高出卫生器具边缘 150mm。 10）连接多支立管的横向截流管需要采用弹性密封圈连接管道，采用该连接方法可以不设伸缩节，但是需要将承口牢固固定，以及管路系统折角转弯处需要设置防推脱支承。 11）伸缩节承口需要迎水流方向。 12）立管活动支承当管径 $d_n \leqslant 50$ 为 1.2m，管径 $d_n>75$ 为 2m，管道每层至少需要设有一管卡。 13）立管穿楼板处需要做固定支承，其余管段固定支承距不宜大于 4m。 14）立管转为横干管时，需要在转角部位采用带支座增强型大弯弯管，立管底部弯头处需要固定牢固。 15）管径 $d_n \geqslant 110$mm 的明装管道，穿越管道井壁、管窿时，需要在穿越部位安装长度不小于 300mm 防火套管或阻火圈

图 5-25　PVC 的应用图例

5.17 PVC-U 排水管的局部安装

PVC-U 排水管的局部安装如图 5-26 所示。

5.18 PVC-U 排水管整体的安装

PVC-U 排水管整体安装如图 5-27 所示。

PVC-U 排水管的安装要求：

（1）立管可以明敷暗设，其布置需要在最大排水设备附近的沿墙柱、转角或管窿、管井内。

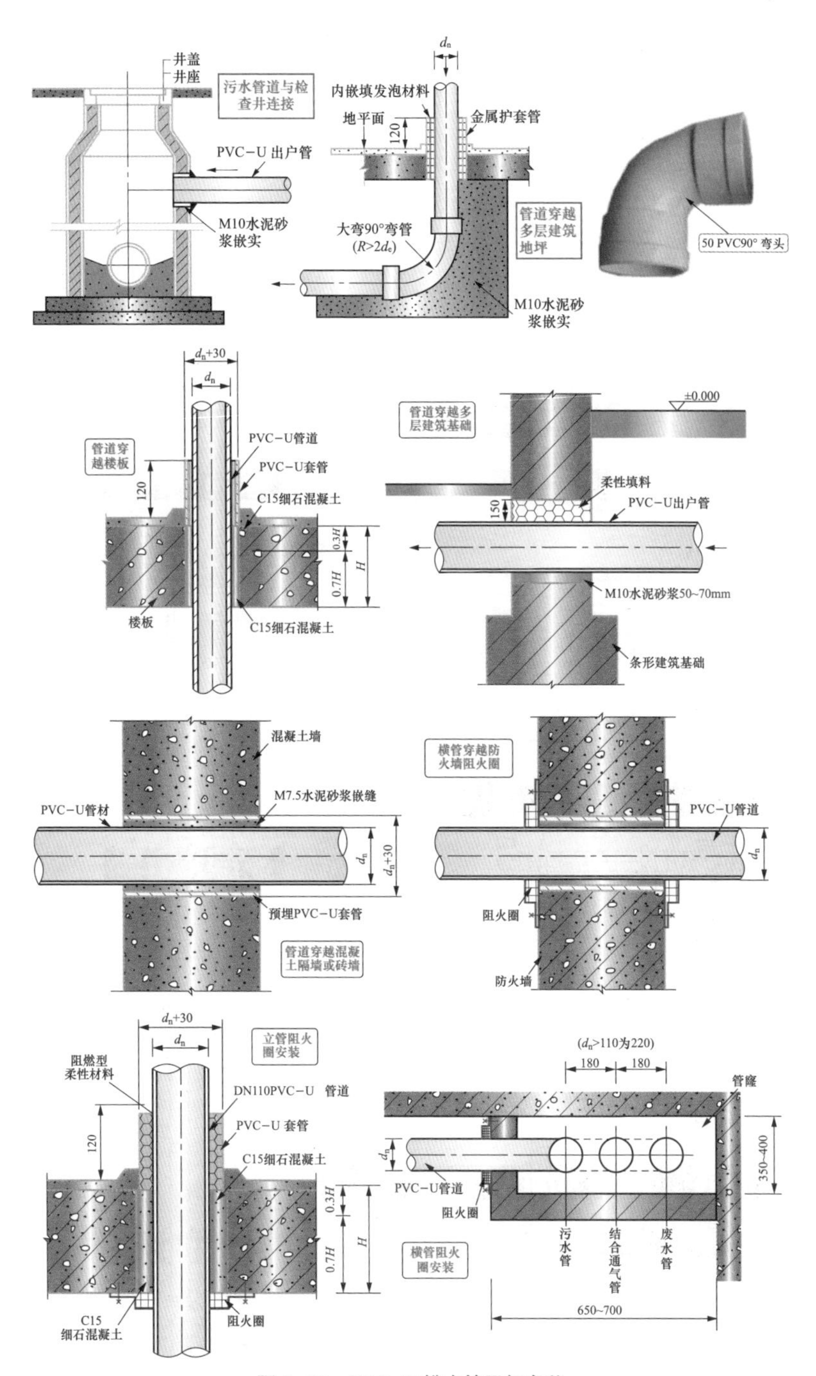

图 5-26　PVC-U 排水管局部安装

（2）PVC-U 立管与家用燃气灶具、热水器边缘净距不得小于 400mm。

（3）PVC-U 排水管不宜布置在热源附近。当热源作用使管道外壁温度超过 60℃时，需要采取隔热措施。

（4）PVC-U 管道穿越地下室外墙时，需要采取防止渗漏的措施。排水立管在

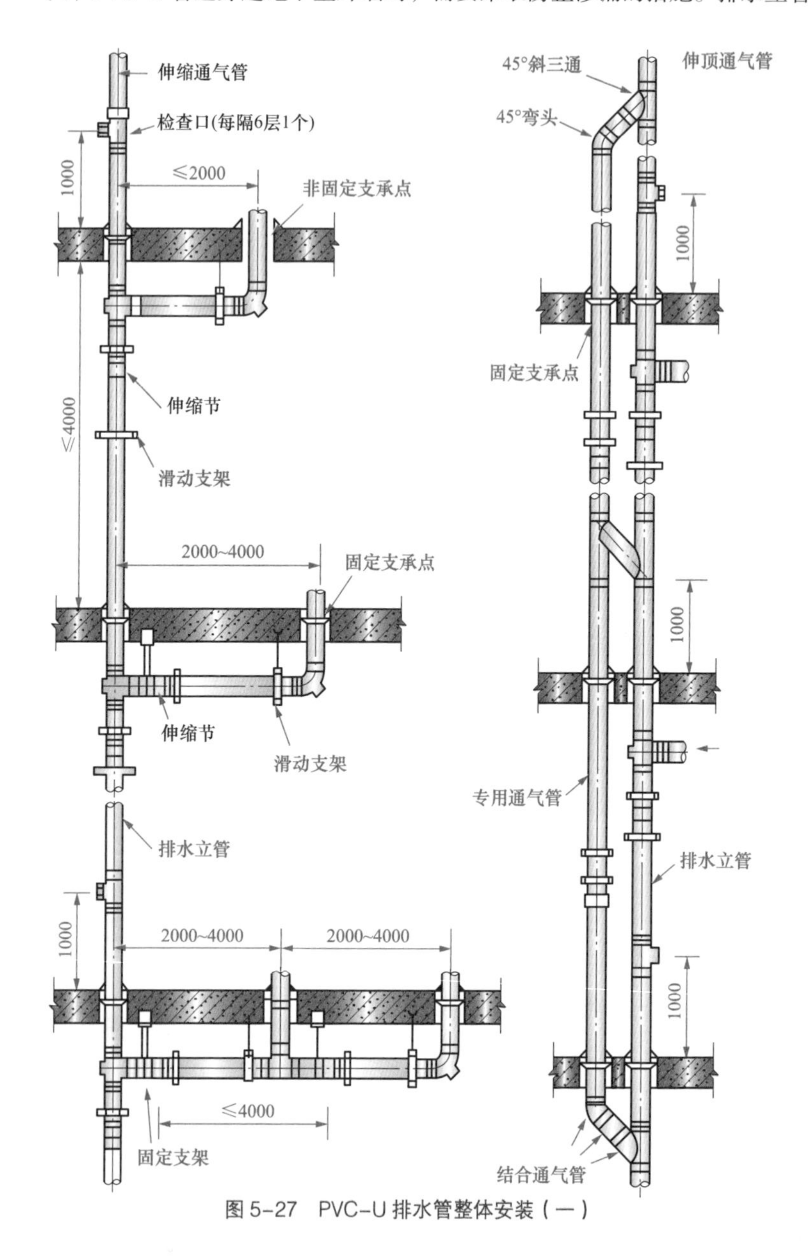

图 5-27 PVC-U 排水管整体安装（一）

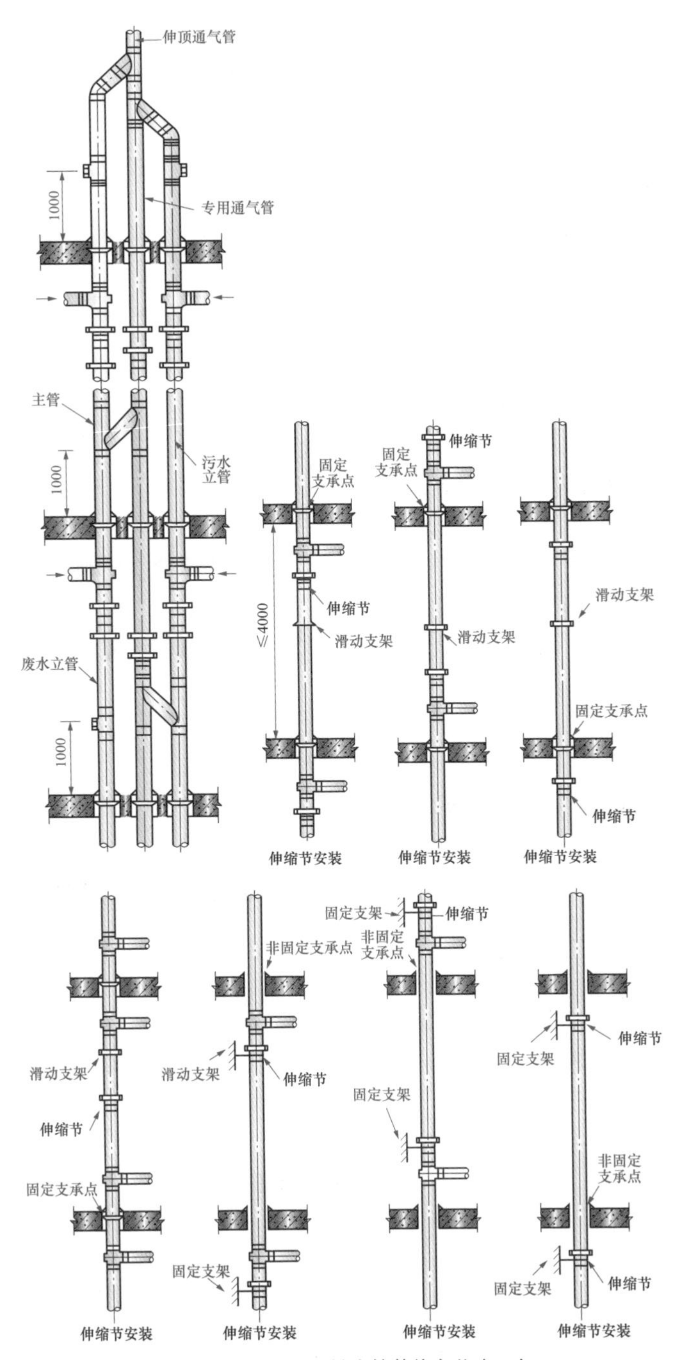

图 5-27　PVC-U 排水管整体安装（二）

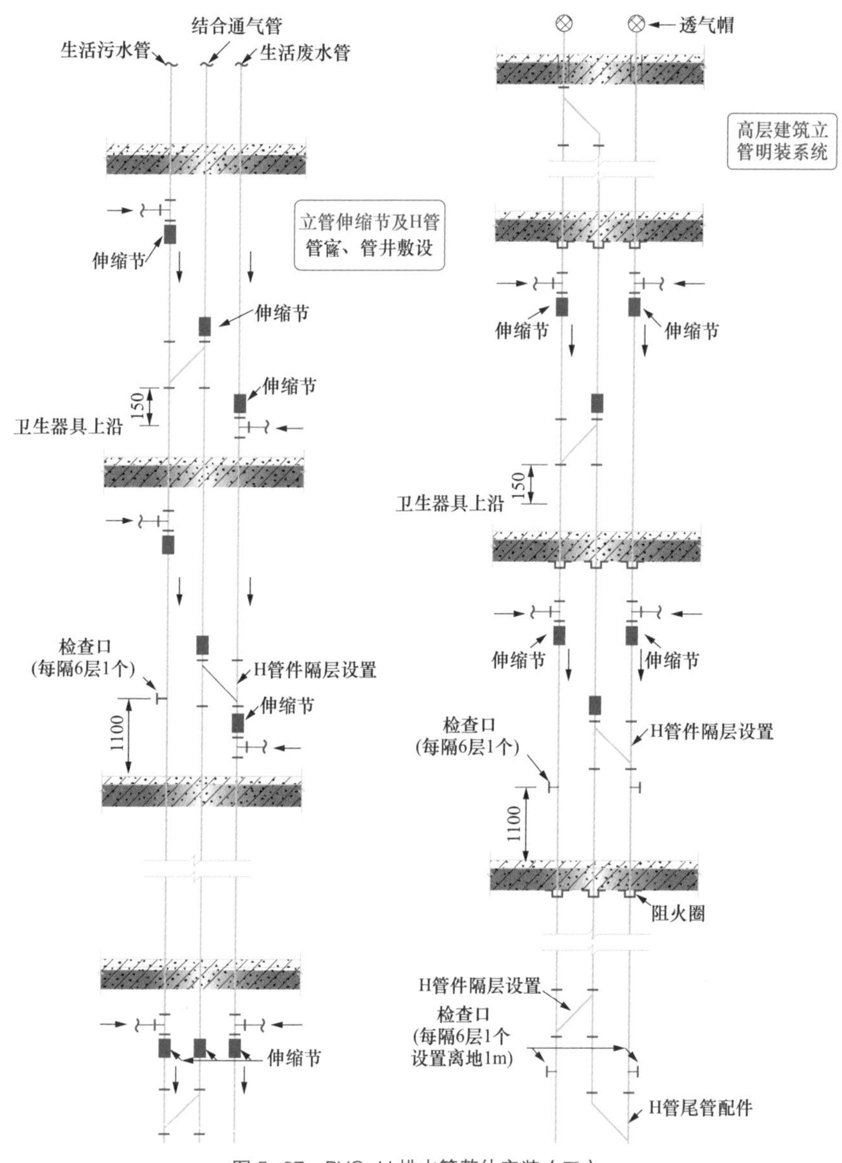

图 5-27　PVC-U 排水管整体安装（三）

中间层竖向拐弯时，则排水支管与排水立管、排水横管连接，管道敷设需要符合下列规定：

1）排水最低横支管与立管连接处到立管底部的垂直距离需要符合相关要求。

2）排水竖支管与立管拐弯处的垂直距离不得小于 0.6m。

3）排水支管与最低横管连接点到立管底部水平距离不得小于 1.5m。

（5）PVC-U 管道不得穿越烟道、沉降缝、伸缩缝。如果确实需要穿越时，需要采取相应措施。

5.19 PVC-U 管伸缩节的安装

PVC-U 管伸缩节的安装如图 5-28 所示。

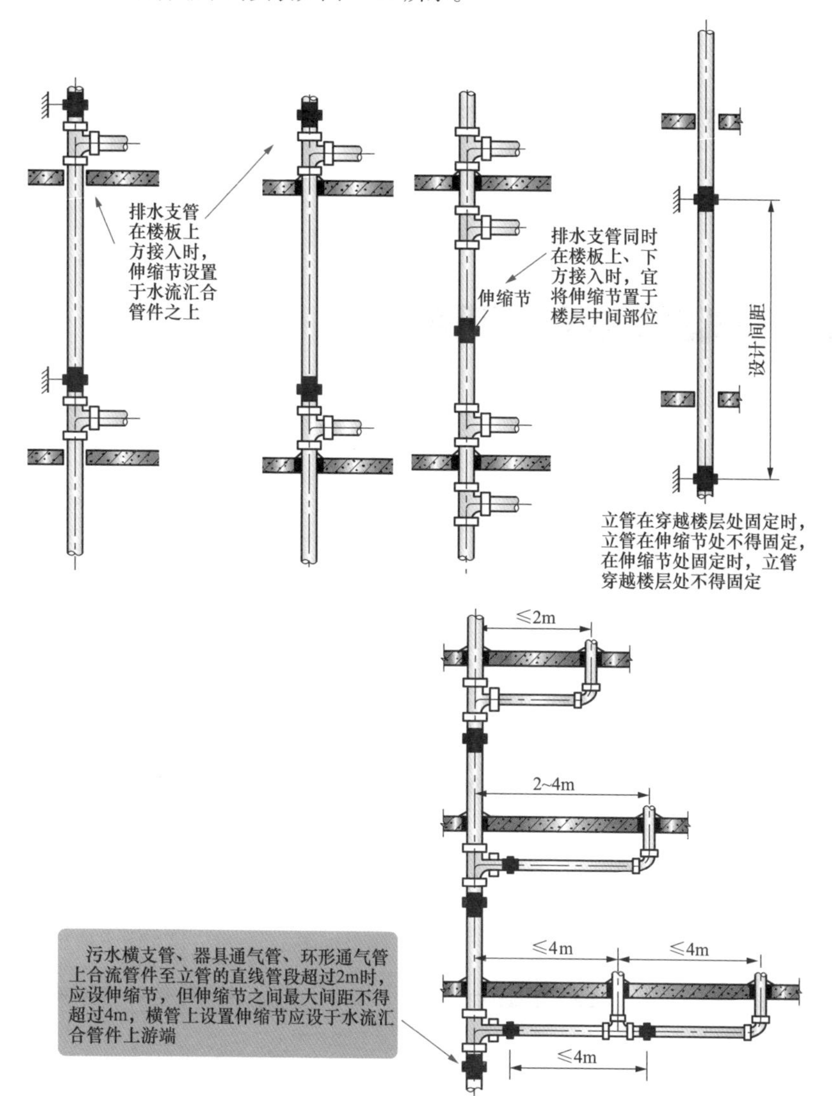

图 5-28　伸缩节的安装（一）

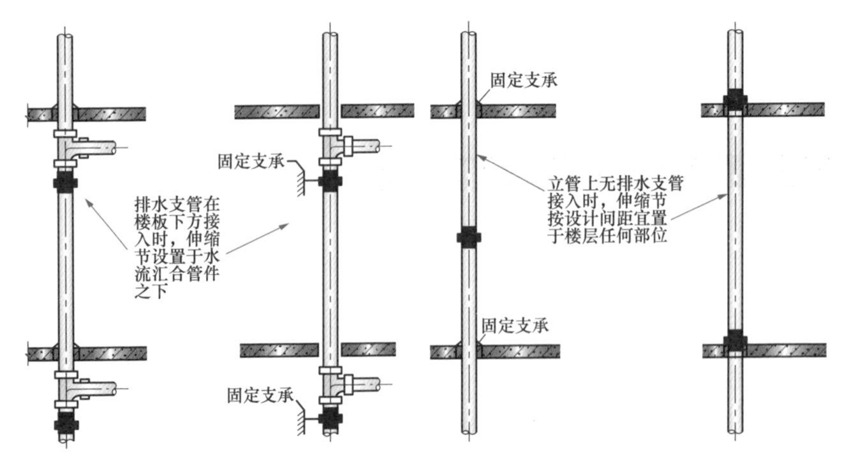

图 5-28 伸缩节的安装（二）

5.20 PVC-U 立管的安装

PVC-U 立管的安装如图 5-29 所示。

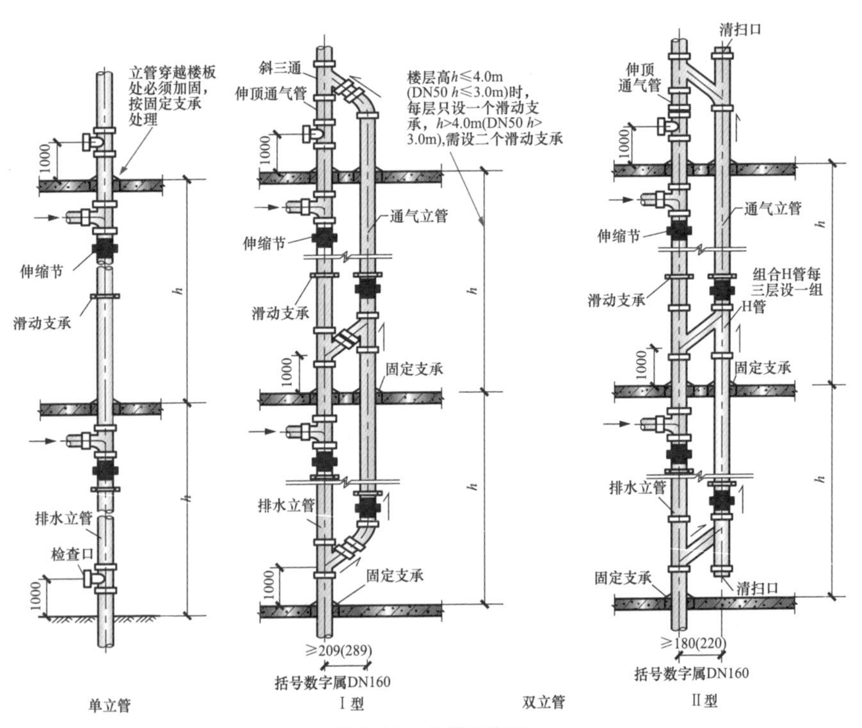

图 5-29 立管的安装

5.21 PVC-U 排水立管简易消能装置与清扫口检查口的安装

排水立管简易消装置的安装如图 5-30 所示。

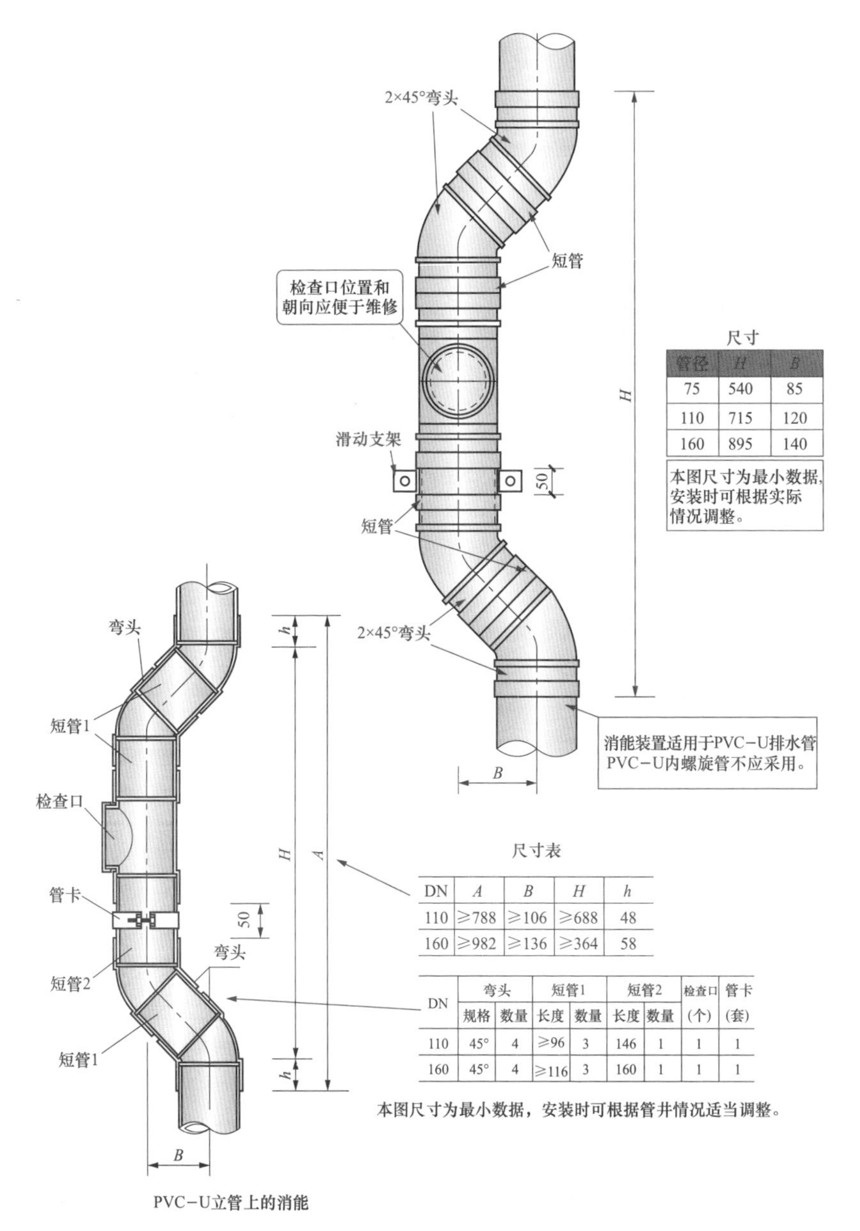

尺寸

管径	H	B
75	540	85
110	715	120
160	895	140

尺寸表

DN	A	B	H	h
110	≥788	≥106	≥688	48
160	≥982	≥136	≥364	58

DN	弯头		短管1		短管2		检查口	管卡
	规格	数量	长度	数量	长度	数量	(个)	(套)
110	45°	4	≥96	3	146	1	1	1
160	45°	4	≥116	3	160	1	1	1

图 5-30 PVC-U 排水立管简易消能装置的安装

清扫口、检查口的安装要求：

（1）横管水流转角小于 135° 时，需要在横主管上设检查口或清扫口。

（2）公共建筑内连接 4 个或 4 个以上大便器的横管需要设清扫口。

（3）排水立管的底层与最高层需要设立管检查口，检查口中心离地大约 1m。

（4）立管每隔 6 层需要设检查口。

（5）排水立管在楼层转弯处，需要设置检查口或清扫口。

清扫口的安装如图 5-31 所示。

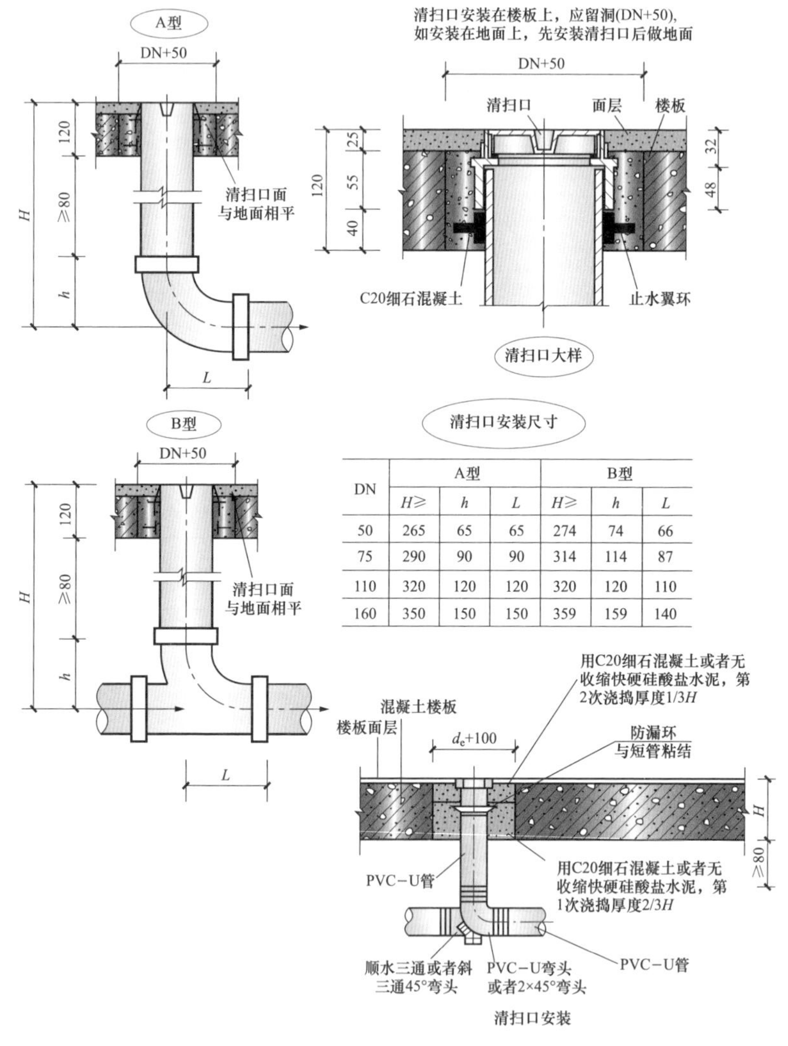

DN	A型			B型		
	H≥	h	L	H≥	h	L
50	265	65	65	274	74	66
75	290	90	90	314	114	87
110	320	120	120	320	120	110
160	350	150	150	359	159	140

图 5-31　清扫口的安装

5.22 PVC-U 排水管最大支承间距

PVC-U 排水管最大支承间距如图 5-32 所示。

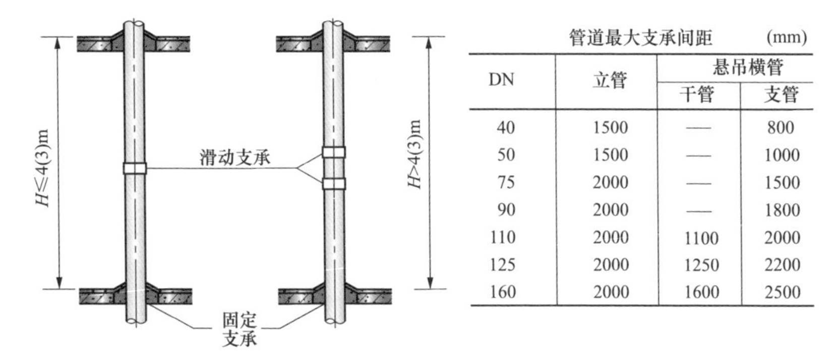

管道最大支承间距 (mm)

DN	立管	悬吊横管	
		干管	支管
40	1500	—	800
50	1500	—	1000
75	2000	—	1500
90	2000	—	1800
110	2000	1100	2000
125	2000	1250	2200
160	2000	1600	2500

图 5-32 PVC-U 排水管最大支承间距

5.23 PVC-U 防火套管的安装

PVC-U 防火套管的安装如图 5-33 所示。

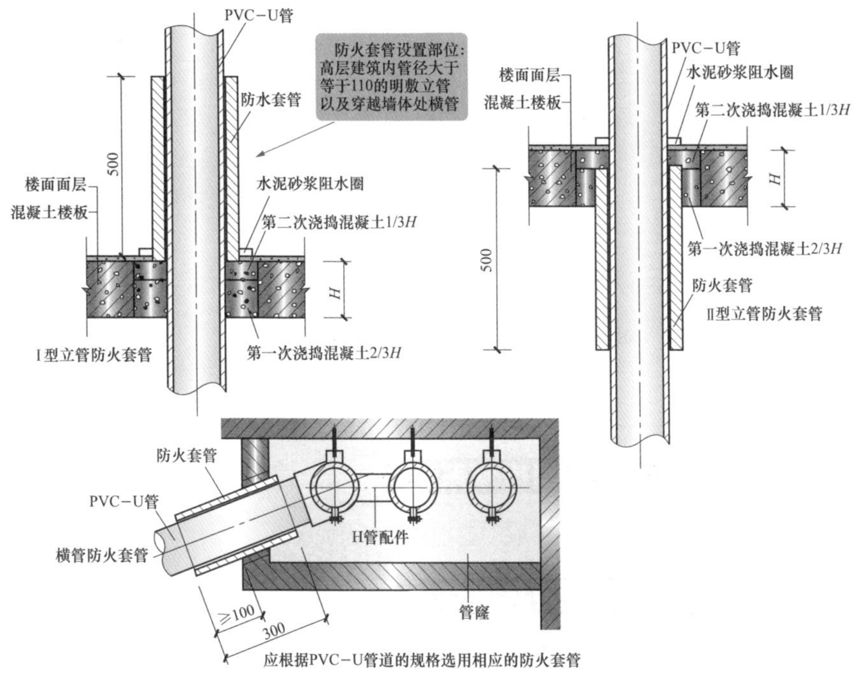

图 5-33 PVC-U 防火套管的安装

5.24 PVC-U 管道维修

PVC-U 管道维修如图 5-34 所示。

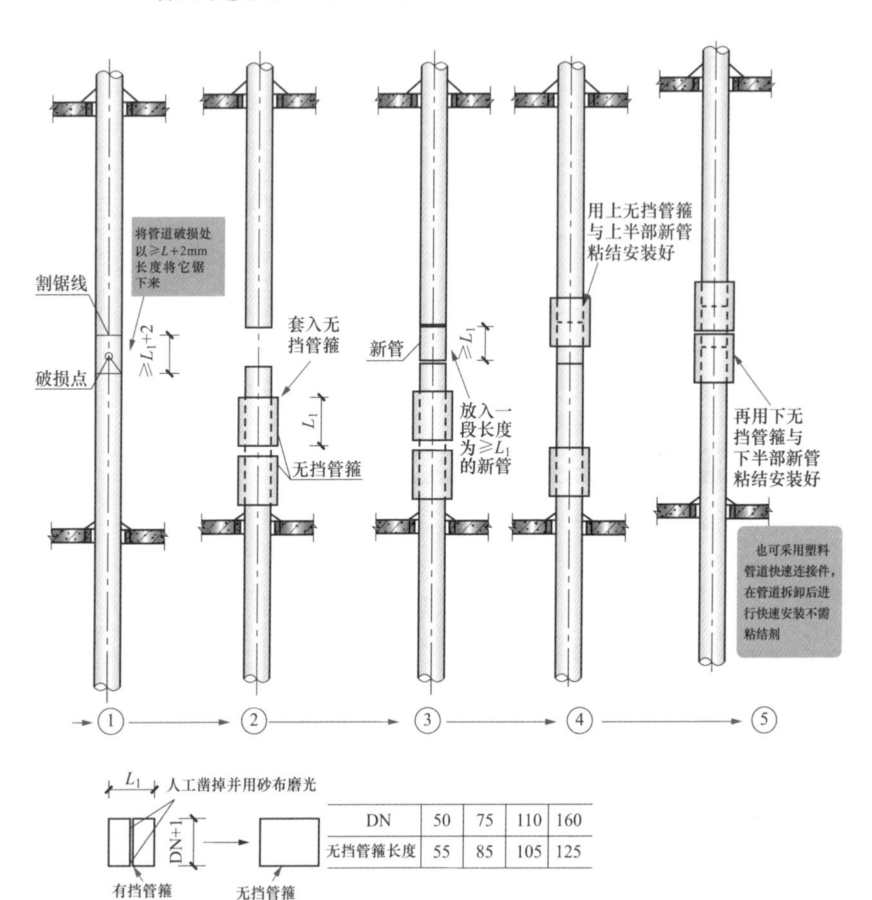

DN	50	75	110	160
无挡管箍长度	55	85	105	125

图 5-34　PVC-U 管道维修

5.25 厨房、卫生间排水系统

厨房、卫生间排水系统如图 5-35 ~ 图 5-38 所示。

5.26 排水管的安装与要点

排水管的安装如图 5-39 所示。

排水管安装的方法与要点：

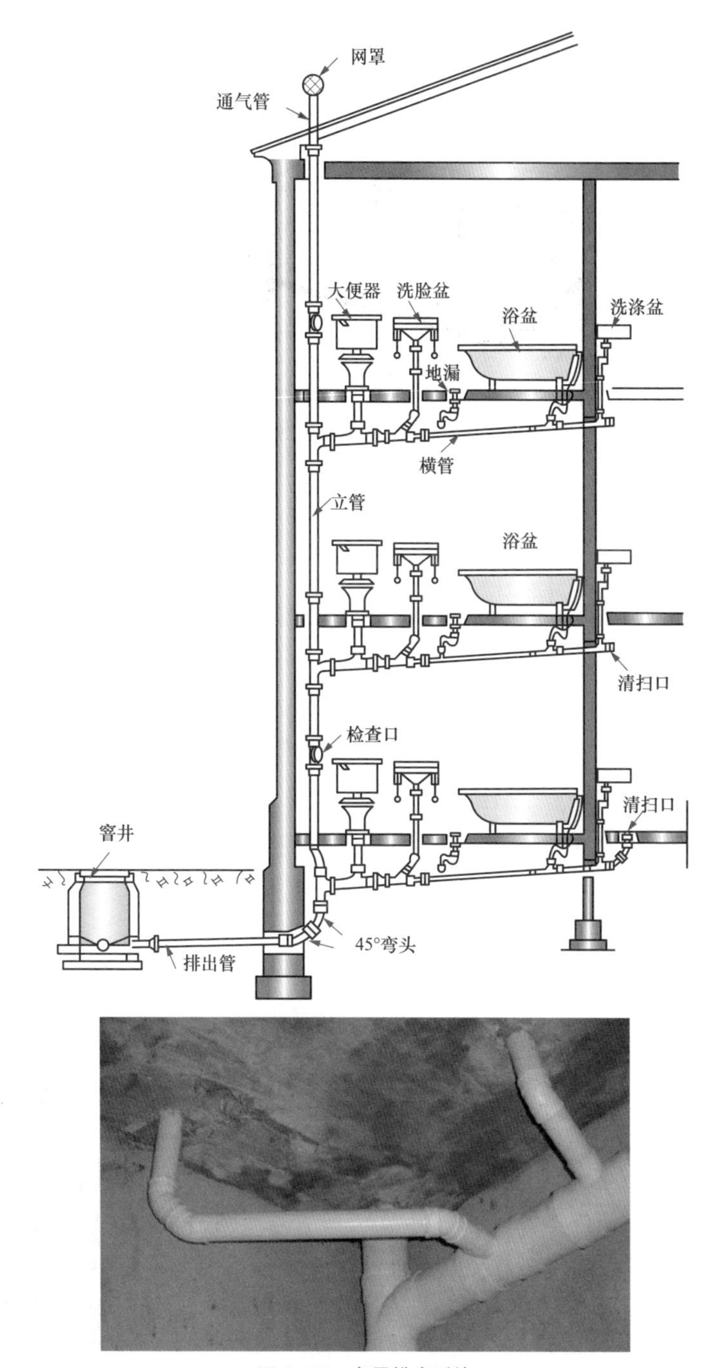

图 5-35　家居排水系统

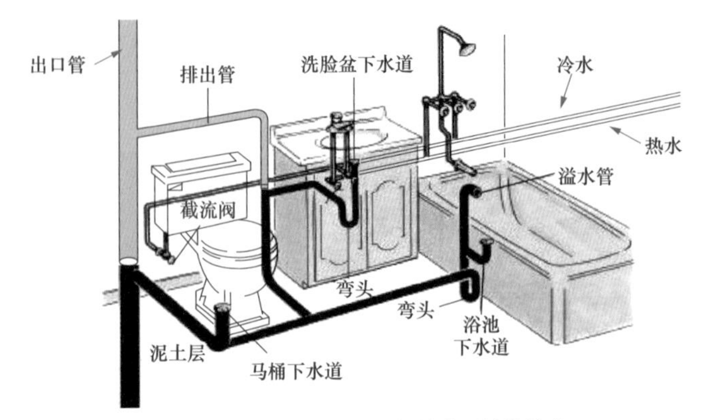

图 5-36　家装厨房、卫生间排水系统的特点

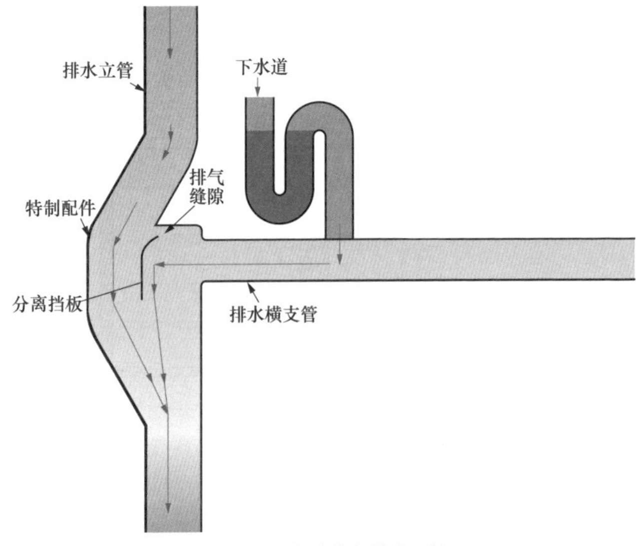

图 5-37　特殊特点排水系统

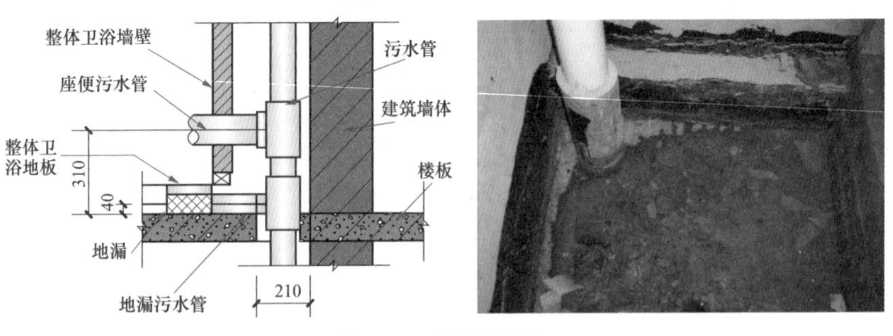

图 5-38　卫生间排水

(a)

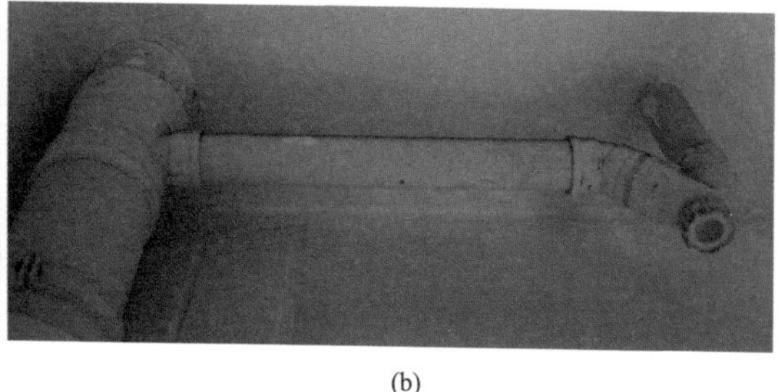
(b)

图 5-39　排水管的安装

（1）家装排水管的布局需要根据水设施来考虑（见图 5-40）。

（2）家装排水管如果防水做得差，出现漏水现象，会出现粉刷层起泡等现象（见图 5-41）。

（3）污水采用 PVC-U 芯层发泡排水管，可以胶粘与法兰接口。

（4）根据要求，并且结合实际情况，按预留口位置测量尺寸，以及绘制草图。

（5）根据草图量好管道尺寸，进行断管。断口要平齐，并且用锉刀或刮刀除掉断口内外飞刺，以及外棱锉出 15° 的角。

（6）粘结前，需要对承插口先插入试验，不得全部插入，一般为承口的 3/4 深度。

（7）试插合格后，用棉布将承插口需粘结部位的水分、灰尘擦拭干净。有油污，则需要丙酮除掉。

（8）用毛刷涂抹粘结剂，首先涂抹承口，后涂抹插口。随即用力垂直插入，插入粘结时，将插口稍做转动，以利于粘结剂分布均匀。一般 30 ~ 60min 即可粘结牢固。

（9）塑料排水管道安装时，可采用铅丝临时吊挂，进行预安装。

（10）塑料排水管道安装时，需要调整甩口坐标、位置、管道标高、坡度符合要求后，再进行粘结，以及及时校正甩口坐标位置、标高坡度。等粘结固化后，安装固定支撑件，注意不要卡固过紧。采用金属支架时，需要在与管外径接触处垫好橡胶垫片。

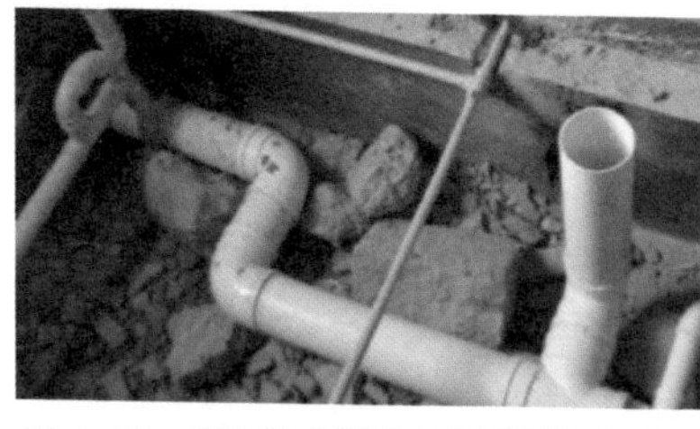
图 5-40　家装排水管的布局需要根据水设施来考虑

图 5-41　粉刷层起泡

(11)排水立管最低层与最高层需要设检查口，检查口中心距地面一般为 1.0m。

(12)管道安装好后，需要及时堵管洞。安装后的管道严禁攀登或借做他用。

(13)如果住房或工艺有特殊要求时，可在管槽、管道井、管沟或吊顶内暗设，但应便于安装、检修。

(14)排水埋地管道，不得布置在可能受重物压坏处。

(15)排水埋地管道，不得布置在穿越生产设备基础位置。

(16)排水立管应设在靠近最脏、杂质最多的排水点处。

(17)卫生器具排水管与排水横支管连接时，可采用 90° 斜三通。

(18)排水管应避免轴线偏置，当受条件限制时，可以采用乙字管或两个 45° 弯头连接。

(19)排水立管与排出管端部的连接，宜采用两个 45° 弯头或弯曲半径不小于 4 倍管径的 90° 弯头。

(20)排水管道的横管与横管、横管与立管的连接，宜采用 45° 三通、45° 四通、90° 斜三通，也可采用直角顺水三通或直角顺水四通等配件。

(21)生活污水立管不得穿越卧室等对卫生、安静要求较高的房间。

(22)生活污水立管不宜靠近与卧室相邻的内墙。

(23)卫生器具受水器具与生活污水管道的排水管道连接时，应在排水口以下设存水弯，并且存水弯的水封深度不得小于 50mm。

(24)如果卫生器具的构造内已有存水弯时，不应在排水口以下设存水弯。

5.27 排水坡度规范

排水坡度规范如图 5-42 所示。

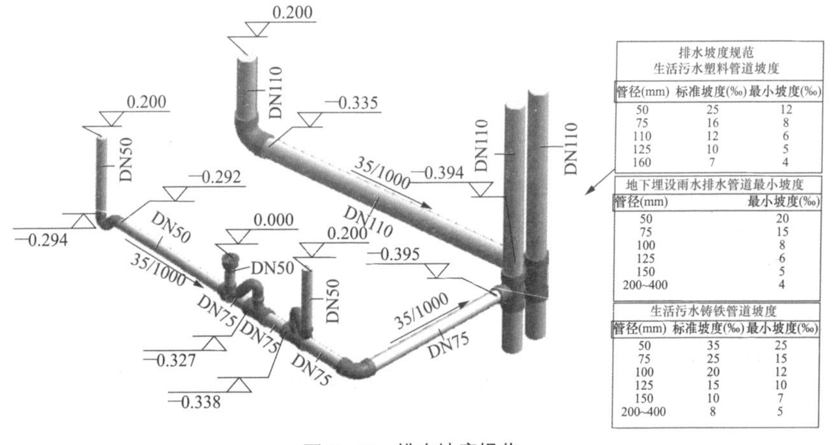

排水坡度规范
生活污水塑料管道坡度

管径(mm)	标准坡度(‰)	最小坡度(‰)
50	25	12
75	16	8
110	12	6
125	10	5
160	7	4

地下埋设雨水排水管道最小坡度

管径(mm)	最小坡度(‰)
50	20
75	15
100	8
125	6
150	5
200~400	4

生活污水铸铁管道坡度

管径(mm)	标准坡度(‰)	最小坡度(‰)
50	35	25
75	25	15
100	20	12
125	15	10
150	10	7
200~400	8	5

图 5-42 排水坡度规范

5.28 卫生器具的安装要求

厨房、卫生间的洗涤、洁身等卫生器具的安装要求如下：

（1）当墙体为轻质隔墙时，需要在墙体内设卫生设备的后置埋件，后置埋件需要与墙体连接牢固。

（2）各类阀门安装需要位置正确且平正，以及便于使用与维修。

（3）各种卫生器具安装的管道连接件需要易于拆卸、维修。

（4）各种卫生器具安装验收合格后，需要采取适当的成品保护措施。

（5）各种卫生器具的排水管道连接需要采用有橡胶垫片排水栓。

（6）各种卫生器具与台面、墙面、地面等接触部位均需要采用硅酮胶或防水密封条密封。

（7）各种卫生设备、管道安装均需要符合设计要求、国家现行标准规范的有关规定。

（8）各种卫生设备与地面或墙体的连接需要用金属固定件安装牢固。金属固定件需要进行防腐处理。

（9）各种卫生陶瓷类器具不得采用水泥砂浆窝嵌。

（10）墙体为多孔砖墙时，需要凿孔填实水泥砂浆后，再进行卫生设备固定件的安装。

（11）卫生器具、各种阀门等应积极采用节水型器具。

（12）卫生器具的品种、规格、颜色需要符合设计要求，以及需要具有合格证书。

（13）卫生器具与金属固定件的连接表面需要安置铅质或橡胶垫片。

卫生器具排水管道安装的允许偏差及检验方法见表 5-10，连接卫生器具的排水管管径和最小坡度见表 5-11。

表 5-10　　卫生器具排水管道安装的允许偏差信检验方法

<table>
<tr><th colspan="2">检查项目</th><th>允许偏差（mm）</th><th>检验方法</th></tr>
<tr><td rowspan="3">横管弯曲度</td><td>每 1m 长</td><td>2</td><td rowspan="3">用水平尺量检查</td></tr>
<tr><td>横管长度≤ 10m，全长</td><td><8</td></tr>
<tr><td>横管长度≤ 10m，全长</td><td>10</td></tr>
<tr><td rowspan="2">卫生器具的排水管口及横支管的纵横坐标</td><td>单独器具</td><td>10</td><td rowspan="2">用尺量检查</td></tr>
<tr><td>单独器具</td><td>5</td></tr>
<tr><td rowspan="2">卫生器具的接口标高</td><td>单独器具</td><td>± 10</td><td rowspan="2">用水平尺和尺量检查</td></tr>
<tr><td>单独器具</td><td>± 5</td></tr>
</table>

表 5-11　　连接卫生器具的排水管管径和最小坡度

卫生器具名称		排水管管径（mm）	管道最小坡度（‰）
污水盆（池）		50	25
单、双格洗涤盆（池）		50	25
洗手盆、洗脸盆		32 ~ 50	20
浴盆		50	20
淋浴器		50	20
大便器	高、低水箱	100	12
	自闭式冲洗阀	100	12
	拉管式冲洗阀	100	12
小便器	手动、自闭式冲洗阀	40 ~ 50	20
	自动冲洗水箱	40 ~ 50	20
化验盆（无塞）		40 ~ 50	25
净身器		40 ~ 50	20
饮水器		20 ~ 50	10 ~ 20
家用洗衣机		50（软管为 30）	

5.29 同层排水系统（PVC 同层排水）

同层排水系统（PVC 同层排水）的概述：同层排水是指同楼层的排水支管均不穿越楼板，在同楼层内连接到主排水管（见图 5-43）。如果发生需要清理疏通的情况，在本层套内即能够解决问题的一种排水方式。

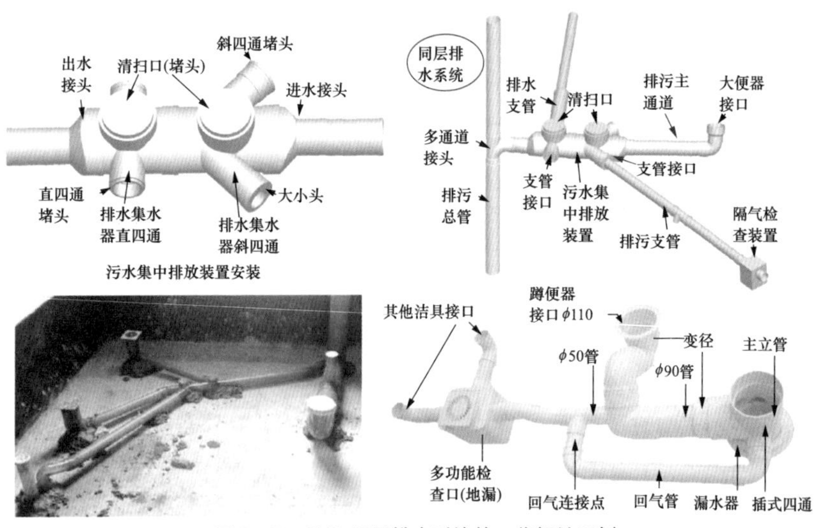

图 5-43　PVC 同层排水系统的一些相关图例

PVC 同层排水系统可以采用卫生间楼板下沉的排水方式。具体做法是指卫生间的结构楼板下沉（局部）30cm，作为管道敷设空间。下沉楼板采用现浇并做好防水层。然后根据设计标高、坡度沿下沉楼板面敷设给、排水管道，以及用水泥焦渣等轻质材料填实作为垫层，垫层上用水泥砂浆填平后，再做防水层与面层即可。

PVC 同层排水系统的特点：

（1）假墙同层排水系统。假墙同层排水系统的卫生间洁具后方砌一堵假墙，从而形成一定宽度布置管道的专用空间，排水支管不穿越楼板在假墙内敷设、安装，以及在同一楼层内与主管相连接。墙排水方式一般要求卫生洁具选用悬挂式洗脸盆、后排水式坐便器。该方式的特点有：卫生器具的选择余地比较小，地漏难设置，穿墙管件多，不好解决卫生间的地表排水，管道维修比较困难，投资大等。

（2）降板式同层排水系统。降板式同层排水系统的卫生间结构楼板（局部）下沉 300mm 作为管道敷设空间。其特点：P 形弯清扫口形同虚设无法检修、排水管道采用管件管段现场粘结、管道安装质量无法保证、回填炉渣过程易对安装的管道造成破坏等。

（3）垫层式同层排水系统。垫层式同层排水系统需要垫高卫生间的地面。该方式容易产生“内水外溢”，在老房改造中不得已的情况下偶尔采用，新工程由于其费工费料，增加楼体的承载负荷，影响美观，一般不采用。

几种同层排水系统的比较如图 5-44 所示。

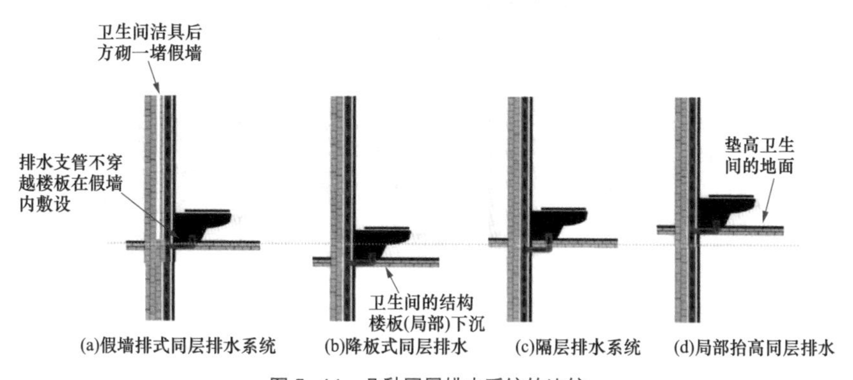

图 5-44 几种同层排水系统的比较

5.30 模块化同层排水暨节水系统

模块化同层排水暨节水系统内部由废水回收、污水分流排放、自动溢流、清洗排空、水质处理 5 个独立模块组成，5 大模块在自动控制下替代了常规的排水系统，实现了同层排水、智能节水、自动清洗三大功能。

据统计，洗手盆用水、洗衣水、洗澡水占生活用水量的 40%，冲厕用水则占到 30%。内部集水模块自动收集、储存、处理洗手盆、浴缸排水，以及自动回用冲厕，最大限度减少使用自来水，真正实现了节水、节能（见图 5-45）。

模块化同层排水暨节水系统广泛适用于新建、改建住宅、宾馆、宿舍、学校、办公楼等具有室内排水功能的建筑物。

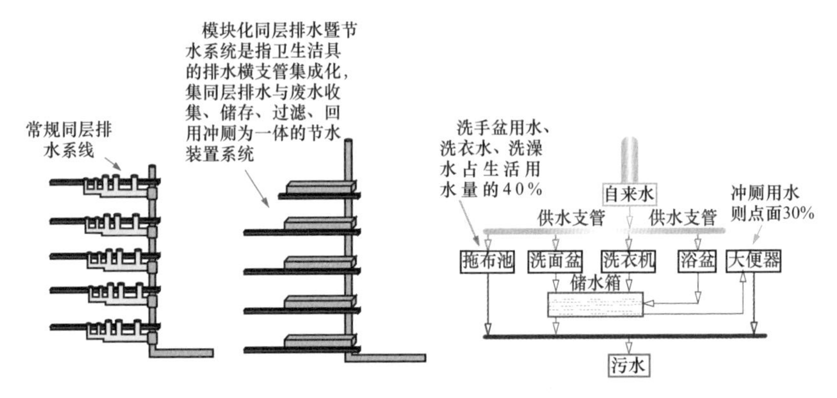

图 5-45　模块化同层排水的特点

5.31 家装楼层间的排水系统

家装楼层间的排水系统如图 5-46 所示。

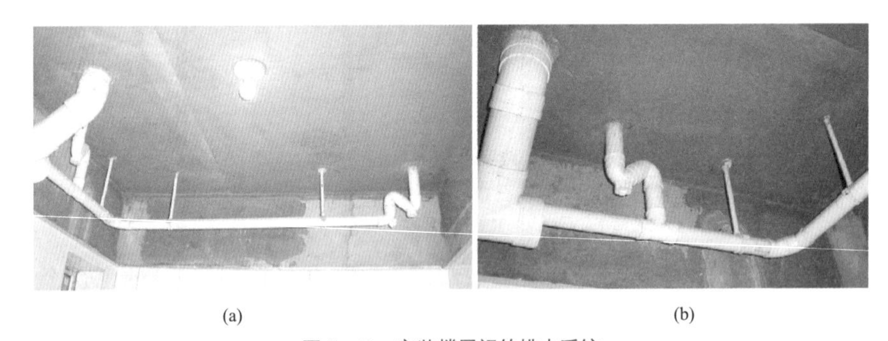

(a)　　(b)

图 5-46　家装楼层间的排水系统

家装时，不同用户的楼层间排水系统一般要充分利用，不得随意改动，以免发生不同住户的矛盾。不过，在装修时，也要检查楼层间的排水系统的质量。

说明：一般尽量在同层进行改动、布局排水系统。

检修口如图 5-47 所示，管卡如图 5-48 所示，穿楼孔如图 5-49 所示。

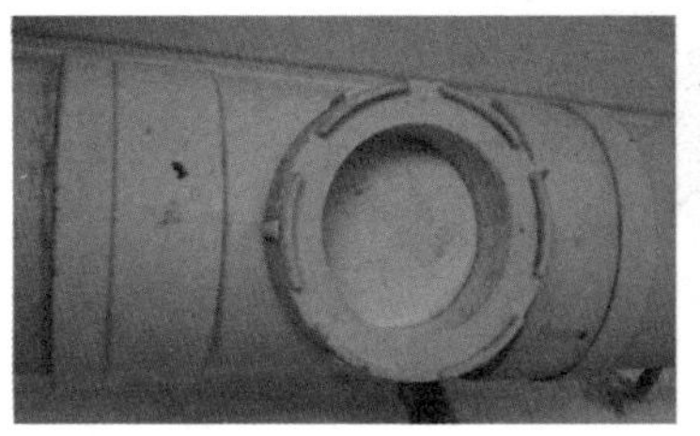

图 5-47　检修口

图 5-48　管卡

图 5-49　穿楼孔

5.32 大便器的安装

大便器的安装如图 5-50 所示。大便器安装要点：

（1）坐式便器的下水口尺寸，需要根据所选定的便器规格型号与卫生间设计布局正确留口，等地面饰面工程完成后即可安装坐便器。坐便器与地面间的接缝用硅酮胶密封。

（2）蹲式便器单独安装，需要根据卫生间设计布局，确定安装位置。其便器下水口中心距后墙面距离为 640mm，并且左右居中水平安装。

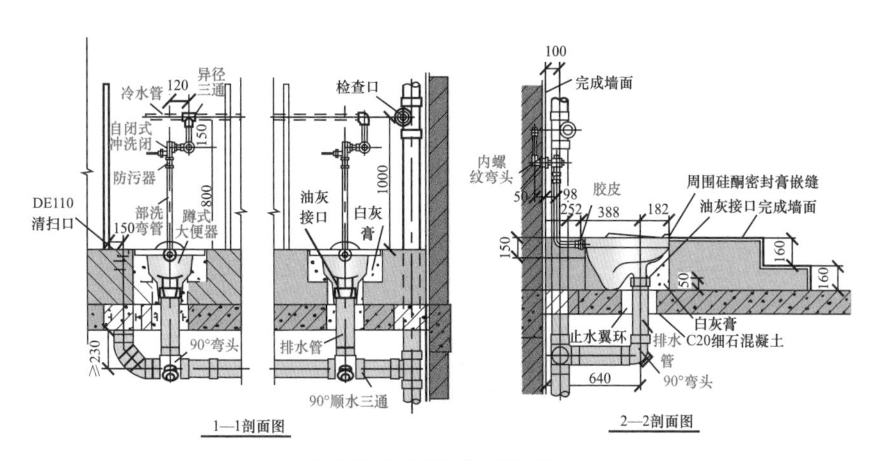

(a) 自闭式冲洗阀蹲式大便器安装

图 5-50　大便器的安装（一）

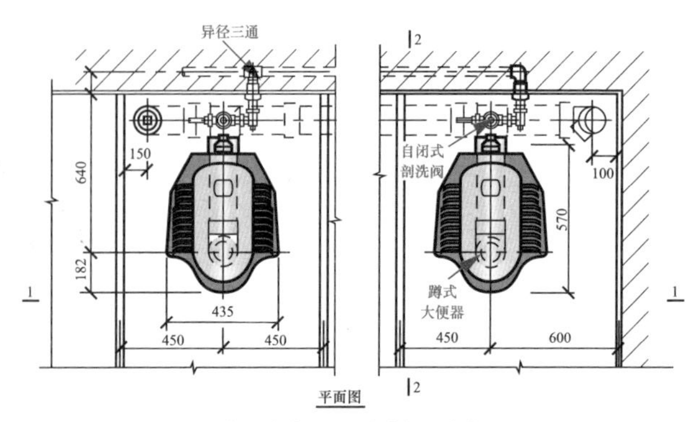

(b) 自闭式冲洗阀蹲式大便器安装

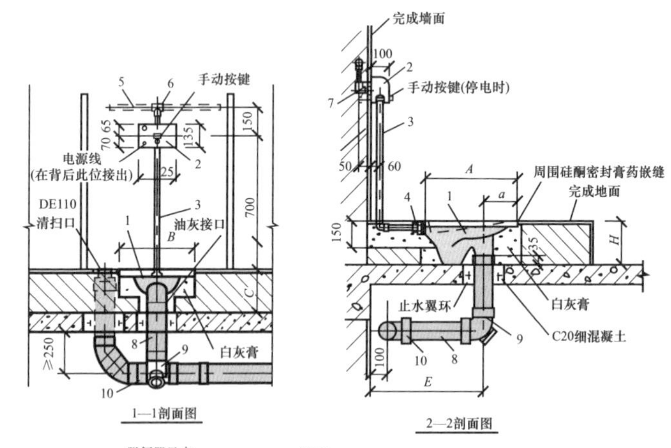

蹲便器尺表 (mm)

尺寸 / 型号	A_1	A	B	B	C	H	E
HD18=蹲便器	530	185	430	410	230	230	560
HD19=蹲便器	600	215	435	435	270	270	600

编号	名称	规格	材料
1	蹲式大便器	带水封	陶瓷
2	感应式冲洗阀	DN25	
3	冲洗弯管	DN32	不锈钢管
4	锁紧螺母		铝合金
5	冷水管	按设计	PVC-U
6	异径三通	按设计	PVC-U
7	内螺纹弯头	de32	PVC-U
8	排水管	de110	PVC-U
9	90°弯头	de110	PVC-U
10	90°顺水三通	按设计	PVC-U

平面图

(c) 感应式冲洗阀蹲式大便器安装

图 5-50 大便器的安装（二）

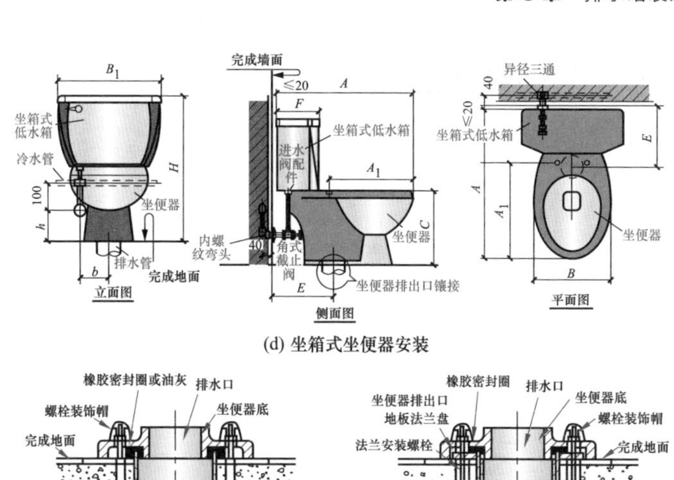

(d) 坐箱式坐便器安装

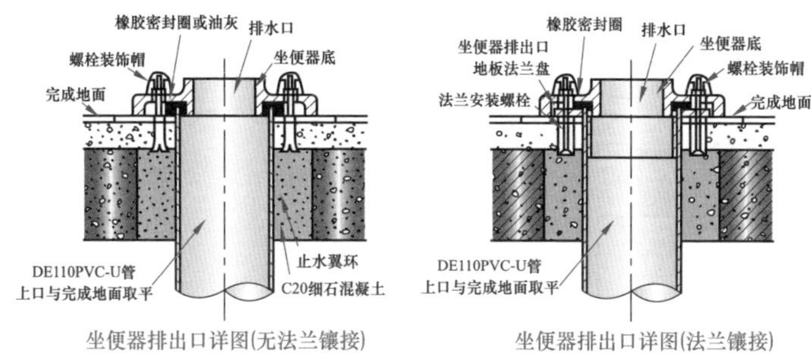

坐便器排出口详图(无法兰镶接)　　坐便器排出口详图(法兰镶接)

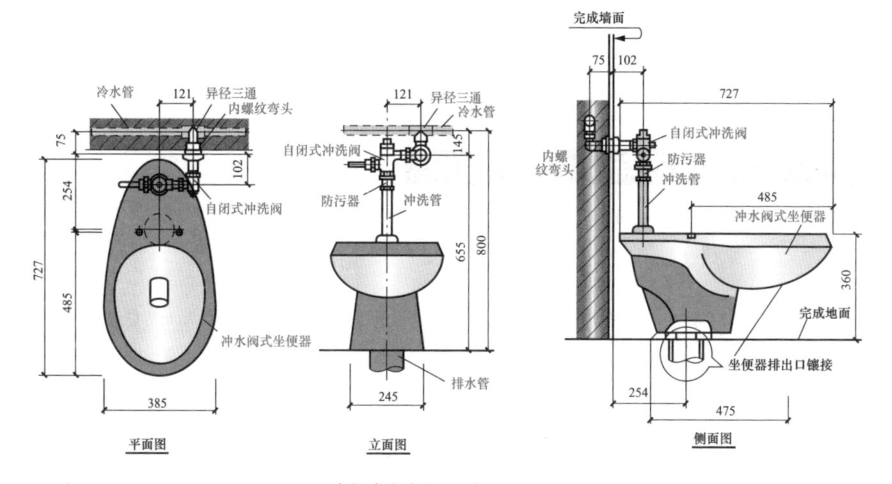

(e)自闭式坐冲洗阀坐便器安装

图 5-50　大便器的安装（三）

（3）带有轻质隔断的成排蹲式大便器安装，其中对中之间的距离不应小于900mm，以及左右居中水平安装。

（4）蹲式大便器四周在打混凝土地面前，需要抹填白灰膏，再两侧用砖挤牢固。

（5）所有暗埋给水管道隐蔽验收合格，且留口标高、位置正确。

5.33 坐便器与排水管的连接

坐便器与排水管的连接如图 5-51 所示。

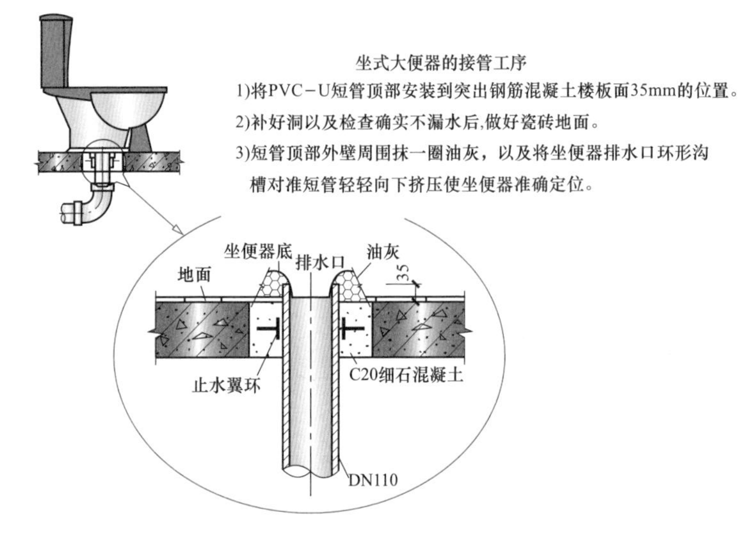

图 5-51　坐便器与排水管的连接

5.34 蹲便器与排水管的连接

蹲便器与排水管的连接如图 5-52 所示。

蹲式大便器的接管工序

1)将PVC－U蹲便器连接管承口顶部安装到突出钢筋混凝土楼板面25mm的位置。
2)补好洞以及检查确实不漏水后，在连接管承口内外壁涂油灰。
3)将蹲便器排水口插入承口，把蹲便器与承口缝隙填满油灰，在蹲便器底填白灰膏，把承口周围填密实并使蹲便器准确定位。

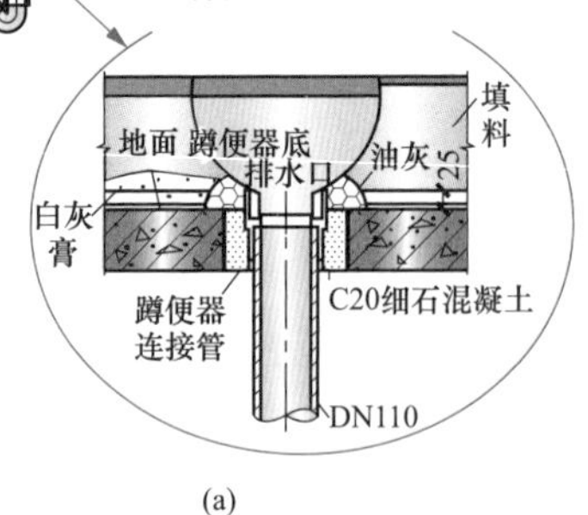

(a)

(b)

图 5-52　蹲便器与排水管的连接

5.35 小便槽排水管的安装

小便槽排水管的安装如图 5-53 所示。

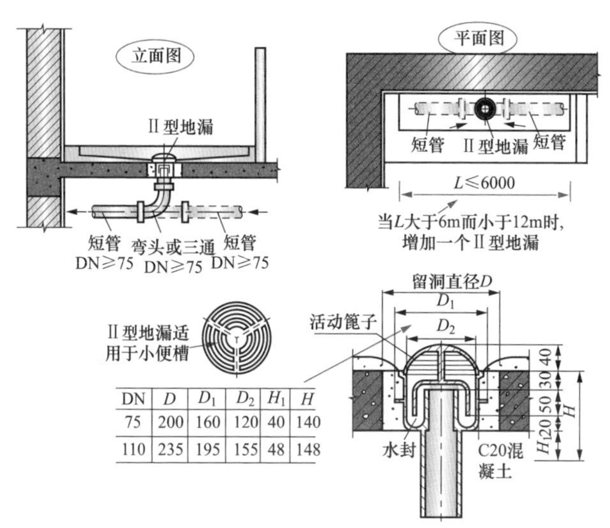

DN	D	D_1	D_2	H_1	H
75	200	160	120	40	140
110	235	195	155	48	148

图 5-53　小便槽排水管的安装

5.36 小便器排水管的安装

小便器排水管的安装如图 5-54 所示。

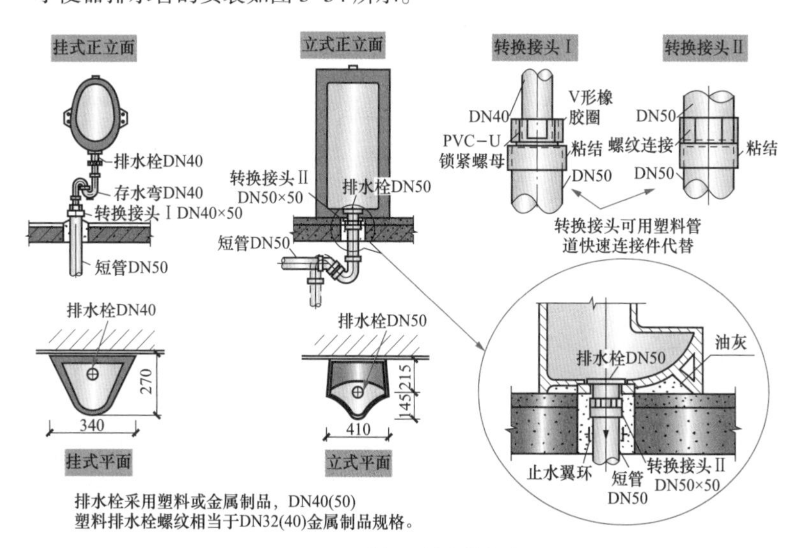

图 5-54　小便器排水管的安装

小便器安装要点（见图 5-55）：

1）小便器给水管多为暗装，用延时冲洗阀或红外感应冲洗阀与小便器连接，因此其出水中心应对准小便器进出口中心。

2）暗埋管子隐蔽验收应合格，预留进出水口位置，标高正确。

3）在墙面上画出小便器安装中心线，根据设计高度确定位置，划出十字线，将固定支架用带防腐的金属固定件安装牢固。

4）安装在多孔砖墙、轻质隔墙上时，应按 5.28 第（5）项规定进行加固（落地式小便器除外）。

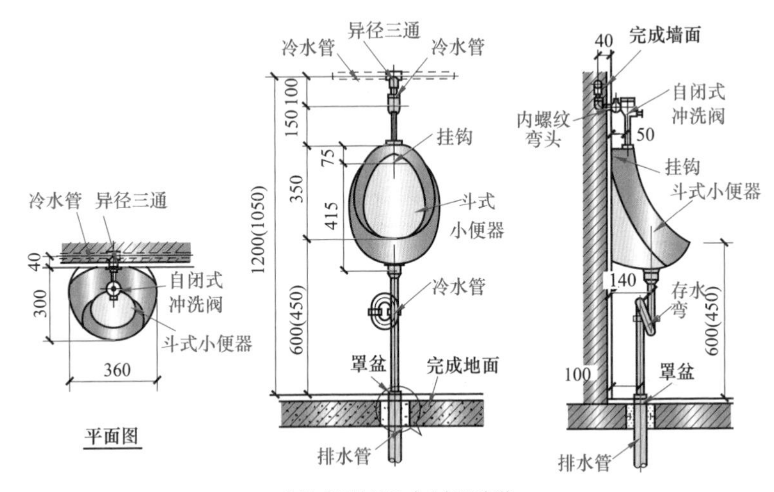

(a) 自闭式冲洗阀斗式小便器安装

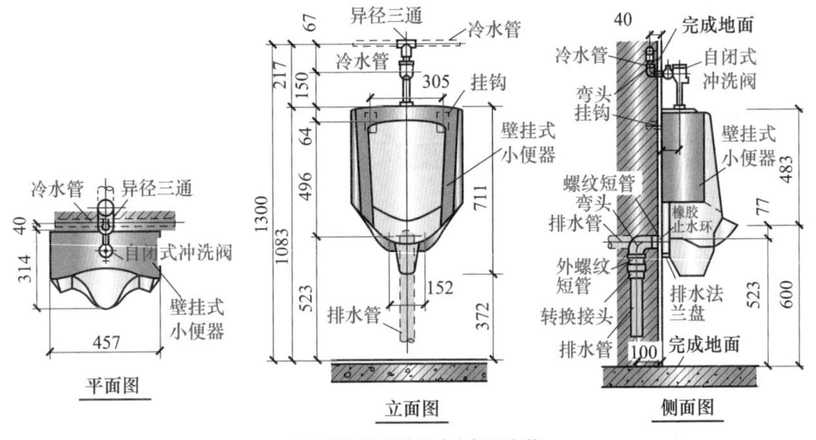

(b) 自闭式冲洗阀壁挂式小便器安装

图 5-55 小便器的安装（一）

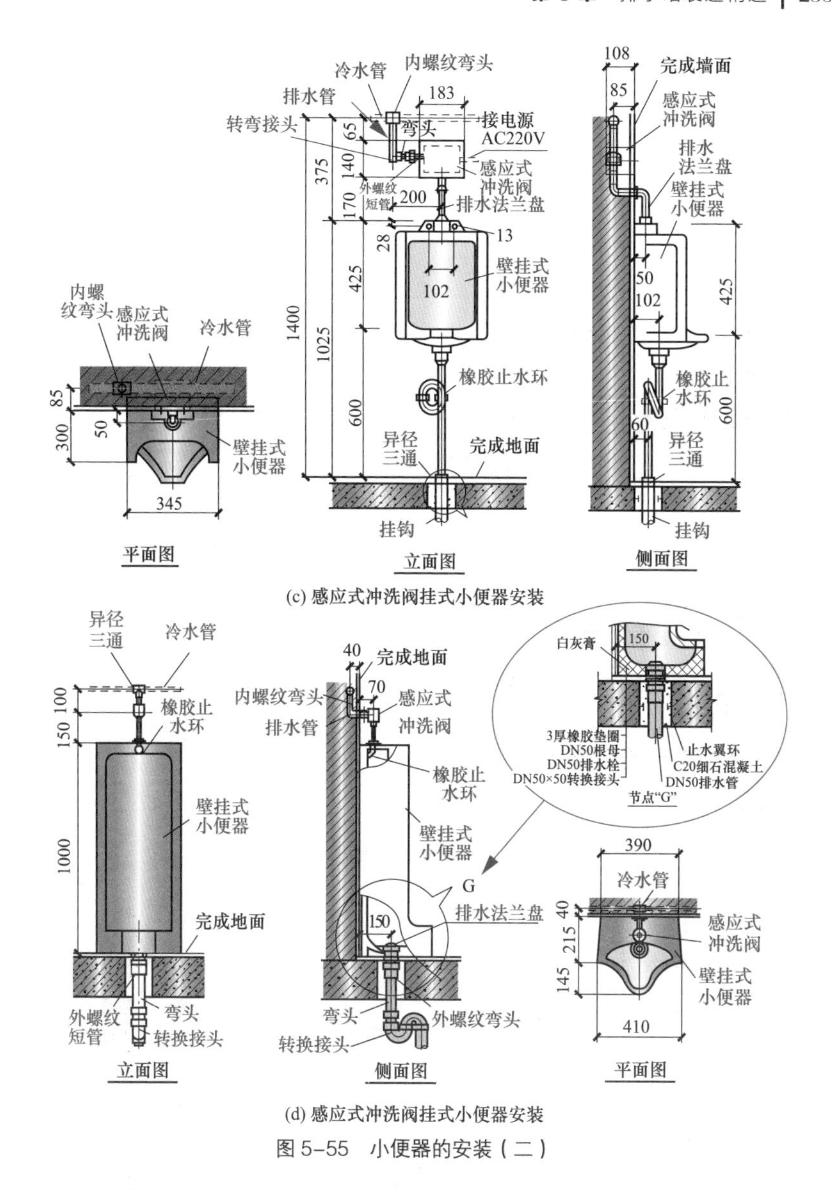

图 5-55 小便器的安装（二）

5.37 浴盆与排水管的安装

浴盆的安装：

（1）土建完成防水层及保护层、暗管敷设后即可安装浴盆。同时暗埋给水管道隐蔽验收需要合格。进出水留好位置，标高需要正确。

（2）浴盆安装要平稳，并且有一定坡度，坡向排水栓。

（3）浴盆的翻边和裙边待装饰收口嵌入瓷砖装饰面内后，需要将浴盆周边与墙面、地面的接缝处用硅酮胶密封。

（4）有饰面的浴盆，需要留有通向浴盆排水口的检修门。

浴盆排水管的安装如图 5-56 所示。

浴盆、淋浴房的安装如图 5-57 所示。

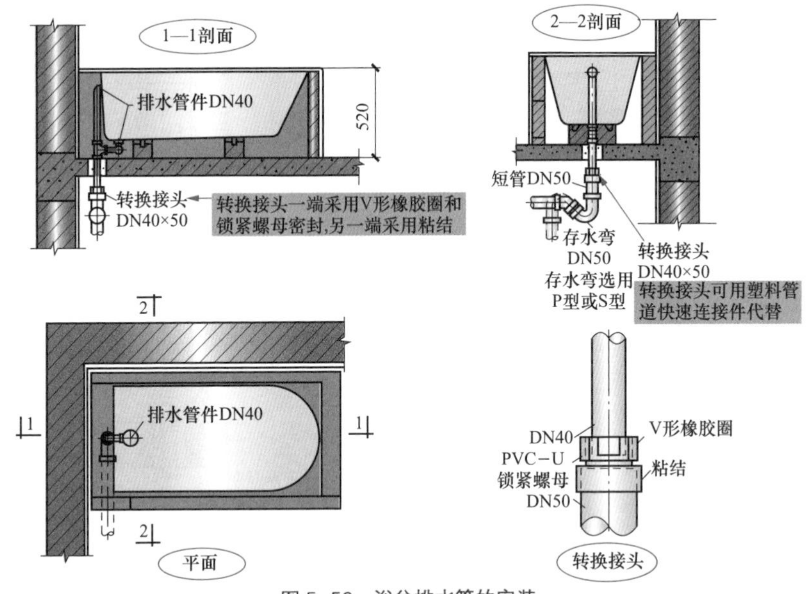

图 5-56　浴盆排水管的安装

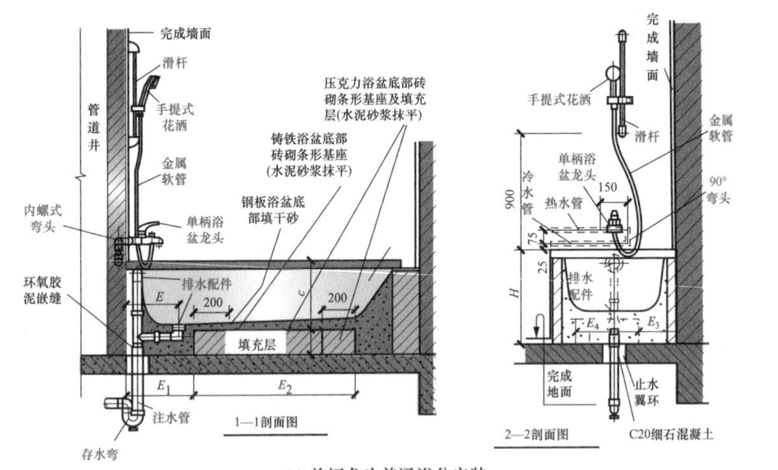

(a) 单柄龙头普通浴盆安装

图 5-57　浴盆、淋浴房的安装（一）

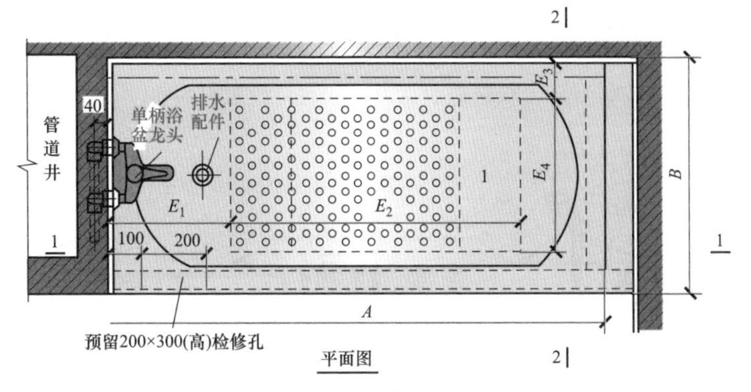

(b) 单柄龙头普通浴盆安装

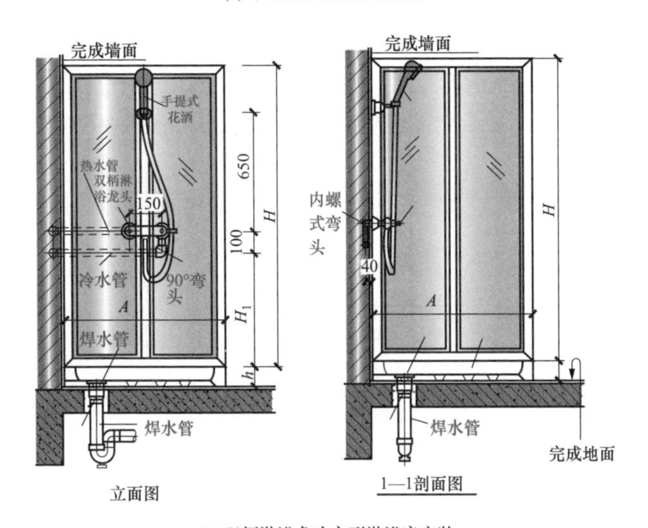

(c) 双柄淋浴龙头方形淋浴房安装

90°弯头　1　40　B　排水栓　A　40　1

平面图

方形淋浴盆尺寸表　(mm)

型号	A	B	h	排水栓	H_2
方形淋浴盆					
CP-8701	700	140	85	DN50	965
CP-8751	750		90		960
DP-8801	800		110		940
SPNOOB		130	115	DN40	935

(d) 方形淋浴盆的安装

图 5-57　浴盆、淋浴房的安装（二）

5.38 双人多功能按摩浴缸、双裙边亚克力浴缸的安装

双人多功能按摩浴缸、双裙边亚克力浴缸的安装如图 5-58 所示。

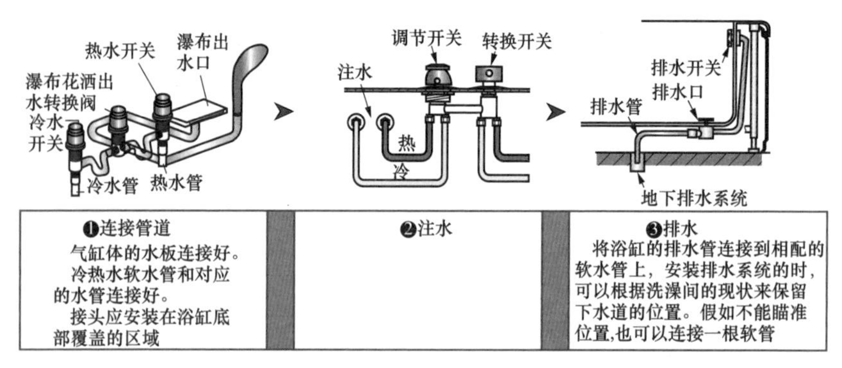

图 5-58 双人多功能按摩浴缸、双裙边亚克力浴缸的安装要点

双人多功能按摩浴缸供水系列的电气原理图如图 5-59 所示，调整浴缸的方法如图 5-60 所示。

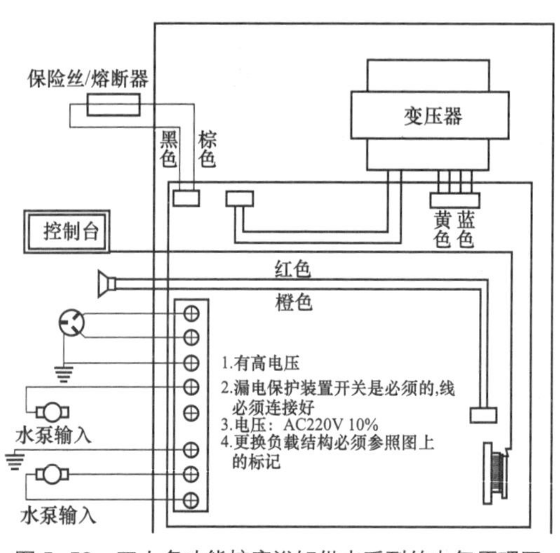

图 5-59 双人多功能按摩浴缸供水系列的电气原理图

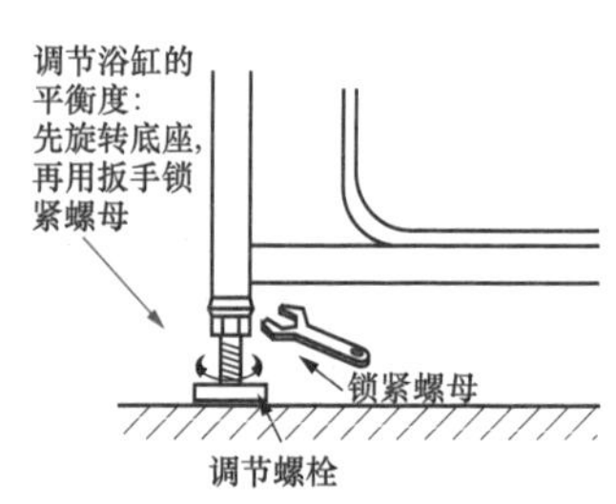

图 5-60 调整浴缸的方法

5.39 亚克力浴缸的安装

亚克力浴缸的安装如图 5-61 所示。

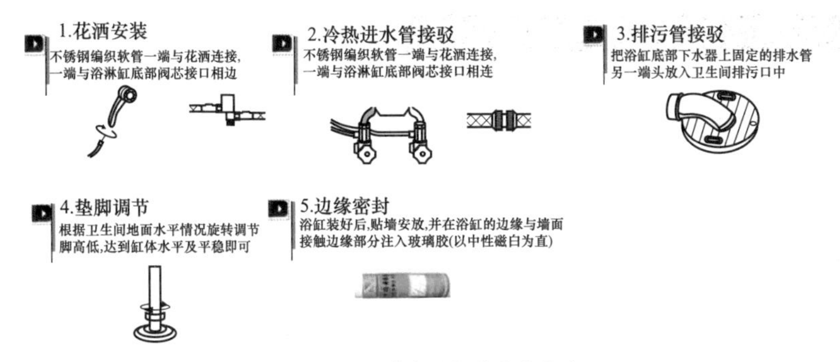

图 5-61　亚克力浴缸的安装方法

5.40 净身器的安装

净身器是一种坐下使用的一种个人卫生用具。其便于局部清洗。净身器需要的安装空间小，只需对准出水位置安装净身器，然后安装上龙头与连接好水源即可。

净身器可以选择垂直冲洗的净身器、水平冲洗的净身器。垂直冲洗的净身器是使用净身器里的连体注水器，再装上出水嘴，水平冲洗的净身器是使用装在净身器上的水平式出水嘴。选择时，根据清洁习惯来选择净身器与出水嘴。

净身器的安装如图 5-62 所示。

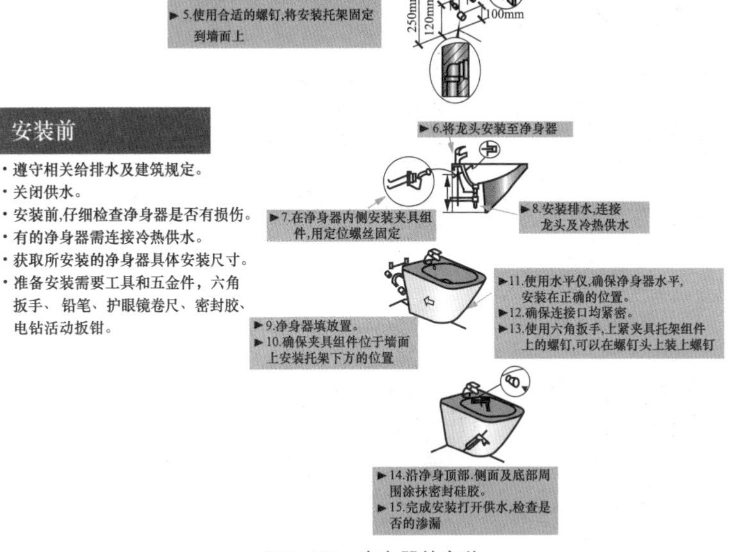

图 5-62　净身器的安装

5.41 洗脸盆排水管的安装

洗脸盆排水管的安装如图 5-63 所示。

洗脸（手）盆安装（见图 5-64）需要在饰面装修已基本完成后进行，并且进出水留口位置，标高正确。暗埋管子隐蔽验收合格。洗脸（手）盆安装，需要以脸盆中心及高度划出十字线，将固定支架用带防腐的金属固定件安装牢固。洗脸（手）盆与排水栓连接处需要用浸油石棉橡胶板密封。

不同的洗脸（手）盆需要注意排水管的安装高度与位置。

洗脸（手）盆双柄单孔龙头台下式洗脸盆冷水管、热水管一般选择 PPR 管，洗脸（手）盆排水管一般选择 PVC-U 管，规格常见的为 DE40、DE50。

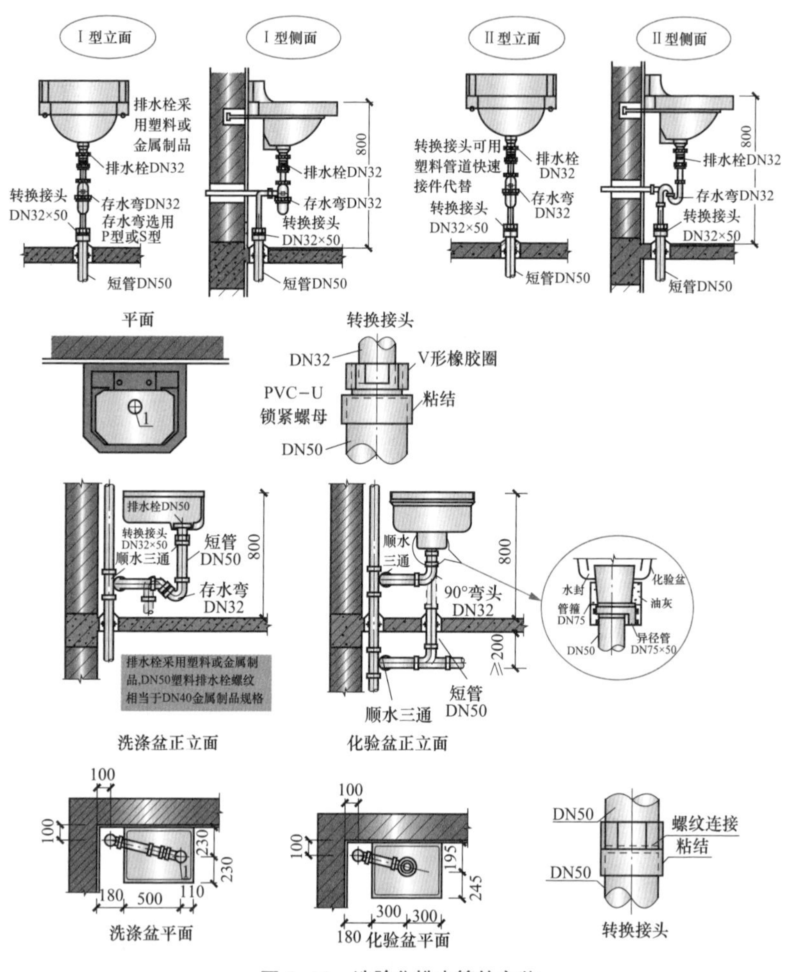

图 5-63 洗脸盆排水管的安装

5.42 洗涤池与污水池排水管的安装

洗涤池与污水池排水管的安装如图 5-65 所示。

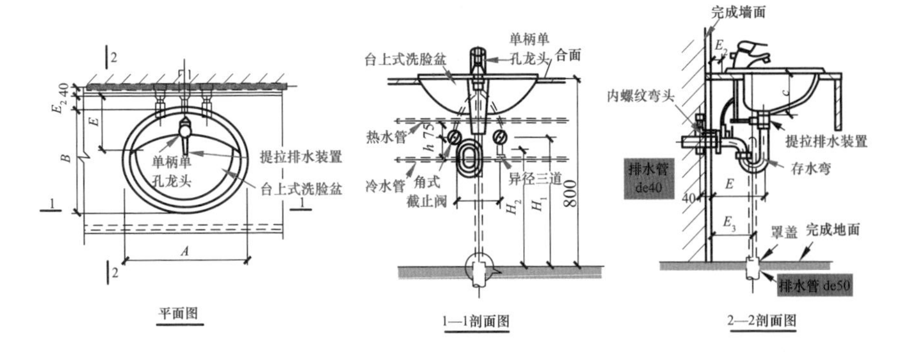

常用台上式洗脸盆(单孔)尺寸

(mm)

型号 \ 尺寸	A	B	C	E	E_1	E_2	E_3	E_1	E_2	H
CP-0476/5曼珂琳台上盆	518	440	188	226	203	51	170	570	520	100
CP-0473/5史丹福台上盆	480	400	185	211			160			
LW521CB/TX01LBQC台上盆	540	490	200	280	150	40	120		500	120
LW501CB/TX01LBQC台上盆	508	432	229	208			150	550	480	
LW986CB/TX01LBQC台上盆	662	482	225	250			90			
LW851CB/TX01LBQC台上盆	594	480	213	260			100		470	
KC-2096-1班宁签台上盆	514	445	216	227	204		170	560	460	140
KC-8708-1氧特诗都台上盆	482	482	203	210		35	150		480	120
*12205海伦台上盆	530	430	200	235	150		180	570	510	100
*12202A海伦台上盆	515	438	190	226			170			

(a) 单柄单孔龙台上式洗脸盆安装

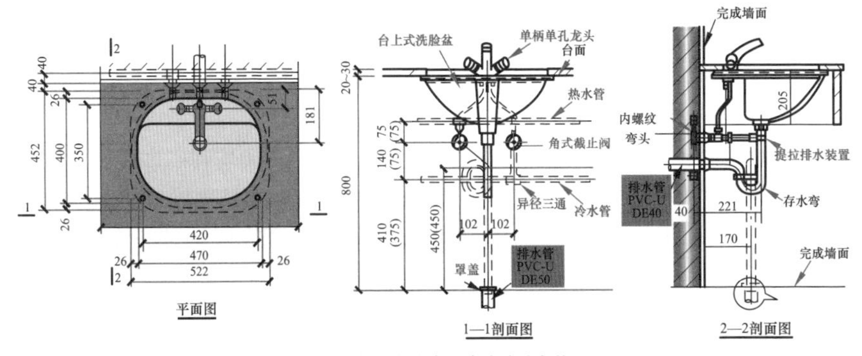

(b) 双柄单孔龙头台下式洗脸盆安装

图 5-64 洗脸盆的安装

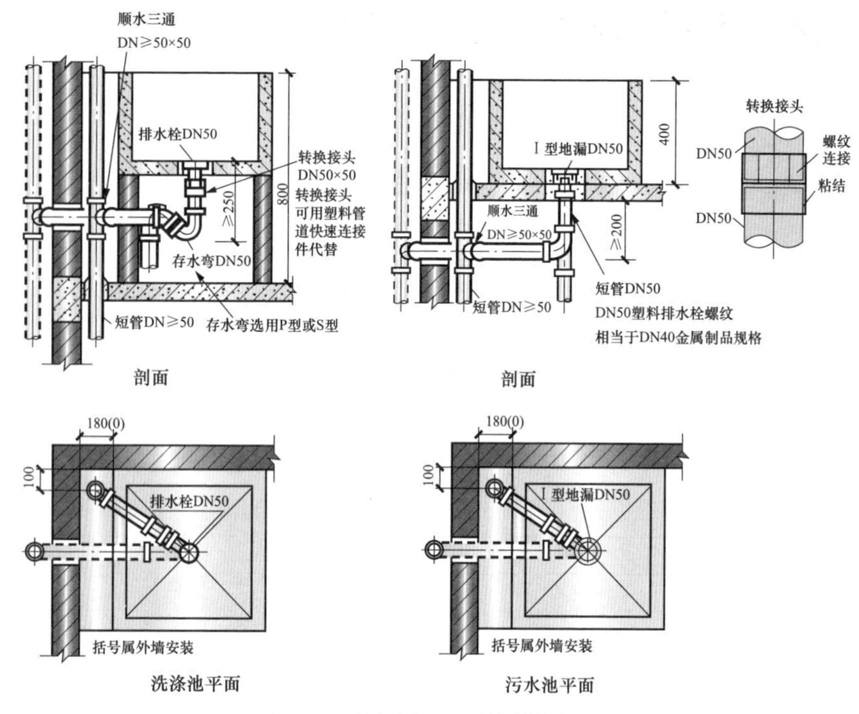

图 5-65　洗涤池与污水池排水管的安装

5.43 陶瓷脸盆的安装

脸盆是艺术品，也是日用品。脸盆的种类有釉面陶瓷脸盆、铸铁脸盆、不锈钢脸盆。陶瓷脸盆的釉面经过高温煅烧，形成高度玻化，以达到表面光亮细腻，易于清洁不易藏垢等特点。

脸盆根据安装方式分为时尚脸盆、一体化脸盆、立柱式、挂墙式、台上式、台下式、半嵌入式等。

脸盆的色彩也多种多样，从暖色中性到豪华色的均有。

选择脸盆时，脸盆与龙头的相配也很重要。大多数脸盆均有 4 寸龙头孔型号，配合冷热水把手相距 10.16cm 的中孔双把或单把龙头。如果选择 8 寸双把龙头，有的需要订制 8 寸龙头孔脸盆。有些脸盆没有龙头孔，则龙头直接安装在台面上或墙上即可。

陶瓷脸盆的安装如图 5-66 所示。

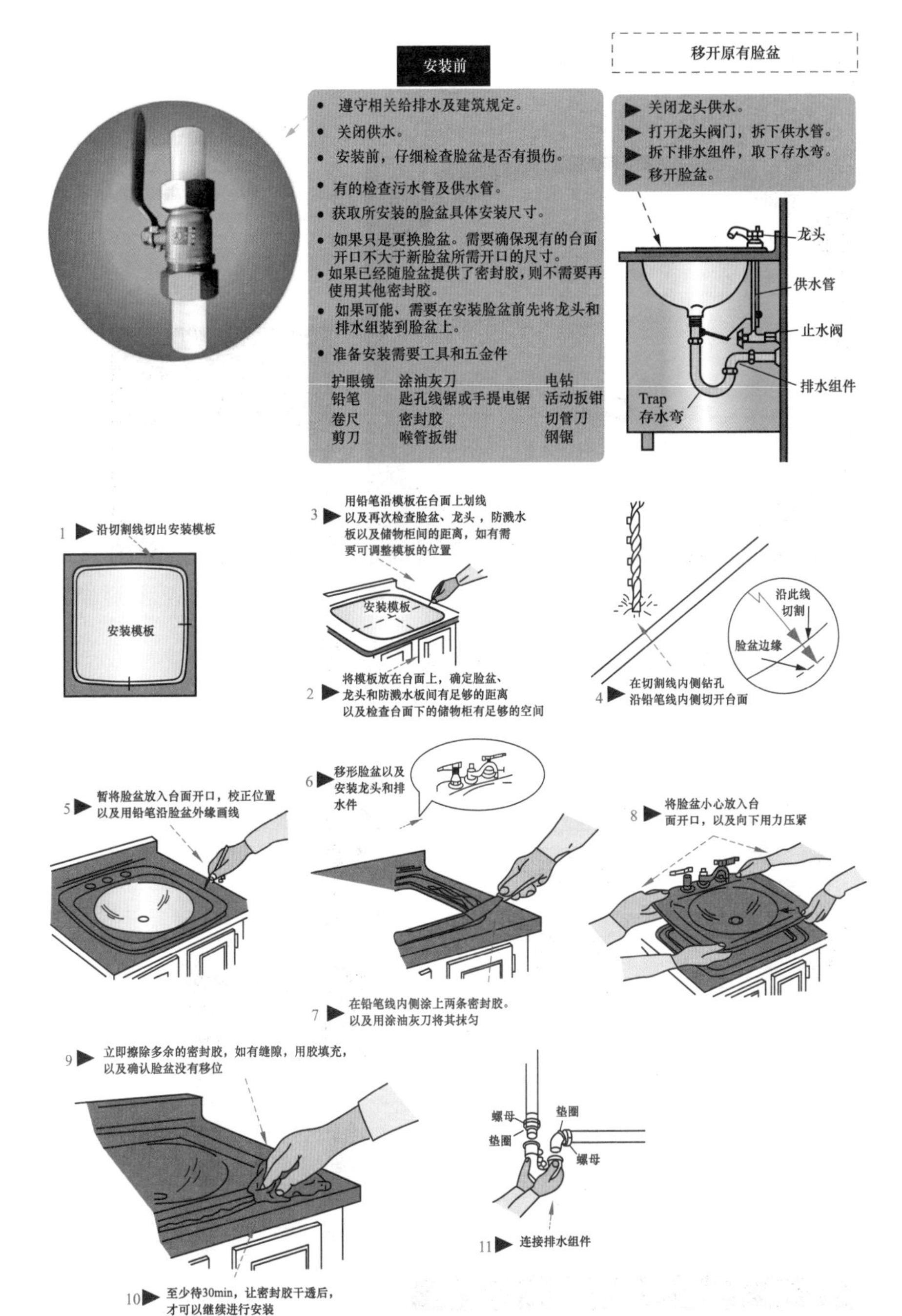

图 5-66 陶瓷脸盆的安装

5.44 台盆的安装

台盆的安装如图 5-67 所示。

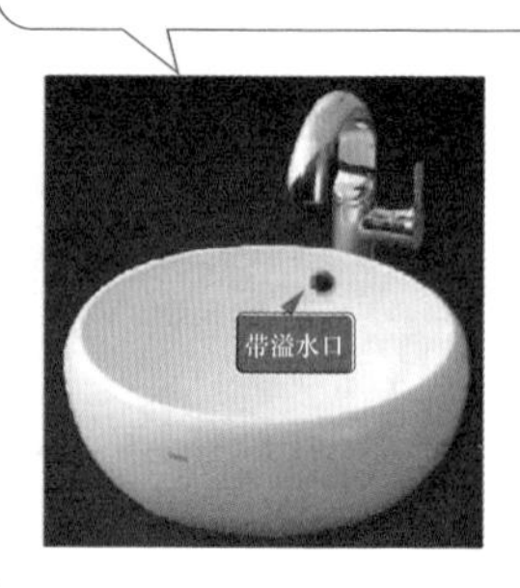

图 5-67　台盆的安装

5.45 台盆弹跳式落水的外形与尺寸

台盆弹跳式落水的外形与尺寸如图 5-68 所示。

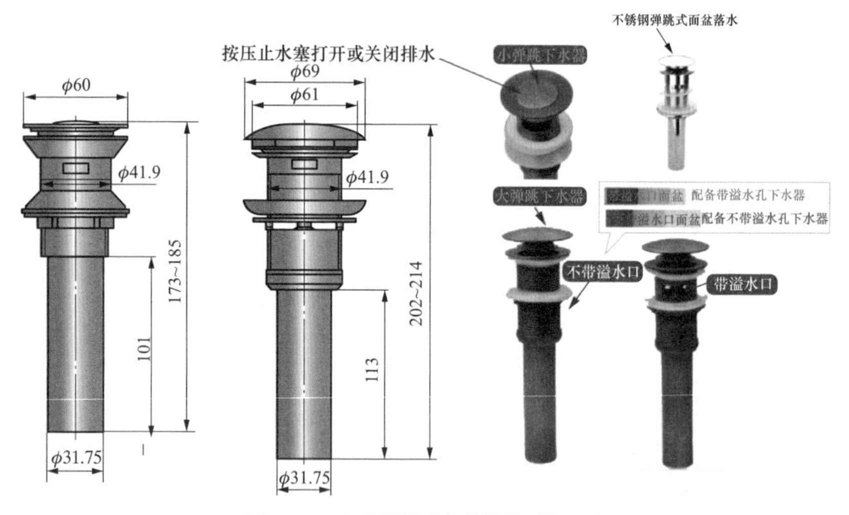

图 5-68　台盆弹跳式落水的外形与尺寸

5.46 台盆弹跳式落水的安装

台盆弹跳式落水的安装方法如图 5-69 所示。

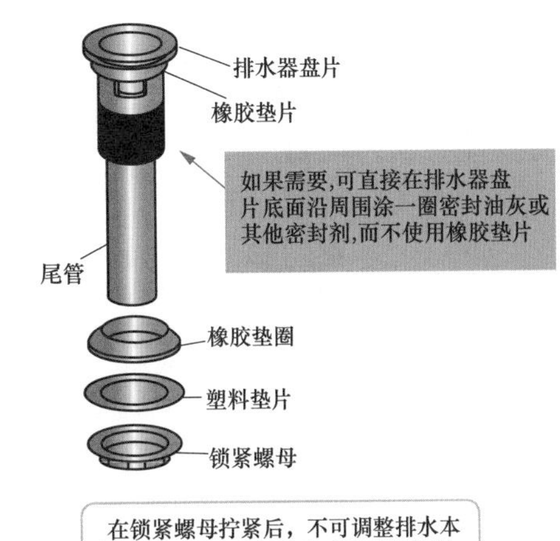

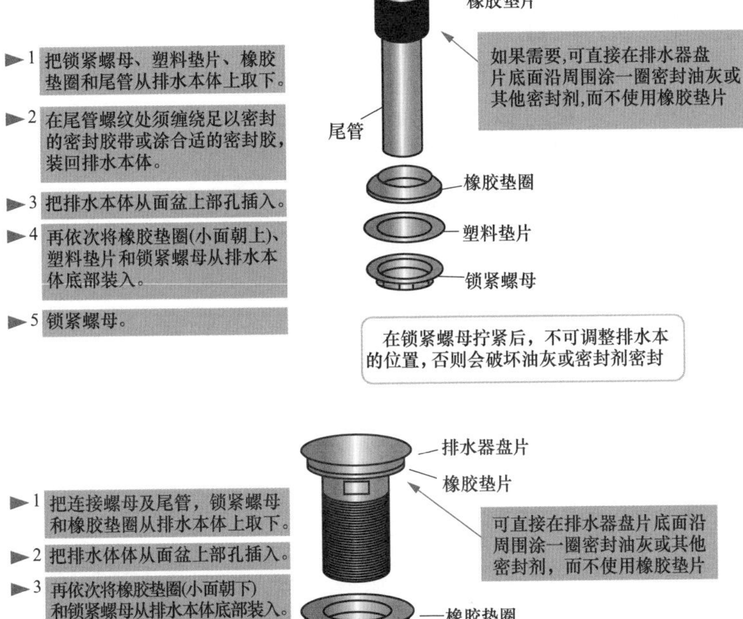

图 5-69　台盆弹跳式落水的安装方法

5.47 更换台盆弹跳式落水的方法

更换台盆弹跳式落水的方法如图 5-70 所示。

5.48 墙装式去水弯管的安装

墙装式去水弯管的安装方法如图 5-71 所示。

5.49 墙装式去水弯管的清理

墙装式去水弯的清理方法如图 5-72 所示。

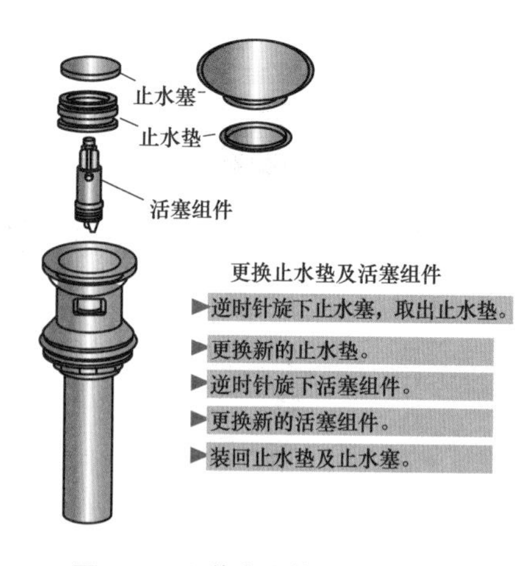

图 5-70　更换台盆弹跳式落水的方法

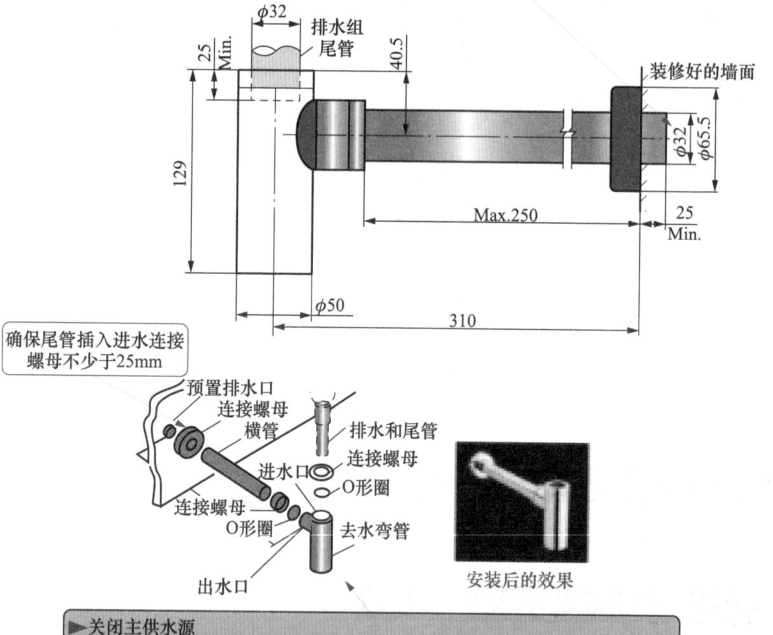

图 5-71　墙装式去水弯管的安装方法

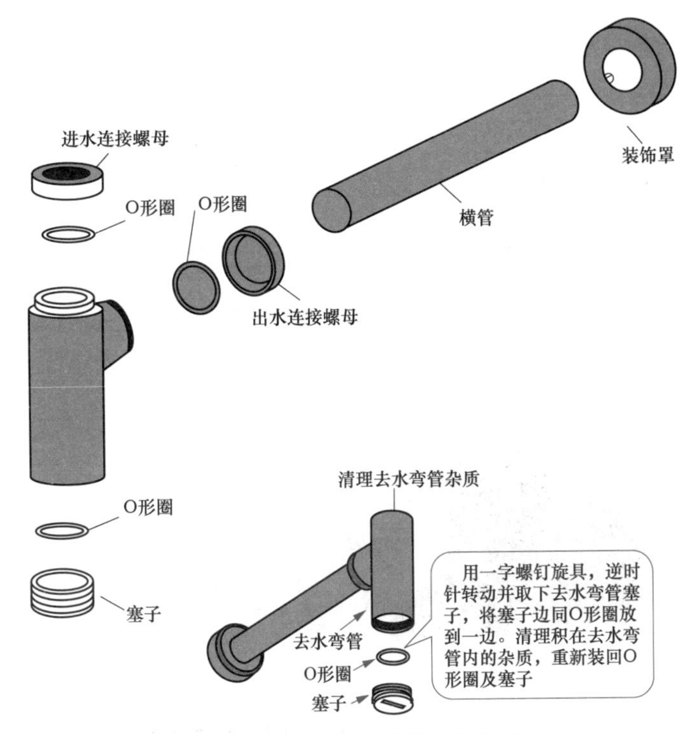

图 5-72　墙装式去水弯管的清理方法

5.50 厨房水槽排水器的安装

厨房水槽排水器的安装如图 5-73 所示。

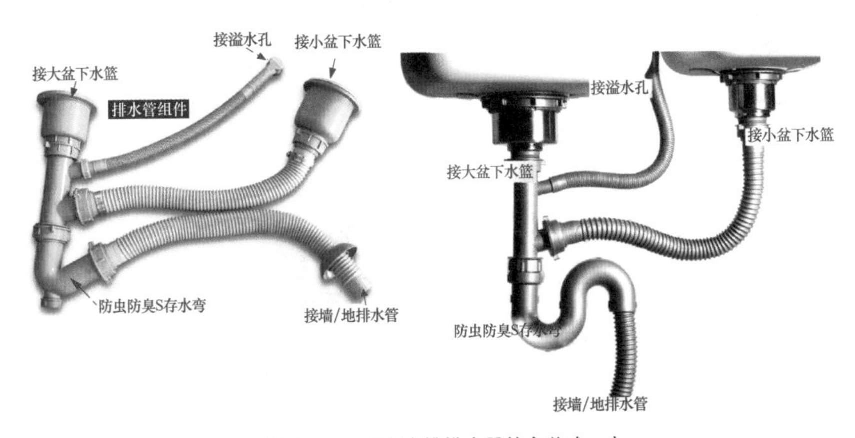

图 5-73　厨房水槽排水器的安装（一）

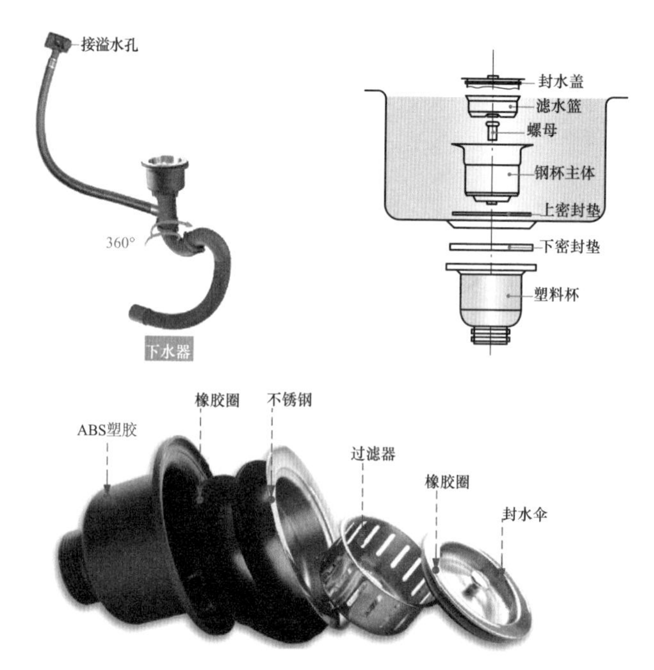

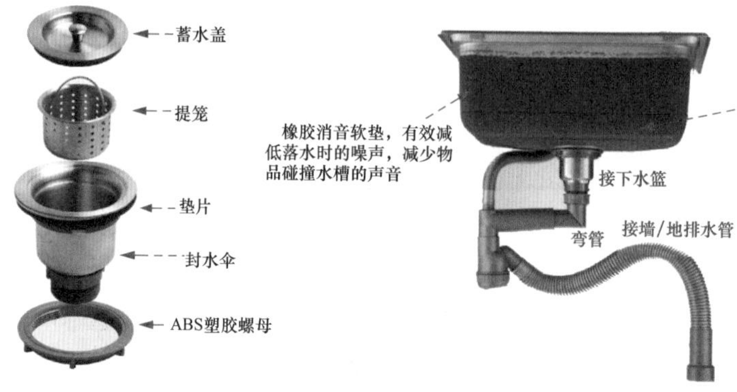

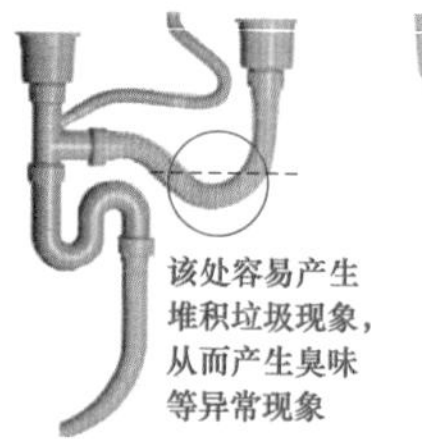

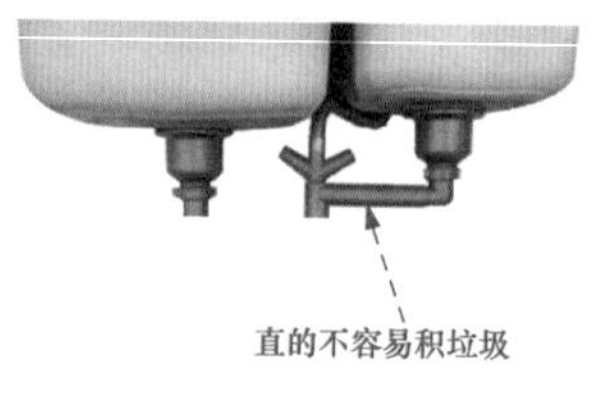

图 5-73　厨房水槽排水器的安装（二）

5.51 地漏的选择与要求

预埋地漏管道和淋浴室地漏直径参考如图 5–74 所示。

地漏直径（mm）	淋浴器数量（个）
50	1 ~ 2
75	3
100	4 ~ 5

图 5–74 预埋地漏管道

地漏的选择与要求：

（1）薄形地漏—北方需要安装暖气管，因此对地漏的厚度有一定的要求，不能厚。

（2）厕所、盥洗室、卫生间、阳台及其他房间需经常从地面排水时，应设置地漏。

（3）地漏的顶面标高应低于地面 5 ~ 10mm。

（4）地漏水封深度不得小于 50mm。

装修工程中所安装的地漏（见图 5–75），大多为不锈钢型的地漏，此部分地漏大多不符合水封高度要求，因此在购买时一定要注意选用水封高度大于 50mm 的正规地漏或采取增设地漏排水管存水弯，以达到水封效果，避免室内卫生环境恶化。

图 5–75 地漏

5.52 地漏的安装

地漏的安装如图 5-76 ~ 图 5-79 所示。

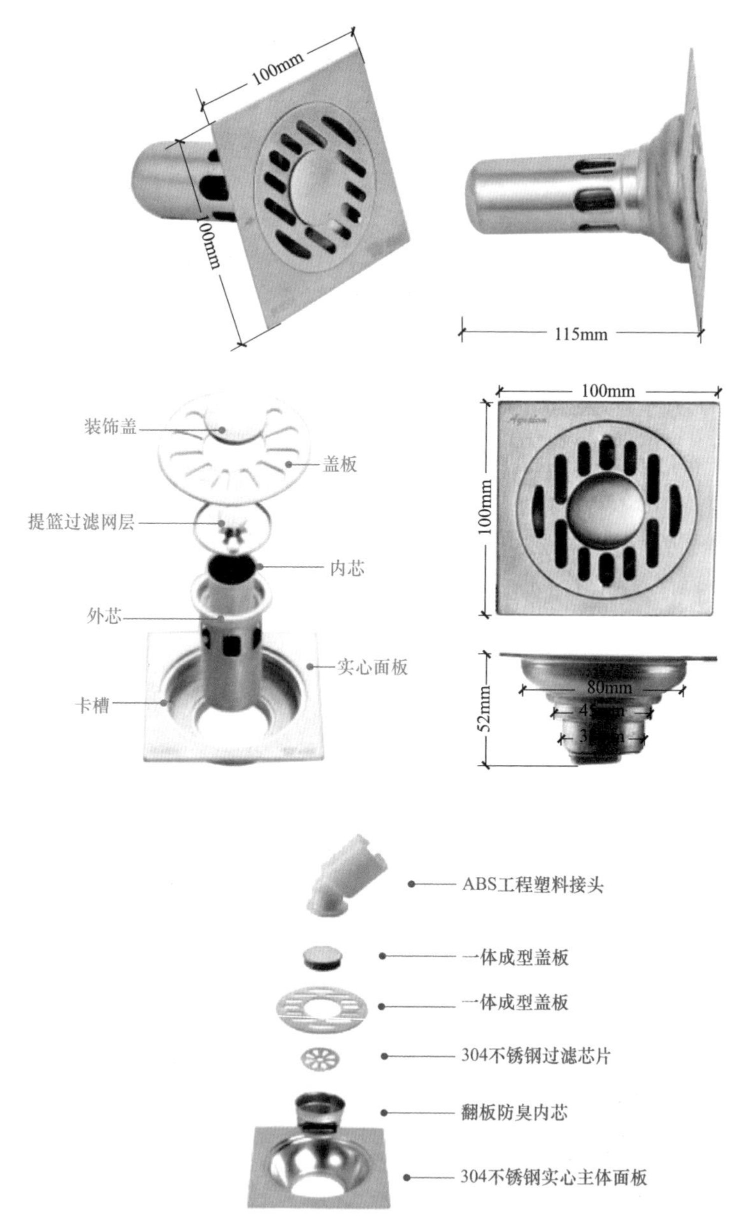

图 5-76 不锈钢防臭地漏外形与特点

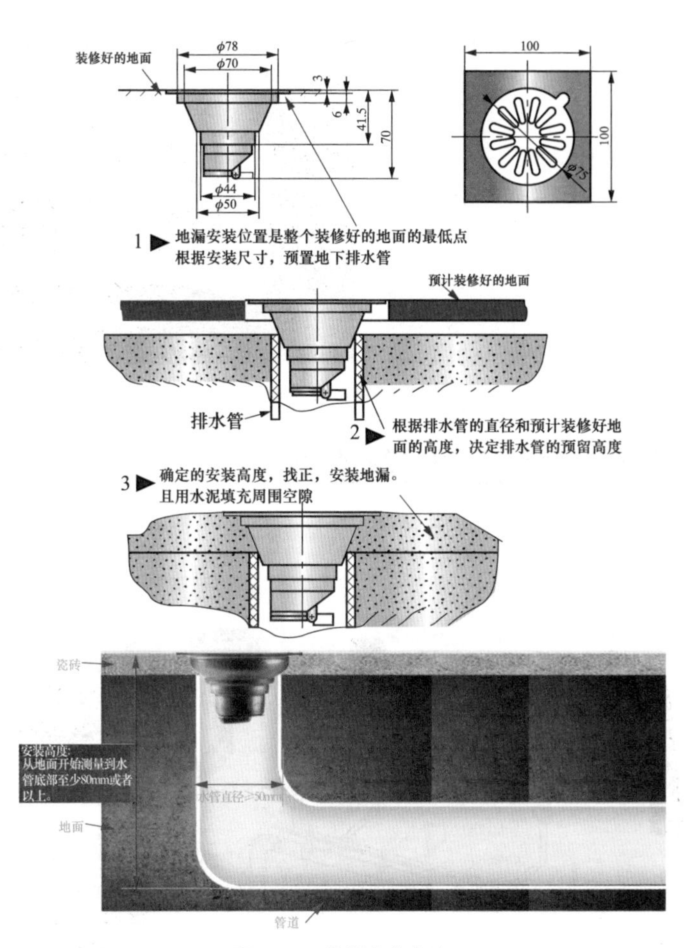

图 5-77　地漏安装方法

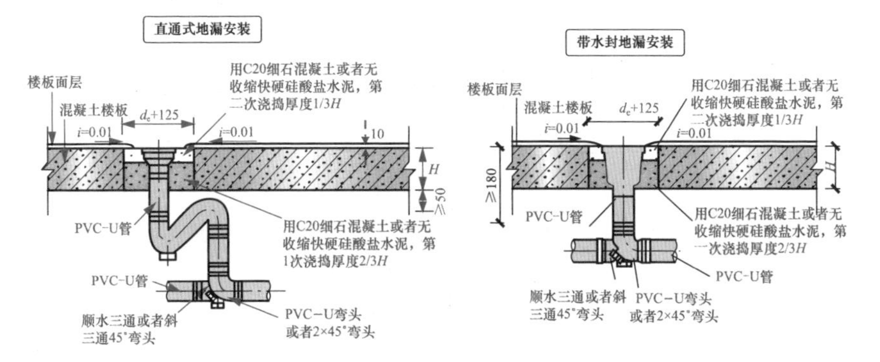

图 5-78　地漏安装的要求

图 5-79　地漏安装后的效果

5.53 虹吸屋面雨水排水系统

虹吸屋面雨水排水系统的安装如图 5-80 所示。

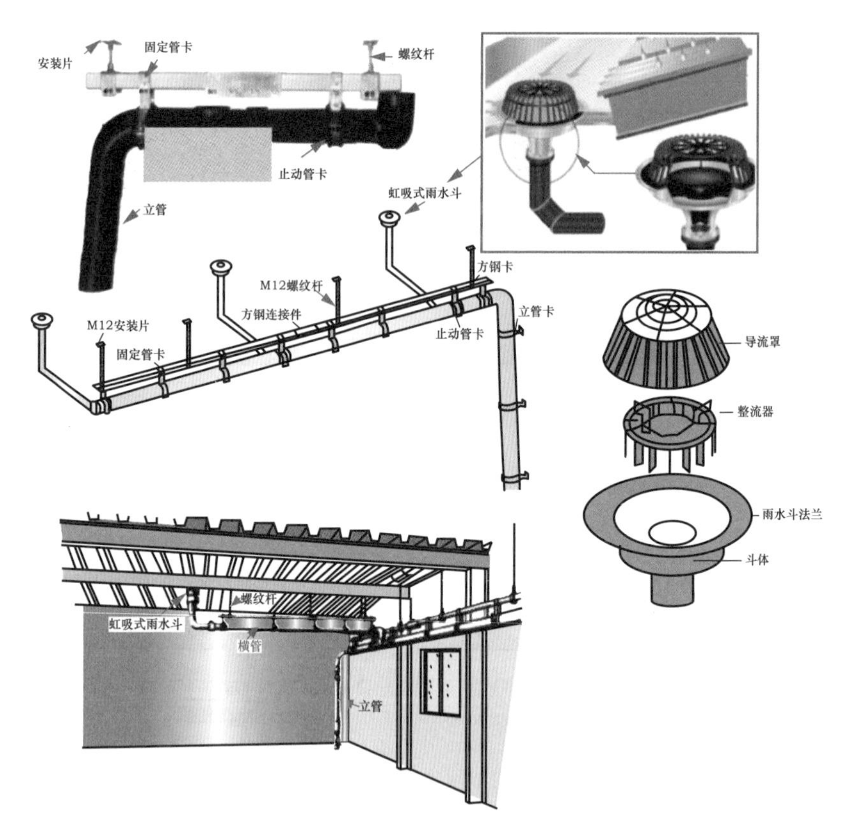

图 5-80　虹吸屋面雨水排水系统的安装

5.54 铸铁下水的改造

埋入地面的下水管道时间长了容易出现渗漏，特别是以前埋入楼板的铸铁管。异常的铸铁管，如果换成好的铸铁管，则比较费劲，施工也复杂。如果遇到该情况，可以采用 PVC 变径管来变通解决（见图 5-81）。

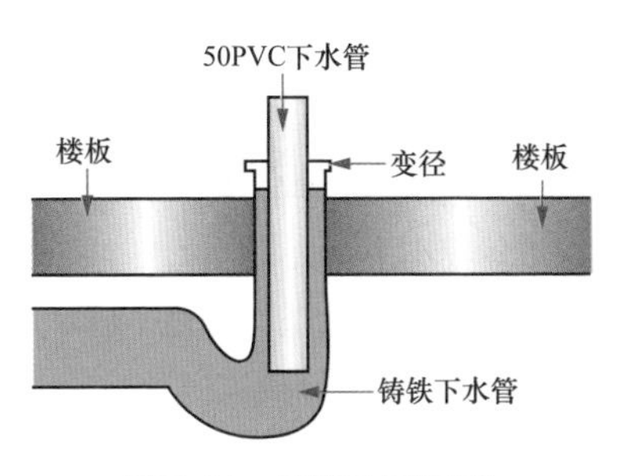

图 5-81　铸铁下水的改造

5.55 家装水路验收

家装水路验收如图 5-82 所示。

家装水路验收的方法与要求如下：

（1）穿过墙体、楼板等处已稳固好的管根不得碰损、变位等现象。

（2）地漏、蹲坑、排水口等需要保持畅通，以及保护完整。

（3）对所有易产生空隙的部位需要加细处理，以防止渗漏。

（4）防水材料的品种、牌号、配合比，可以根据标准来检查。

（5）防水层需要粘贴牢固，没有滑移、翘边、起泡、皱折等缺陷。

（6）检验冷水管、暖水管两个系统安装是否正确。

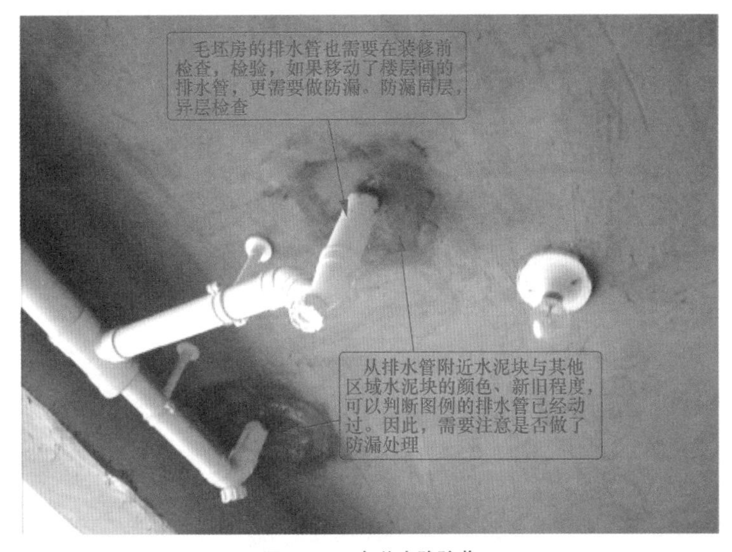

图 5-82　家装水路验收

（7）检验上水走、下水走向是否正确。

（8）检验水管敷设与电源、燃气管位置，一般间距不小于 50mm，可以采用卷尺来检验。

（9）涂刷防水层的基层表面，不得有凹凸不平、松动、空鼓、起砂、开裂等缺陷，含水率需要小于 9%。

（10）一般热水管为红色，热水龙头开关中间有红色标识，可通过试水来检查冷、热水安装是否正确。

（11）有地漏的厨房与所有厕所的地面防水层四周与墙体接触处，需要向上翻起，高出地面不少于 300 ~ 500mm，以及不积水、无渗漏等现象。

[1] 阳鸿钧，等. 家装电工现场通 [M]. 北京:中国电力出版社，2014.9.

[2] 阳鸿钧，等. 电动工具使用与维修 960 问 [M]. 北京：机械工业出版社，2013.7.

[3] 阳鸿钧，等. 装修水电工看图学招全能通 [M]. 北京：机械工业出版社，2014.8.

[4] 阳鸿钧，等. 水电工技能全程图解 [M]. 北京：中国电力出版社，2014.6.

[5] 阳鸿钧，等. 家装水电工技能速成一点通 [M]. 北京：机械工业出版社，2016.

[6] 阳鸿钧，等. 装修水电技能速通速用很简单 [M]. 北京：机械工业出版社，2016.